Systematische Gestaltung additiv gefertigter Vorrichtungen für die Automobilmontage

Systematic Design of Additively Manufactured Jigs and Fixtures for Automotive Assembly

Von der Fakultät für Maschinenwesen
der Rheinisch-Westfälischen Technischen Hochschule Aachen
zur Erlangung des akademischen Grades eines
Doktors der Ingenieurwissenschaften
genehmigte Dissertation

vorgelegt von

Sebastian Kawollek

Berichter:

Univ.-Prof. Dr.-Ing. Achim Kampker, MBA
Univ.-Prof. Dr.-Ing. Dipl.-Wirt.-Ing. Johannes Henrich Schleifenbaum

Tag der mündlichen Prüfung: 15. Juni 2022

ERGEBNISSE AUS DER ELEKTROMOBILPRODUKTION

Sebastian Kawollek

Systematische Gestaltung additiv gefertigter Vorrichtungen für die Automobilmontage

Herausgeber:
Univ.-Prof. Dr.-Ing. Achim Kampker, MBA

Band 22

Bibliografische Information der Deutschen Nationalbibliothek
Die Deutsche Nationalbibliothek verzeichnet diese Publikation in der Deutschen Nationalbibliografie; detaillierte bibliografische Daten sind im Internet über https://portal.dnb.de abrufbar.

Sebastian Kawollek:

Systematische Gestaltung additiv gefertigter Vorrichtungen für die Automobilmontage

1. Auflage, 2022

Gedruckt auf holz- und säurefreiem Papier, 100% chlorfrei gebleicht.

Apprimus Verlag, Aachen, 2022
Wissenschaftsverlag des Instituts für Industriekommunikation und Fachmedien an der RWTH Aachen
Steinbachstr. 25, 52074 Aachen
Internet: www.apprimus-verlag.de, E-Mail: info@apprimus-verlag.de

Druck: CPI Druckdienstleistungen GmbH, Ferdinand-Jühlke-Straße 7 I 99095 Erfurt

ISBN 978-3-98555-101-9

D 82 (Diss. RWTH Aachen University, 2022)

Vorwort

> "People are just mistaken when they think technology just automatically improves. It does not automatically improve. It only improves if a lot of people work very hard to make it better."
>
> ---
>
> Elon Musk (2017)

Obgleich ich mit dem Urheber dieses Zitats nicht in Allem übereinstimme und ich der festen Überzeugung bin, dass er keine Dissertation im Sinne hatte, so scheint es mir doch sehr passend als Einführung in meine Danksagung. Eine Dissertation wird von einer Einzelperson eingereicht, doch sind an Ihrer Erstellung viele beteiligt. All jenen gilt mein Dank.

In diesem Sinne danke ich Professor Achim Kampker, Leiter des Lehrstuhls PEM der RWTH Aachen, an dem ich als wissenschaftlicher Mitarbeiter tätig sein durfte. Neben der Möglichkeit zur Promotion möchte ich mich insbesondere für das gebotene Umfeld bedanken. Daneben bedanke ich mich bei Prof. Johannes Henrich Schleifenbaum für die Übernahme des Koreferats und Herrn Professor Michael Lauster für die Annahme des Prüfungsvorsitzes. Von großer Bedeutung war für mich die Zusammenarbeit mit Dr. Johannes Triebs. Auf diese Arbeit blickend danke ich ihm für das Vertrauen, die kritischen Diskussionen und den Zuspruch bei der Begleitung meiner Arbeit.

Für die lehrreiche und begeisternde Zeit am Lehrstuhl möchte ich mich bei all meinen Kollegen und Kolleginnen am PEM und WZL der RWTH Achen danken. Durch die großartige Zusammenarbeit bei all den Herausforderungen haben sie ihren Beitrag zu einer wunderbaren Zeit in diesem fordernden Umfeld geleistet und damit zum Gelingen dieser Arbeit beigetragen. Besonders erwähnen möchte ich an dieser Stelle und nicht zwangsläufig in dieser Reihenfolge: Dr. Peter Ayvaz, Benjamin Dorn, Dr. Sarah Fluchs, Dr. Ruben Förstmann, Dr. Sebastian Gillen, Dr. Heiner Heimes, Steffen Hohenstein, Dr. Ansgar vom Hemdt, Dr. Ansgar Hollah, Christoph Lienemann, Marc Locke, Katharina Müller, Artur Scheibe, Dr. Marius Schumacher und Dr. Saskia Wessel. Vielen Dank! Teile dieser Arbeit beruhen auf studentischen Arbeiten, die von mir betreut wurden. Besonders danke ich Nicolai Neubacher, Antonia Meiritz, Leonard Tusch, Christian Klatt, Lena Stöcker, Nikolaus Fraatz, Sachin Maracharadder, und Nedim Basic.

Tiefster Dank gebührt meiner Familie, meinen Eltern, meinen Brüdern. Ohne euch wäre diese Dissertation nicht zustande gekommen. Ihr habt aus mir gemacht, wer ich bin. Besonders bei meiner Partnerin Michelle Klein bedanke ich mich von Herzen für das Ertragen all der Entbehrungen in den vergangenen Jahren. Euch allen widme ich dieses Werk.

Zusammenfassung

Die Automobilindustrie ist eine der wichtigsten Branchen der deutschen Wirtschaft und befindet sich in einem fundamentalen Wandel. Die Elektrifizierung des Antriebsstrangs und die daraus resultierende Variantenvielfalt, zwischen adaptierten konventionell betriebenen Fahrzeugen und neu entwickelten Elektrobaukästen, steigert die bereits bestehende Variantenvielfalt und stellt die Produktion durch immer enger aufeinander getaktete Serienanläufe vor große Herausforderungen. Um im Rahmen des Anlaufs die geforderten Stückzahlen wirtschaftlich produzieren zu können, sind entsprechende Vorrichtungen unerlässlich. Der enge Zeitrahmen und die hohe Anzahl an Produktänderungen, aufgrund der vielen Neuentwicklungen, fordert den Vorrichtungsbau besonders. Es müssen flexible Werkzeuge entwickelt werden, die schnell zu produzieren sind und auf ein in letzter Minute verändertes Produkt adaptiert werden können. Leuchtturmprojekte haben gezeigt, dass Vorrichtungen und Betriebsmittel, die mittels additiver Fertigungsverfahren hergestellt wurden, große Zeit- und Kostenvorteile realisieren können. Die vorliegende Arbeit entwickelt eine Methode zur systematischen Implementierung additiver Fertigung in den Prozess der Vorrichtungsgenerierung für die Automobileendmontage. Bei Durchlaufen der Methodik ist das Ziel, eine Vorrichtung im Sinne eines Minimal Viable Product (MVP), einem Produkt, das die Anforderungen gerade erfüllt, zu entwickeln. In zwei Phasen werden drei Module durchlaufen. Diese tragen dem Umstand Rechnung, dass Kenntnisse im Bereich der additiven Fertigung in vielen Unternehmen auf wenige Experten konzentriert sind. So ist in der ersten Phase Expertise im Feld der additiven Fertigung zwingende Voraussetzung und dient dem Aufsetzen des Systems. Die zweite Phase hingegen ist als ein sich selbst verstärkender Zyklus angelegt, der das Wissen um die additive Vorrichtungsgestaltung und -produktion konserviert und aufarbeitet. Auf Basis dieser Methode werden drei Beispiele dargelegt, wie additive Fertigung in verschiedene Arenen von Vorrichtungen in der Automobilmontage gewinnbringend zum Einsatz gebracht werden kann.

Abstract

The automotive industry is one of the most important sectors of the German economy and is undergoing fundamental change. The electrification of the powertrain and the resulting diversity of variants, between adapted conventionally powered vehicles and newly developed electric modules, increases the already existing diversity of variants and poses great challenges for production due to increasingly closely timed series start-ups. In order to be able to produce the required numbers of units economically during the start-up, appropriate equipment is indispensable. The tight time frame and the high number of product changes, due to the many new developments, are particularly demanding on jig and fixture construction. Therefore, flexible tools must be developed that can be produced quickly and adapted to a product that is changed at the last minute. Lighthouse projects have shown that jigs and fixtures, manufactured using additive manufacturing processes, can realise great time and cost advantages. The present work develops a method for the systematic implementation of additive manufacturing in the process of fixture generation for final automotive assembly. The aim of the methodology is to develop a fixture in the sense of a Minimal Viable Product (MVP), a product that just fulfils the requirements. Three modules are run through in two phases. These take into account the fact that knowledge in the field of additive manufacturing is concentrated in a few experts in many companies. Thus, in the first phase, expertise in the field of additive manufacturing is a mandatory prerequisite and serves to set up the system. The second phase, on the other hand, is designed as a self-reinforcing cycle that conserves and processes the knowledge of additive fixture design and production. Based on this method, three examples are presented to show how additive manufacturing can be applied profitably by using different types of jigs and fixtures in automotive assembly.

Inhaltsverzeichnis

Abbildungsverzeichnis

Tabellenverzeichnis

Abkürzungen

Abb.	Abbildung
bspw.	beispielsweise
bzw.	beziehungsweise
ca.	circa
engl.	englisch
et al.	et alii
etc.	et cetera
inkl.	inklusive
s.o.	siehe oben
vgl.	vergleiche
z. B.	zum Beispiel

Akronyme

3MF	3D Manufacturing File
ABS	Acrylnitril-Butadien-Styrol
AHP	Analytic Hierarchy Process
AM	Additive Manufacturing
ASTM	American Society for Testing and Materials
CAD	Computer Aided Design
CAFD	Computer-Aided Fixture Design
CE	Concurrent Engineering
DfA	Design for Assembly
DfAM	Design for Additive Manufacturing
DfM	Design for Manufacturing
DfX	Design for X
DIN	Deutsches Institut für Normung
DoE	Design of Experiments
DTM	Design Theory and Methodology
EBM	Electron Beam Melting
ELECTRE	ELimination Et Choix Traduisant la REalité
FDM	Fused Depostion Modeling
FFF	Fused Filament Fabrication
FLM	Fused Layer Modeling
GRA	Grey Relations Analysis
ISO	International Organization for Standadization
KTL	Kathodisches Tauchlackieren
LS	Laser Sintern
MADM	Multi-Attributive Decision Making
MAUT	Multi Attribute Utility Theory
MCDM	Multi-Criteria Decision Making
MVP	Minimal Viable Product

NWA	Nutzwertanalyse
OEM	Automobilhersteller (engl. Original Equipment Manufacturer)
PA	Polyamide
PC	Polycarbonat
PE	Polyethylen
PEEK	Polyetheretherketone
PEK	Polyetherketone
PEM	Lehrstuhl Production Engineering of E-Mobility Components
PEP	Produktentstehungsprozess
PLA	Plylactide
PLM	Product Lifecycle Management
PMMA	Polymethylmethacrylat
PP	Polypropylen
PS	Polystyrol
RWTH	Rheinisch-Westfälische Technische Hochschule
SAW	Simple Additive Weighting
SE	Simultaneous Engineering
SLA	Stereolithographie
SLM	Selektives Laserstrahl Schmelzen
SOP	Start of Production
STL	Standard Transformation Language
TOPSIS	Technique for Order Preferences using Similarity to ideal Solution
TPE	Thermoplastische Elastomere
TTS	Thermotransfer-Sintern
VDMA	Verband Deutscher Maschinen- und Anlagenbau e.V.

Symbolverzeichnis

Griechische Zeichen

α	Konzeptalternativen
λ_i	Eigenwert
λ_{max}	Maximaler Eigenwert
ε_t	Gewichtung der technischen Kriterien
ε_w	Gewichtung der wirtschaftlichen Kriterien

Lateinische Zeichen

A	Anzahl Vergleiche
a_{ii}	Matrixeintrag an der Stelle ii
a_{in}	Matrixeintrag der Zeile i und Spalte n
c_i	Spaltensumme der Spalte n
C_i^*	relative Nähe der Alternative i zur idealen Lösung
CI	Konsistenzindex
CR	Konsistenzwert
$K_\propto$	Länge des Zielerfüllungsvektors
K_B	Kosten des entworfenen Betriebsmittels
$k_{\alpha,i}$	Ausprägung des Kriteriums i der Konzeptalternative α
$k_{\alpha,i}$	Ausprägung des Kriteriums j der Konzeptalternative α
$K_{\alpha,t}$	Summe der erreichten technischen Punkte der Konzeptalternative α
$K_{\alpha,w}$	Summe der erreichten wirtschaftlichen Punkte der Konzeptalternative α
k_{bau}	Bauteilkosten
$k_{fül}$	Füllkosten
k_{job}	Baujobkosten
k_{mas}	Maschinenkosten
k_{mat}	Materialkosten pro Bauteil
k_{nac}	Kosten der Nachbehandlung
k_{pos}	Nachbereitungs- bzw. Postprocessingkosten
k_{wer}	Arbeitskosten

ks_{mb}	Kostensatz Bauteilmaterial
ks_{mf}	Kostensatz Füllmaterial
ks_{ms}	Kostensatz Stützmaterial
ks_{wer}	Kostensatz Anlagenbediener
n	Anzahl Kriterien
n_{Matrix}	Matrizengröße
R	Zufallskonsistenz
r	Recyclingfaktor
r_i	Zeilensumme der normalisierten Matrix
r_{ij}	Normierter Wert an der Stelle ij
r_j^-	negativ ideale Ausprägung des j-ten Kriteriums
r_j^+	positiv ideale Ausprägung des j-ten Kriteierums
$\overline{r_n}$	Zeilensumme der Durchschnittsmatrix
s	Summe der Zeilensummen
S_i^*	euklidischer Abstand der Alternative i zur positiv idealen Lösung
S_i^-	euklidischer Abstand der Alternative i zur negativ idealen Lösung
t_{anl}	Anlagenvorbereitungszeit
t_{bet}	Betreuungszeit des Druckjobs
t_i	Gewichtung des technischen Kriteriums i
t_{pre}	Preprocessingzeit
t_{rei}	Zeit zum Entladen und Reinigen der Anlage
w_j	Gewichtung des wirtschaftlichen Kriteriums j
v_B	Bauteilvolumen
v_{ij}	Normierter, gewichteter Wert an der Stelle ij
v_S	Stützmaterialvolumen
v_f	Füllmaterialvolumen
w_{Gl}	Globales Gewicht des Kriteriums
$w_{Gl\,i}$	Globale Gewichte des Kriteriums i
w_i	Gewicht des Kriteriums der Spalte i
w_{Kat}	Gewicht der Kategorie in dem das Kriterium verortet ist
w_n	Gewicht des Kriteriums der Zeile n
x_{ij}	Matrixeintrag an der Stelle ij

1 Einleitung

Die Automobilindustrie ist eine der wichtigsten Industrien in Deutschland. Sie war im Jahr 2017 für rund sechs Prozent der gesamtdeutschen Wertschöpfung verantwortlich und beschäftigt etwa sieben Prozent der sozialversicherungspflichtigen Beschäftigten.[1] Aktuelle Herausforderungen wie die umfangreiche Einführung der Elektromobilität mit 150 Fahrzeugmodellen bis 2023 und eine Gesamtinvestition von 50 Milliarden Euro machen deutlich, wie umfangreich sich die Branche wandeln muss.[2] Diese hohen Investitionen treffen auf unsichere Marktverhältnisse, in denen die Adaption durch den Kunden ungewiss ist.[3] Daher muss die Fahrzeugproduktion und damit insbesondere die Montage, in der ein Großteil der Wertschöpfung stattfindet, flexibel auf kurzfristige Veränderungen des Produktionsgegenstands und -volumen reagieren können.[4]

Der Kern dieser Arbeit befasst sich mit der Frage, wie eine Methode geschaffen werden kann, die einen flächendeckenden Einsatz von additiven Fertigungsverfahren (engl. Additive Manufacturing, kurz: AM) für die Herstellung von Montagebetriebsmitteln ermöglicht, um einen Baustein für die flexible und resiliente Fertigung zu liefern. Im Mittelpunkt stehen Betriebsmittel, die insbesondere durch kurzfristige Änderungen am Produkt einer Anpassung bedürfen. Die betrachteten Hand- und Hilfsvorrichtungen ermöglichen eine effiziente Fahrzeugmontage und sind daher unabdingbar für eine wirtschaftliche Fahrzeugfertigung. Im Folgenden wird die Relevanz dieser Fragestellung näher betrachtet. Ausgehend von der Beschreibung der Ausgangssituation und Problemstellung (Kapitel 1.1) werden im weiteren Verlauf des Kapitels die Zielsetzung der Arbeit sowie die handlungsleitenden Forschungsfragen (Kapitel 1.2) formuliert. Darauf aufbauend wird der Aufbau der Dissertation erläutert und der Prozess des Erkenntnisgewinns näher beschrieben (Kapitel 1.3).

1.1 Ausgangssituation und Problemstellung

Die Automobilindustrie befindet sich mitten in einem nie da gewesenen Transformationsprozess.[5] Es scheint, als wäre sich die Branche darüber einig, dass die Zukunft des Fahrzeugs multimodal, vernetzt und elektrisch ist.[6] Der Trend der multimodalen Mobilität führt zu einem veränderten Selbstverständnis. Zur Aufgabe des Fahrzeugbaus kommt die des Mobilitätsanbieters hinzu. Zukünftige Fahrzeuge werden miteinander kommunizieren und (teil-)autonom durch den Straßenverkehr navigieren.[7] Dieser Trend erzeugt – neben der Notwendigkeit von immer mehr Steuergeräten und komplexeren Softwareprodukten – den Bedarf von stets aktueller Hardware. Der dritte große Treiber dieser umfassenden Transformation ist die Wandlung des Antriebsstrangs. So scheint es, dass der Verbrennungsmotor auf kurz oder lang ausgedient hat. Den gesellschaftlichen Druck hin zu einer CO_2-neutralen Mobilität setzt der Gesetzgeber

[1] Vgl. Kaul et al. (Automobile Wertschöpfung 2030 / 2050) 2019, S. 58.
[2] Vgl. Eriksson (Weichen für die Automobilindustrie) 2020.
[3] Vgl. Karas et al. (FAST 2025) 2012, S. 3.
[4] Vgl. Kampker et al. (Einfluss der Variantenvielfalt auf die automobile Endmontage) 2019, S. 478.
[5] Vgl. Mohr et al. (Automotive Revolution) 2016, S. 15.
[6] Vgl. Nationale Plattform Zukunft der Mobilität (NPM) (Fortschrittsbericht 2019), S. 14.
[7] Vgl. Paunov et al. (Digital technologies chancing innovation) 2019, S. 8.

durch immer schärfere Emissionsvorgaben um. Dies führt zu einer Fülle an verfügbaren Antriebsstrangkonfigurationen, da neben diesel- und benzinbetriebenen Aggregaten nun vollelektrische und hybride Varianten zur Verfügung stehen. Neben der Elektrifizierung bestehender Fahrzeugbaureihen werden zudem ganze Elektrobaukästen entwickelt und eine Vielzahl an gänzlich neuen Modellen in den Markt gebracht.[8]

Übertragen auf die Fahrzeugproduktion bedeuten diese Trends eine weitere Verschärfung der bereits seit Jahren zunehmenden Variantenvielfalt und der damit verbundenen Prozessentwicklungen und Produktionsanläufe. Der Bedarf, flexibel und bedarfsgerecht zu produzieren, ist folglich so groß wie nie.

Der Anlaufprozess neuer Produkte ist hierbei besonders kritisch, denn die Hersteller müssen sich der Integration neuer oder zusätzlicher Komponenten stellen.[9] Die Betriebsmittelbereitstellung nimmt hier eine Schlüsselrolle ein, ist diese verspätet, kann es zu Anlaufverzögerungen und Produktionsausfall kommen. .[10] Folglich gelten die zuvor identifizierten Anforderungen an die Fahrzeugendmontage für Betriebsmittel im Besonderen. Daraus abgeleitet bedarf es zur Fertigung von Betriebsmitteln, die gewöhnlich einen Einzelstück- oder Kleinstseriencharakter aufweisen, besonders flexibler und schneller Produktionsprozesse.

Eine Fertigungstechnologie, die sich insbesondere für kleine Stückzahlen eignet, ist die additive Fertigung, da hier werkzeuglos und mit großem Gestaltungsspielraum gefertigt werden kann.[11] Die Technologie hat sich in den vergangenen Jahren immer weiterentwickelt.[12] Neben verbesserten Materialien stehen benutzerfreundliche Gestaltungswerkzeuge zur Verfügung. Zudem konnten die Kosten für Anlagen und Material immer weiter gesenkt werden.[13] Verschiedene Leuchtturmprojekte einzelner Produktionsstandorte haben demonstriert, wie sich durch die Nutzung additiver Fertigungsverfahren die Bereitstellungszeiten und Produktionskosten von Betriebsmitteln drastisch reduzieren lassen.[14] In einer Vorstudie am PEM konnte gezeigt werden, dass das untersuchte Betriebsmittel mittels richtig angewendeter additiver Fertigung nicht nur 62 % schneller, sondern auch 72 % kostengünstiger hergestellt werden kann.

1.2 Zielsetzung und Forschungsfrage der Arbeit

Die einführend erläuterte Problematik ist als Motivation für die vorliegende Arbeit zu verstehen. Um den sich zuspitzenden Herausforderungen in der automobilen Endmontage zu begegnen, ist der Einsatz von additiven Fertigungsverfahren geeignet.[15] In der Praxis ist festzustellen, dass es an Auswahl- und Gestaltungsprozessen mangelt, um die additive Fertigung als effizienzsteigernde Fertigungsalternative einzusetzen. Zur Herstellung von Betriebsmitteln werden üblicherweise in Anlehnung an gängiges Gestaltungsvorgehen vier Phasen - Anforderungsaufnahme, Fertigungsprozessauswahl, Gestaltung und Fertigung - durchlaufen.[16] Die Anforderungsaufnahme sowie die Fertigungsprozessauswahl basieren in

[8] Vgl. Schöttle (Elektromobilität in neuen Rollen) 2017, S. 11.
[9] Vgl. Kampker et al. (Re-Ramp-Up Management of Scalable Production Systems) 2019, S. 137f.
[10] Vgl. Förstmann (Gestaltung von Montagevorrichtungen) 2019, S. 2f.
[11] Vgl. Ünal-Saewe et al. (Digitaler Zwilling additiv gefertigter Komponenten) 2020, S. 591f.
[12] Vgl. Gibson (The changing face of additive manufacturing) 2017, S. 10f.
[13] Vgl. Thomas (Costs, Benefits, and Adoption of Additive Manufacturing) 2016, S. 1857.
[14] Vgl. O'Connor (Can you jig it?) 2018.
[15] Vgl. Russart (Automotive 3D Printing) 2020.
[16] Vgl. Förstmann (Gestaltung von Montagevorrichtungen) 2019, S. 22–24ff.

der industriellen Praxis konventionell auf Erfahrungswerten. Aktuell ist das Wissen über AM-Verfahren bei Anwendern nicht besonders breit gestreut, auch weil die Verfahren in Ausbildung und Studium – wenn überhaupt – nur am Rand betrachtet werden. Daher muss, um AM zu verwenden, zunächst mit großem Aufwand geklärt werden, welche Anforderungen relevant sind und welche Prozesse und Materialien zur Verfügung stehen. Auf Basis der Auswahl der Fertigungsprozess- und Materialkombination erfolgt die Gestaltung. Für konventionelle Verfahren sind Konstrukteure in der Regel gut geschult. Bestehendes Wissen ist in Nachschlagewerken kondensiert verfügbar und übersichtlich aufgearbeitet. Für die additive Fertigung existieren keine übergeordneten Konstruktionsrichtlinien.[17] Dies liegt auch daran, dass die Übertragbarkeit von bestehendem Wissen auf AM kaum möglich ist, da der schichtweise Aufbau von Bauteilen ohne die Zuhilfenahme von Werkzeugen ein Novum darstellt. Aufgrund dessen müssen konventionelle Werkzeugbauer zur Betriebsmittelgestaltung einen AM-Experten hinzuziehen. Auf Basis dieser Herausforderungen in Kombination mit den beschriebenen, sich in Zukunft noch weiter verstärkenden, Trends in der Automobilindustrie lässt sich als Zielsetzung für diese Arbeit folgendes ableiten:

Ziel der vorliegenden Dissertation ist die Entwicklung eines Vorgehensmodells, das es ermöglicht, additive Fertigungsverfahren für geeignete Betriebsmittel wirtschaftlich in der automobilen Endmontage einzusetzen.

Um dieses Ziel zu erreichen, werden auf Basis von drei Beschreibungsmodellen zwei Entscheidungsmodelle erarbeitet, die gemeinsam die Grundlage für das Prozessmodell zur systematischen Gestaltung von Betriebsmitteln mittels additiver Fertigungsverfahren bilden. Die Beschreibungsmodelle befassen sich mit der Entwicklung von Konstruktionsrichtlinien für AM, der Bewertbarkeit von AM-Konstruktionen und der Sammlung und Dokumentation von Prozesswissen im Gesamtzusammenhang. Die Entscheidungsmodelle zur Auswahl von geeigneten AM-Material- und Prozesskombinationen sowie von AM-Betriebsmittelkonzepten werden in das Prozessmodell als integrale Bestandteile des Vorgehens eingebettet. Diese Modelle dienen schlussendlich dazu, die folgende Forschungsfrage zu beantworten:

Wie kann eine Methodik zur systematischen Gestaltung von Betriebsmitteln mittels additiver Fertigungsverfahren gestaltet sein, um diese Fertigungstechnologie im Betriebsmittelbau wirtschaftlich einzusetzen?

Unter Beachtung der Gesamtzielsetzung lassen sich aus der formulierten Forschungsfrage folgende Teilforschungsfragen ableiten:

- Wie kann ein für den jeweiligen Anwendungsfall im Betriebsmittelbau geeignetes AM-Verfahren systematisch ausgewählt werden?
- Wie müssen Gestaltungsrichtlinien für den Betriebsmittelbau in der Fahrzeugendmontage gestaltet sein?
- Wie muss vorgegangen werden, um AM im Betriebsmittelbau einzusetzen?

[17] Vgl. Wiberg et al. 2019, S. 1080.

1.3 Aufbau der Arbeit

Die vorliegende Arbeit lässt sich wissenschaftstheoretisch im Bereich der Technikwissenschaften einordnen und orientiert sich am Verständnis der ACATECH. „Ziel der Technikwissenschaften ist es, Gesetzes-, Struktur- und Regelwissen über Technik zu generieren – in der Absicht, dieses in technischen Anwendungen zu nutzen.“.[18] Damit ordnet sich diese Arbeit zwischen Theorie und Ingenieurspraxis ein und rückt die Anwendungsqualität der entwickelten Modelle in den Vordergrund. Im Spektrum zwischen rational-systematisch und intuitiv-heuristisch tendiert die vorliegende Arbeit zu letzterem..[19] Der Aufbau der Arbeit orientiert sich an ULRICHS Darstellung der angewandten Wissenschaften (siehe Abbildung 1-1)..[20]

Abbildung 1-1: Aufbau der Arbeit.[21]

Das Vorgehen zur Erarbeitung der Ergebnisse ist iterativ und orientiert sich konstruktionsstrategisch an KUBICEK's Verständnis von Forschung als Lernprozess..[22] Der Forschungsprozess mündet nach er-

[18] Vgl. acatech (Qualitätskriterien in den Technikwissenschaften) 2018, S. 9.
[19] Vgl. acatech (Technikwissenschaften) 2013, S. 19.
[20] Vgl. Ulrich (Betriebswirtschaftslehre) 1981, S. 19.
[21] Vgl. Ulrich (Management) 1984, S. 193.
[22] Vgl. Kubicek (Konstruktrionsstrategie empirischer Forschung) 1977, S. 14.

folgreicher Überprüfung in der Implementierung in der Praxis und leistet so einen Beitrag zum Wissenstransfer zwischen Wissenschaft und Industrie..[23] Die vorliegende Arbeit gliedert sich anhand dieses Vorgehens in sieben Kapitel.

In Kapitel 2 werden die Grundlagen des Betrachtungsbereiches aufgearbeitet. Neben der Begriffsklärung von Betriebsmitteln im Zusammenhang mit Vorrichtungen in der automobilen Endmontage werden die Grundlagen polymerbasierter additiver Fertigungsverfahren erläutert und diskutiert. Basierend auf dieser Beschreibung werden Handlungsbedarfe aus der Praxis abgeleitet.

In Kapitel 3 werden zunächst Implementierungsansätze für AM als Fertigungstechnologie geprüft. Basierend auf der Problemstellung der sich schnell wandelnden Technologie werden Methoden zur Auswahl von AM-Verfahren sowie der Konzeptionierung und Gestaltung hinsichtlich ihrer Eignung für die Anwendung im Betrachtungsbereich untersucht. Abschließend wird der Forschungsbedarf beschrieben.

In Kapitel 4 erfolgt die Konzeptionierung der Methodik zur systematischen Gestaltung von AM-Betriebsmitteln. Das Grobkonzept gliedert das Vorgehensmodell in drei Module, deren Kombination im Prozessmodell beschrieben wird. Auf dieser Basis werden weiterführend Teilmodelle abgeleitet.

In Kapitel 5 werden die zentralen Modelle dargestellt und beschrieben. Die einzelnen Modelle werden bezugnehmend auf die beiden Phasen Vorbereitung und Durchführung aufgeschlüsselt und in einen Gesamtzusammenhang gesetzt. Die Verschaltung der hergeleiteten Modelle erfolgt abschließend im Prozessmodell.

In Kapitel 6 wird anhand ausgewählter Beispiele die Anwendung der dargestellten Methodik erarbeitet. Zunächst wird die Vorbereitungsphase demonstriert. Darauffolgend wird auf Basis der Umsetzung von drei repräsentativen Betriebsmitteln aufgezeigt, dass sich die Methodik für verschiedenste Betriebsmitteltypen in der automobilen Endmontage eignet. Darauf aufbauend werden die Ergebnisse in einer kritischen Reflexion analysiert.

Abschließend werden in Kapitel 7 die Erkenntnisse der Arbeit zusammengefasst und Folgerungen für weitere Forschung sowie die Praxis abgeleitet.

[23] Vgl. Ulrich (Management) 1984, S. 192.

2 Grundlagen des Betrachtungs- und Gestaltungsbereichs

In diesem Kapitel wird der Handlungsbedarf aus der Praxis hergeleitet. Zunächst wird hierzu auf Vorrichtungen und Betriebsmittel im Produktionsprozess eingegangen sowie darauf, wie in der industriellen Praxis die Planung ebensolcher gestaltet ist. Zudem werden die technologischen Grundlagen polymerbasierter additiver Fertigungsverfahren vorgestellt. Neben der Definition notwendiger Begriffe werden die technologischen Wirkprinzipien relevanter Verfahren erörtert. Zum Abschluss des Kapitels wird hergeleitet, wie sich aus dem beschriebenen Stand der Technik der Handlungsbedarf ableitet.

2.1 Vorrichtungen als Betriebsmittel im Produktionsprozess

Der Begriff der Vorrichtung ist vielfältig und wird unterschiedlich interpretiert, daher folgt zunächst eine Erläuterung dieses Begriffes und eine Beschreibung der Arten von Vorrichtungen. Darauf aufbauend wird beschrieben, wie Vorrichtungen in der Produktion zu verstehen sind und wie sie sich in den Planungsprozess eingliedern.

2.1.1 Arten von Vorrichtungen

Im Nachfolgenden wird der Begriff der Vorrichtung im Zusammenhang mit Betriebsmitteln eingeordnet. Der Betriebsmittelbegriff ist vielschichtig und wird kontextbezogen unterschiedlich definiert. Daher erfolgt zunächst eine Definition des Begriffs Betriebsmittel, gefolgt von einer Hinführung zum Begriff der Vorrichtung.

Aus der Betriebswirtschaftslehre stammt die Definition nach GUTENBERG, der Betriebsmittel als „die gesamte technische Apparatur (...), [der] sich ein Unternehmen bedient, um Sachgüter oder Dienstleistungen herzustellen" definiert..[24] Diese sehr breite Definition des Begriffs umfasst neben Maschinen und Werkzeug auch Anlagen und Grundstücke. Es wird klar, dass es sich im weitesten Sinne um Objekte handelt, die kein Bestandteil des Produktionsgutes sind..[25] Diese betriebswirtschaftliche Sicht greift auch NEBL auf und unterteilt die Betriebsmittel zunächst in acht Gruppen (vgl. *Abbildung* 2-1). Vorrichtungen bilden gemeinsam mit Werkzeugen eine dieser Gruppen..[26] MÜLLER ET AL. beziehen sich exklusiv auf materielle Betriebsmittel und grenzen den Begriff auf technische Anlagen, Maschinen, Gerätschaften und Vorrichtungen ein, die ge- und nicht verbraucht werden..[27] HESSE ET AL. summieren unter dem Begriff der Betriebsmittel Werkzeuge, Vorrichtungen sowie Mess- und Prüfmittel..[28] Betriebsmittel bilden nach dieser Definition zusammen mit Werkzeugmaschinen die Gruppe der Fertigungsmittel..[29] Es wird ersichtlich, dass die Abgrenzung nicht trennscharf ist und auch anders interpretiert werden kann. In dieser Arbeit werden Vorrichtungen, in Anlehnung an NEBL, als eine der acht Unterkategorien der

[24] Vgl. Gutenberg (Grundlagen der Betriebswirtschaftslehre) 1971, S. 70.
[25] Vgl. Gutenberg (Grundlagen der Betriebswirtschaftslehre) 1971, S. 71; Vgl. Perović (Vorrichtungen im Werkzeugmaschinenbau) 2013, S. 1.
[26] Vgl. Nebl (Produktionswirtschaft) 2009, S. 148f.
[27] Vgl. Müller et al. (Energieeffiziente Fabriken) 2009, S. 37.
[28] Vgl. Hesse et al. (Betriebsmittel Vorrichtung) 2012, S. 2.
[29] Vgl. Hesse et al. (Betriebsmittel Vorrichtung) 2012, S. 2.

Betriebsmittel betrachtet (vgl. *Abbildung* 2-1). Hieraus ergibt sich die Notwendigkeit, Werkzeuge von Vorrichtungen abzugrenzen.

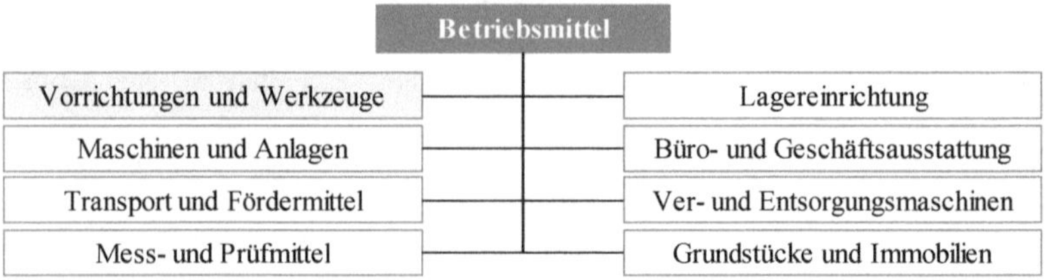

Abbildung 2-1: Einordnung von Vorrichtungen in Betriebsmittelkategorien angelehnt an NEBL.[30]

Neben der Einordnung des Vorrichtungsbegriffs ist dessen Definition zum Verständnis der weiteren Erläuterungen entscheidend. Eine Vorrichtung ist nach HESSE ET AL. ein Hilfsmittel technischer Natur, das in direkter Beziehung zu einem Produktionsvorgang steht..[31] Es existieren verschiedene Ansätze einer Kategorisierung.

Eine Möglichkeit der Unterscheidung bildet das Clustern nach dem jeweiligen Anwendungsfeld. Autoren wie beispielsweise BLACKBURN und MARSHALL konzentrieren sich auf die spezifischen Herausforderungen eines Einsatzgebietes, in diesem Fall auf die Bearbeitung von Hölzern..[32].[33] Hierbei stellt sich immer die Frage nach der Übertragbarkeit auf andere Anwendungsfälle. Eine Alternative ist eine Kategorisierung nach Funktionen. HESSE ET AL. fassen die gängigsten Funktionen von Vorrichtungen wie folgt zusammen[34]:

- Abstützung
- Arretierung
- Bestimmung
- Führung
- Handhabung
- Indexierung
- Lagebestimmung
- Orientierung
- Positionierung
- Spannung
- Teilung
- Verbindung

Im Englischen werden Vorrichtungen häufig unter dem Wortpaar „Jigs&Fixtures" zusammengefasst und beide Begriffe synonym verwendet..[35] Unter Jig versteht man eine Art Schablone, die die Führung eines Werkstücks oder Werkzeugs sicherstellt. .[36] Im Gegensatz dazu sorgt eine „Fixture" für die Fixierung eines Werkstücks..[37] Der Vorrichtungsbegriff gibt keine Funktion vor und eignet sich daher besser für die Eingruppierung nach Einsatzzweck. In Anlehnung an HESSE ET AL. sind in Abbildung 2-2 häufige Einsatzzwecke für Vorrichtungen kategorisiert.

[30] Vgl. Nebl (Produktionswirtschaft) 2009, S. 147–149ff.
[31] Vgl. Hesse et al. (Betriebsmittel Vorrichtung) 2012, S. 1.
[32] Vgl. Blackburn (Jigs & Fixtures for woodworker) 2014.
[33] Vgl. Marshall (Jigs & Fixtures) 2007.
[34] Vgl. Hesse et al. (Betriebsmittel Vorrichtung) 2012, S. 9–11ff.
[35] Vgl. Gameros et al. (State-of-the-art in fixture systems) 2017, S. 2.
[36] Vgl. Henriksen (Jig and fixture design manual) 1973, S. 1.
[37] Vgl. Henriksen (Jig and fixture design manual) 1973, S. 1.

Abbildung 2-2: Arten von Vorrichtungen (nach HESSE ET AL..[38])

Für die Produktionsplanung bietet sich eine Unterscheidung nach dem notwendigen Anpassungsgrad der Vorrichtungen an. EVERSHEIM unterscheidet zwischen Standard-, Spezial und Baukastenvorrichtungen..[39] Die Gestaltung einer Standardvorrichtung erfolgt im Hinblick auf einen Bereich an Aufgaben. Spezial- und Baukastenvorrichtungen werden für eine spezifische Aufgabe entworfen und unterscheiden sich nach EVERSHEIM hauptsächlich im Grad der möglichen Widerverwendung..[40] Baukastenvorrichtungen bestehen aus Standardelementen, die nach der Verwendung demontier- und rekonfigurierbar sind. Spezialvorrichtungen besitzen die größte Gestaltungsfreiheit und sind in der Regel kaum wiederverwertbar..[41] Die Planungsbedarfe steigen immer weiter an und sind am höchsten, wenn nicht auf ein vorkonfiguriertes System zurückgegriffen werden kann (vgl. Abbildung 2-3).

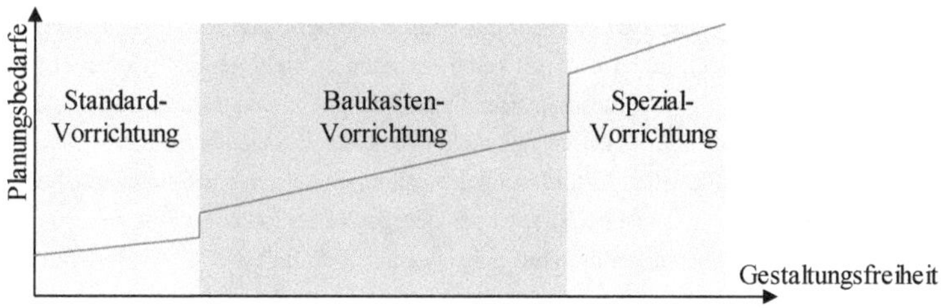

Abbildung 2-3: Planungsbedarfe beim Vorrichtungsbau

Der Anstieg der Planungsbedarfe wird innerhalb der Kategorien als linear angenommen, da dieselben Kombinationen verwendet werden. An der Grenze zur nächsten Kategorie steigt der Planungsbedarf durch den Wechsel sprunghaft an.

[38] Vgl. Hesse et al. (Betriebsmittel Vorrichtung) 2012, S. 5.
[39] Vgl. Eversheim (Arbeitsvorbereitung) 1998, S. 86.
[40] Vgl. Eversheim (Arbeitsvorbereitung) 1998, S. 87.
[41] Vgl. Eversheim (Arbeitsvorbereitung) 1998, S. 85–87ff.

2.1.2 Vorrichtungen für die Montage

Die Vorrichtungsplanung ist integraler Bestandteil der Produktionsplanung. Im Folgenden wird zunächst auf die Verortung der Vorrichtungsplanung im Organisationsablauf eingegangen und die vergleichsweise späte Positionierung, insbesondere der Montageplanung, im Produktentwicklungsprozess erläutert.

Schon lange gilt: Produktänderungen haben einen großen Einfluss auf die Auslegung von Betriebsmitteln, der sich durch Schwankungen in den Absatzmengen und unsicheren Prognosen noch verstärkt..[42] Noch Ende der 90er Jahre wurde die Betriebsmittelplanung häufig sequenziell an den Produktkonstruktionsprozess angeschlossen..[43] Inzwischen haben sich für viele Produktentstehungsprozesse (PEP) Concurrent oder Simultaneous Engineering Ansätze durchgesetzt..[44] Das Ziel dieser Ansätze ist durch Parallelisierung und Einbindung interner und externer Partner die Entwicklungszeit zu verkürzen (siehe auch Kapitel 3.1.1)..[45] Trotz dieser Bemühungen befinden sich die Betriebsmittel- und damit auch die Vorrichtungsplanung am Ende des PEP, da eine gewisse Produktreife die Voraussetzung für diese Arbeiten darstellt. Auch in der Fabrikplanung befindet sich die Betriebsmittelplanung auf der untersten Detailebene, da hierfür Produktinformationen einwandfrei vorliegen müssen. .[46] Die Vorrichtungsplanung, als Teil der Produktionsvorbereitung, startet im Serienentwicklungsprozess, doch erst zuletzt werden die Vorrichtungen installiert und eingesetzt (siehe Abbildung 2-4).

Zwar werden auch für Prototypen und Vorserien bereits Vorrichtungen benötigt, doch entsprechen diese in der Regel nicht den in der Serie verwendeten, da sich die Anforderungen, z.B. hinsichtlich Stückzahl, Haltbarkeit und ergonomische Bedarfe, stark unterscheiden. Ein Beispiel für diese Art von Vorrichtungen findet sich im Automobilbau. Auf Basis von Vorserienkarosserien werden Schablonen aus Gipsabdrücken hergestellt, da die Toleranzen der Bauteile noch nicht den Anforderungen entsprechen. Es ist ersichtlich, dass die Feststellung von notwendigen Änderungen an Vorrichtungen zu Verzögerungen der Serienproduktion führen kann, da keine Pufferzeiten mehr genutzt werden können, um Anpassungen vorzunehmen..[47] Obwohl dieser kritische Pfad bekannt ist und durch eine proaktive montagegerechte Gestaltung adressiert wird, lassen sich nicht alle Abweichungen vermeiden. .[48] Für Montagebetriebsmittel ergibt sich damit neben Anforderungen hinsichtlich Kosten und Qualität ein besonderer Fokus auf die Bereitstellungszeit und Flexibilität über den gesamten Lebenszyklus des Produktes..[49] Dieser Fokus verstärkt sich für Montagelinien mit hoher Variantenvielfalt..[50]

---

[42] Vgl. Eversheim (Fertigung und Montage) 1989, S. 14.

[43] Vgl. Eversheim (Arbeitsvorbereitung) 1998, S. 84.

[44] Vgl. Klug (Logistikmanagement Automobilindustrie) 2018, S. 79.

[45] Vgl. Feldhusen et al. (Die PEP-begleitenden Prozesse) 2013, S. 31f; Vgl. Tomiyama et al. (Design methodologies) 2009, S. 551.; Vgl. Cooper (What's Next? After Stage-Gate) 2015.

[46] Vgl. Schmidl et al. (Nutzeneffekte von digitalen Planungstools) 2006, S. 719; Vgl. Müller et al. (Energieeffiziente Fabriken) 2009, S. 56.

[47] Vgl. Dinse (Quantitative Betriebsmittelbedarfsplanung) 2015, S. 19. Vgl. Förstmann et al. (Enabling Industry 4.0 through PLM) 2017, S. 2. Vgl. Kampker et al. (Framework for 3D-printing of Manufacturing Equipment) 2018, S. 53.

[48] Vgl. Müller (Montagegerecht) 2013, S. 703. Vgl. Richter (Gestaltung der Montageorganisation) 2006, S. 115. Vgl. Dinse (Quantitative Betriebsmittelbedarfsplanung) 2015, S. 29. Vgl. Kampker et al. (Framework for 3D-printing of Manufacturing Equipment) 2018, S. 53.

[49] Vgl. Kampker et al. (Automatisierung der Betriebsmittelgestaltung) 2017, S. 248.; Vgl. März et al. (Flexibilität und Marktorientierung in der Montage) 2013.

[50] Vgl. Schlick et al. (Symbolic Approach to Self-optimisation in Production System) 2015, S. 147. Vgl. Kampker et al. (Framework for 3D-printing of Manufacturing Equipment) 2018, S. 53.

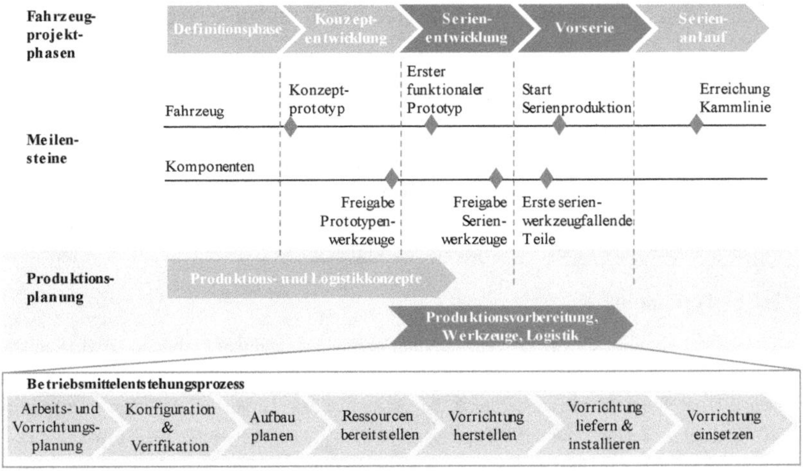

Abbildung 2-4: Schematischer Produktentstehungsprozess.[51]

2.1.3 Zwischenfazit: Vorrichtungen im Produktionsprozess

Zusammenfassend lässt sich sagen, dass Vorrichtungen ein integraler Bestandteil einer funktionierenden Produktion sind. Vorrichtungen können als materielle Betriebsmittel aufgefasst werden, denen mannigfaltige Aufgaben zur Ermöglichung der Produktion zuteil werden.

Insbesondere in der Automobilindustrie werden, bedingt durch parallelisierte Produkt- und Produktionsentwicklungsprozesse, hohe Anforderungen an die Reaktionsfähigkeit der Vorrichtungsplanung, -gestaltung und -bereitstellung hinsichtlich kurzfristiger Anpassungen gestellt. Vergleicht man erforderliche Planungsbedarfe der unterschiedlichen Vorrichtungsarten im Kontext der Reaktionszeit auf Änderungen wird klar, dass besonders Anpassungen von Spezial- und Baukastenvorrichtungen zum Problem werden können. Es ergibt sich der Bedarf zur Verkürzung der Gestaltung und Bereitstellung von Vorrichtungen im Allgemeinen und Montagevorrichtungen im Speziellen.

[51] Vgl. Rudert et al. (Vollumfänglich durchdacht) 2015, S. 12. Vgl. Kampker et al. (Automatisierung der Betriebsmittelgestaltung) 2017, S. 247. Vgl. Feldhusen et al. (Die PEP-begleitenden Prozesse) 2013, S. 33f.

2.2 Grundlagen polymerbasierter additiver Fertigungsprozesse

Das Auslaufen von Patenten im Bereich der additiven Fertigung um das Jahr 2010 löste einen Boom der Desktop 3d Drucker aus und sorgte so für eine breite Öffentlichkeit für das Thema additive Fertigung. .[52] Allen AM-Prozessen ist der schichtweise Aufbau gemein, der es ermöglicht, ohne Werkzeug dreidimensionale Objekte aufzubauen..[53] In diesem Kapitel erfolgt zunächst die Erläuterung der Begrifflichkeiten im Themenfeld additiver Fertigungsprozesse. Es folgt eine detaillierte Betrachtung des grundsätzlichen Ablaufs additiver Fertigung. Schließlich werden auf Basis der Betrachtung des Aufbaus additiver Fertigungsanlagen ausgewählte polymerbasierte Verfahren vorgestellt.

2.2.1 Terminologie

Die international gültige DIN EN ISO 52900-Norm bezeichnet Additive Fertigung (engl. Additive Manufacturing; kurz: AM) als „Allgemeinbegriff für jene Technologien, mit denen, basierend auf einer geometrischen Darstellung, Gegenstände durch die sukzessive Zugabe von Werkstoffen erzeugt werden.“.[54] Im Vergleich zu konventionellen Fertigungsprozessen, wie beispielsweise dem Fräsen oder Drehen, ist die additive Fertigung eine vergleichsweise junge Technologie. Den Vorteil der werkzeuglosen Fertigung nutzend, wurden, in den 80er Jahren beginnend, additive Fertigungsprozesse zunächst für die Herstellung von Mustern und Prototypen eingesetzt..[55] Beginnend mit der Stereolithographie-Technologie (SLA) wurden bis zum Beginn der 90er Jahre die prozess- sowie materialtechnischen Grundlagen für weitere AM-Technologien geschaffen. Der Begriff AM musste sich gegen eine Vielzahl an Termini durchsetzen und wird in der Praxis noch nicht einheitlich verwendet..[56] Der aus den 90er Jahren stammende Begriff der Rapid Technologien steht auch heute noch häufig synonym für AM-Prozesse..[57] Unterschieden werden hierbei insbesondere Rapid Prototyping, Rapid Tooling und Rapid Manufacturing..[58] Beim Rapid Prototyping bzw. Tooling kommt es insbesondere darauf an, Prototypen bzw. Werkzeuge möglichst schnell additiv herzustellen..[59] Beim Rapid Manufacturing werden Bauteile für Endanwender zumeist in kleinen Stückzahlen hergestellt..[60] Diese drei Begriffspaare stehen synonym für die diversen Begriffe, die im Verlauf der letzten 30 Jahre im Zusammenhang mit dem Technologiefeld AM Verwendung fanden..[61] .[62] Eine Besonderheit im Deutschen ist der Begriff der generativen Fertigungsverfahren,

---

[52] Vgl. Steck (CAD für Maker) 2017, S. 18.

[53] Vgl. Gieseke et al. (Laserbasierte Technologien) 2016, S. 20.

[54] Vgl. Deutsches Institut für Normung e.V. (DIN EN ISO/ASTM 52900:2017) 2017, S. 5.

[55] Vgl. Lachmayer et al. (Chancen und Herausforderungen für die Produktentwicklung) 2016, S. 5. Vgl. Li et al. (AM technology in spare parts supply chain) 2016, S. 1499.

[56] Vgl. Gebhardt et al. (Additive Manufacturing) 2016.

[57] Vgl. Huang et al. (AM: Current State, Future Potential and Gaps) 2015, 014001-1.

[58] Vgl. Levy et al. (Rapid Manufacturing and Rapid Tooling) 2003, S. 589.

[59] Vgl. Bagalkot et al. (Methodology for IM process parameters for RT) 2019, S. 2f.; Vgl. Zäh (Wirtschaftliche Fertigung mit Rapid-Technologien) 2013, S. 9f.

[60] Vgl. Klocke (Fertigungsverfahren 5) 2015, S. 130; Vgl. Levy et al. (Rapid Manufacturing and Rapid Tooling) 2003, S. 590.

[61] Vgl. Bourell (Perspectives on Additive Manufacturing) 2016, S. 2.

[62] Als Vertreter dieser Begriffe seien nach BOURELL, KLOCKE und GIBSON folgende genannt: Additive Prozesse, Additive Fabrication, Additive Techniques, Layer Manufacturing, Layer Based Manufacturing, Solid Free Form Fabrication, Direct Tooling, etc.

der bis vor wenigen Jahren noch in Lehrbüchern als führende Bezeichnung für additive Verfahren verwendet wurde..[63] Inzwischen hat sich der Begriff „additive Fertigung" weitgehend durchgesetzt. Ersichtlich ist dies beispielsweise an der inzwischen zurückgezogenen Norm „VDI 3404 Generative Fertigungsverfahren", die durch die Norm „VDI 3405 Additive Fertigungsverfahren" abgelöst wurde..[64] Auch in der DIN ISO EN 52900 findet sich ein Verweis, dass der Begriff generative Fertigung nicht mehr berücksichtigt wird..[65] Aktuell wird viel diskutiert, ob der Begriff 3D-Druck (engl. 3D-printing) sowohl in der Fachwelt als auch unter Laien populärer werden könnte als AM..[66] Durch verschiedenste Medien hat der Begriff 3D-Druck viel Aufmerksamkeit erhalten, da das Drucken von Bauteilen den digitalen Technologien zugerechnet wird und diesen ein großes Änderungspotential hinsichtlich aktueller Produktion- und Geschäftsmodelle zugeschrieben wird..[67] Auf dieser Basis stellt BOURELL fest, dass in Fachkreisen der Begriff AM weite Verbreitung finde, wohingegen 3D-Druck hauptsächlich von der breiten Öffentlichkeit verwendet werde..[68] Im Folgenden werden die Begriffe Additive Manufacturing und 3D-Druck synonym verwendet.

2.2.2 Definition und Beschreibung additiver Fertigung

Additive Fertigungsprozesse lassen sich durch einige Gemeinsamkeiten charakterisieren, die den gesamten Prozess, vom digitalen Modell bis zum fertigen Bauteil, einrahmen. In diesem Kapitel wird dieser Rahmen beschrieben. Dazu werden zunächst die aktuell sehr aktiven Normungsbestrebungen unterschiedlicher Institutionen beleuchtet. Anschließend wird die Prozesskette additiver Fertigung verfahrenstechnisch und datentechnisch erläutert. Abschließend werden die Implikationen von additiver Fertigung, bezogen auf die Lieferkette, näher betrachtet.

2.2.2.1 Normungsbestrebungen

Es existieren aktuell unterschiedlichste Normungsbestrebungen in Bereichen wie der grundsätzlichen Nomenklatur, den Prozessen an sich sowie Test- und Prüfverfahren. Ähnlich zum eigentlichen Begriff der additiven Fertigung hat sich noch kein Standard durchgesetzt. In Abbildung 2-5 sind die bereits in Kapitel 2.2.1 erwähnten im deutschen Sprachraum gängigen Normen VDI Richtlinie 3405 sowie ASTM / DIN ISO EN 52900 hinsichtlich der verwendeten Benennung für Verfahrensgruppen gegenübergestellt..[69] Es zeigt sich, dass die Benennungen zwar ähnlich, aber nicht identisch sind. Dies führt in der industriellen Praxis häufig zu Verwirrung..[70]

Neben größtenteils sehr allgemeinen Normen sind zum aktuellen Zeitpunkt, der zweiten Jahreshälfte 2019, verschiedenste wesentlich spezifischere Normen nur im Entwurf verfügbar. In Erstellung befinden sich technologische Normungen wie beispielsweise die ASTM / DIN ISO 52903 zur „Normfestlegung für materialextrusions-basierte additive Fertigungsverfahren für Kunststoffe" oder die VDI-

[63] Vgl. Gebhardt (Generative Fertigungsverfahren) 2013, S. 3.; Vgl. Klocke (Fertigungsverfahren 5) 2015, S. 127–170ff.

[64] Vgl. Verein Deutscher Ingenieure (3404) 2014; Vgl. Verein Deutscher Ingenieure (3405) 2014.

[65] Vgl. Deutsches Institut für Normung e.V. (DIN EN ISO/ASTM 52900:2017) 2017, S. 2.

[66] Vgl. Gibson et al. (Additive Manufacturing Technologies) 2015, S. 8.

[67] Vgl. André (From additive manufacturing to 3D/4D printing) 2017, S. 71.; Vgl. Wood (Multifunctionality in Additive Manufacturing) 2016, 173.

[68] Vgl. Bourell (Perspectives on Additive Manufacturing) 2016, S. 2.

[69] Vgl. Verein Deutscher Ingenieure (3405) 2014; Vgl. Deutsches Institut für Normung e.V. (DIN EN ISO/ASTM 52900:2017) 2017.

[70] Vgl. Ritt (Krieg der Standisierung) 2018.

Richtlinie 3405 Blatt 6.2 „Additive Fertigungsverfahren; Anwendersicherheit beim Betrieb der Fertigungsanlagen; Laser-Sintern von Polymerpulvern“, aber auch Prüf- und Testnormen mit dem Ziel, Vergleichbarkeit zwischen Verfahren und Bauteilen zu erzeugen..[71] Als Beispiele seien hier die ASTM / DIN ISO 52902 zum Thema „Additive Fertigung – Testkörper – Allgemeine Leitlinie für die Bewertung der geometrischen Leistung additiver Fertigungssysteme“ und die VDI-Richtlinie 3405 Blatt 3.2 „Additive Fertigungsverfahren; Gestaltungsempfehlungen; Prüfkörper und Prüfmerkmale für limitierende Geometrieelemente“ genannt..[72] Im Umkehrschluss bedeutet dies für Anwender, dass im Bereich der additiven Fertigung viele Fragen noch individuell beantwortet werden müssen.

VDI 3405	DIN EN ISO 52900
Stereolithographie (SL) Digital Light Processing (DLP)	Vat Photopolymerisation
Laser-Sintern (LS) Thermotransfer-Sintern (TTS)	Powder Bed Fusion
Fused-Layer-Modelling (FLM)	Material Extrusion
Poly-Jet-Modelling (PJM) Multi-Jet-Modelling (MJM)	Material Jetting
Layer-Laminated Manufacturing (LLM)	Sheet Lamination
3D-Druck (3DP)	3D-Druck (3DP)

Abbildung 2-5: Begriffliche Gegenüberstellung VDI-Richtlinie 3405 und DIN EN ISO 52900

2.2.2.2 Verfahrenstechnische Prozesskette

Die folgende allgemeine Prozesskette orientiert sich an der Beschreibung nach GIBSON ET AL., LACHMAYER und LIPPERT (vgl. Abbildung 2-6)..[73] Startpunkt der sieben Schritte umfassenden, technologischen Prozesskette ist die Konstruktion eines dreidimensionalen Bauteils in einer CAD-Umgebung (Computer Aided Design) [1]. Die eigentliche AM-Prozesskette startet mit dem Export einer CAD-Datei und damit der Umwandlung in ein AM-maschinenlesbares Dateiformat [2]. .[74] Als Industriestandard können Dateien im STL-Format (kurz für: Standard Transformation Language.[75]) angesehen werden..[76] Die Daten werden auf einen Rechner, der direkt mit dem Drucker verbunden ist, eingespielt und dann zunächst vor- oder aufbereitet.

[71] Vgl. Deutsches Institut für Normung e.V. (DIN EN ISO/ASTM 52903-2:2018) Vgl. Verein Deutscher Ingenieure (3405 Blatt 6.2)

[72] Vgl. Deutsches Institut für Normung e.V. (DIN EN ISO/ASTM 52902:2018); Vgl. Verein Deutscher Ingenieure (3405 Blatt 3.2)

[73] Vgl. Gibson et al. (Additive Manufacturing Technologies) 2015, S. 43–62ff.; Vgl. Lachmayer et al. (Chancen und Herausforderungen für die Produktentwicklung) 2016, S. 9–12ff.

[74] Vgl. Gebhardt (Additive Fertigungsverfahren) 2016, S. 29.

[75] Vgl. Gebhardt et al. (Additive Manufacturing) 2016, S. 24.

[76] Vgl. Yang et al. (Additive Manufacturing of Metals) 2017, S. 34.

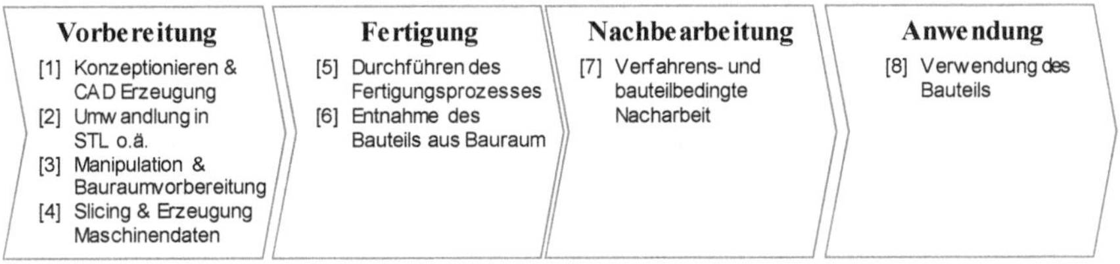

Abbildung 2-6: Darstellung acht generischer AM-Prozessschritte nach GIBSON und LACHMAYER.[77]

Die STL-Datei wird zunächst auf Löcher oder andere Inhomogenitäten geprüft und gegebenenfalls repariert. Im nächsten Schritt wird das Bauteil im Bauraum orientiert, also die Position im Koordinatensystem der Anlage festgelegt [3]. Auf Basis der Orientierung werden, abhängig vom gewählten AM-Verfahren und der Bauteilkonstruktion, Stützstrukturen digital erzeugt und dem Modell hinzugefügt. Insbesondere bei der Verarbeitung von Metallen ist die fertigungsgerechte Konstruktion von Stützstrukturen entscheidend..[78] Anschließend wird das gesamte Modell im sogenannten „Slicer".[79] in Schichten zerschnitten, die parallel zur Bauplattform angeordnet sind. Auf Basis dieser Schichten wird der Maschinenparametersatz erzeugt und der „Baujob" durchgeführt [4]. Eine fehlerfreie Datei wird in der Regel in G-Code (nach ISO 6983) und STEP-NC (nach ISO 13649) übersetzt..[80] Diese Dateien enthalten einen maschinenlesbaren Code der notwendigen Steuerungsimpulse für Achsen, Materialhandling und Temperaturführung, die für den Aufbau des Bauteils notwendig sind. Der Ablauf des Druckprozesses ist verfahrensbedingt unterschiedlich und wird für ausgewählte Verfahren in Kapitel 2.2.3 näher erläutert [5]. Nach Beendigung des Druckprozesses muss das Bauteil aus der Anlage genommen, von der Bauplattform entfernt und von Supportstrukturen befreit werden [6]. Verfahrensabhängig sind Nachbehandlungsschritte, wie z.B. polieren, lackieren oder Wärmebehandlungen, sinnvoll [7]. Nach erfolgreicher Nachbehandlung ist das Bauteil bereit für die Verwendung [8]. Der dargestellte Prozessablauf ist für alle AM-Verfahren ähnlich, variiert jedoch in Einzelschritten.

2.2.2.3 Dateiformate und -verarbeitung

Digitale Daten in Form von CAD Modellen sind, wie in Kapitel 2.2.2.2 dargestellt, die Basis eines jeden 3D-Drucks. Daraus ergibt sich die hohe Relevanz der digitalen Daten für den 3D-Druck..[81] Von den vier, nach GEBHARDT definierten, CAD-Modelltypen, dem Ecken-, Kanten-, Flächen- und Volumenmodell, ist lediglich das Volumenmodell für AM zu verwenden, da nur in diesem Modelltyp der Detailgrad hoch genug ist..[82] Die Gruppe der Volumenmodelle lässt sich weiter aufteilen in Grundkörpermodelle, Flächenbegrenzungsmodelle und Hybridmodelle..[83] Grundkörpermodelle zeichnen sich durch Objekte aus, die mittels Boolescher Operationen miteinander verknüpft sind..[84] Flächenbegren-

[77] Vgl. Gibson et al. (Additive Manufacturing Technologies) 2015, S. 45.; Vgl. Lachmayer et al. (Chancen und Herausforderungen für die Produktentwicklung) 2016, S. 9.

[78] Vgl. Langelaar (Additive manufacturing filter for topology optimization of print-ready designs) 2017, S. 871f.

[79] Vom englischen Wort „slice", zu Deutsch „zerschneiden", abgeleitet

[80] Vgl. Scheideler et al. (Anforderungen an integrierte Prozessketten in der Additiven Fertigung) 2017, S. 17.

[81] Vgl. Gräßler et al. (Datamanagement for Additive Manufacturing) 2016, S. 211.

[82] Vgl. Gebhardt (Additive Fertigungsverfahren) 2016, S. 30f.

[83] Vgl. Gebhardt (Additive Fertigungsverfahren) 2016, S. 30f.

[84] Vgl. Gebhardt (Additive Fertigungsverfahren) 2016, S. 31.

zungsmodelle definieren sich über eine zweidimensionale, frei gestaltete Fläche und ein darauf bezogenes angeordnetes Volumen..[85] Hybride Modelle vereinen beide Möglichkeiten der Körpererstellung und werden von gängigen CAD Systemen verwendet..[86] Basierend auf dieser Unterteilung lassen sich insbesondere zwei Ansätze bei der Erstellung eines CAD Modells, das direkte und das parametrische Modellieren, unterscheiden. Beim direkten Modellieren können geometrische Körper miteinander verschmolzen und unabhängig von der Bearbeitungshistorie verarbeitet werden..[87] Dies erhöht die Flexibilität hinsichtlich Anpassungen, erschwert aber, im Gegensatz zum parametrischen Modellieren, die Möglichkeit oder macht es sogar unmöglich, eine Historie für die Entstehung des Bauteils nachzuvollziehen..[88] Beim parametrischen Modellieren hingegen werden in der Regel, basierend auf Skizzen, Körpern und Bauteilen, Baugruppen erstellt und mittels Parametrisierung miteinander verknüpft..[89]

Der Prozesskette des AM folgend werden für den Druck notwendige Daten in der Regel aus dem CAD System exportiert (siehe Kapitel 2.2.2.2). Das STL-Format ist, für solche Exporte, am weitesten verbreitet und kann als de facto Standard für AM betrachtet werden..[90] Das STL-Format bildet volumetrische Körper durch die Annäherung der Oberfläche des Objektes ab..[91] Die Oberfläche wird durch drei Eckpunkte und einen vom Objekt weg zeigenden normalen Vektor auf die entstehende planare Facette dargestellt..[92] Die Historie der Bauteilerstellung im CAD kann nicht gespeichert werden..[93] Das „Additive Manufacturing File" (kurz: AMF) wird von den beiden Normungsorganisationen *American Society for Testing and Materials (ASTM)* und *International Organization for Standardization (ISO)* als potentieller Nachfolger für STL platziert und soll eine bessere Handhabbarkeit und komplexere Modelle ermöglichen sowie einen erweiterten Funktionsumfang, wie beispielsweise Bauteile aus mehr als einem Material, bieten..[94] Zudem ist es, im Gegensatz zu STL, mit dem AMF-Format möglich, eine Oberfläche durch gewölbte Facetten, also Polygone mit einer Innenwinkelsumme ungleich 180°, abzubilden..[95] Dies ermöglicht eine genauere Abbildung der Oberfläche bei gleichzeitiger Senkung der Polygonanzahl und des daraus resultierenden Speicherbedarfs..[96]

Parallel hierzu entwickelt das *„3MF Consortium"*, ein Zusammenschluss von Industrieunternehmen, das Alternativformat 3MF (kurz für 3D-Manufacturing File) mit ähnlichen Spezifikationen. Die Kritikpunkte am STL-Format sind vielfältig. So lässt sich beispielsweise die stark ansteigende Dateigröße und damit notwendige Rechenleistung zur Verarbeitung als negativ anführen..[97] Andere Kritikpunkte sind,

---

[85] Vgl. Gebhardt (Additive Fertigungsverfahren) 2016, S. 31.

[86] Vgl. Scheffler et al. (Modelling CAD Models) 2016, S. 2. & Vgl. Gebhardt (Additive Fertigungsverfahren) 2016, S. 586.

[87] Vgl. Steck (CAD für Maker) 2017, S. 22. & Vgl. Oliveira et al. (Parametric modelling design applied) 2017, 162008-2.

[88] Vgl. Tornincasa et al. (The future and evolution of CAD) 2010, S. 5f.

[89] Vgl. Scheffler et al. (Modelling CAD Models) 2016, S. 379. & Vgl. Steck (CAD für Maker) 2017, S. 22.

[90] Vgl. Deutsches Institut für Normung e.V. (DIN EN ISO/ASTM 52915:2017) 2017, S. 5. & Vgl. Monzón et al. (Standardization in additive manufacturing) 2015, S. 1119. & Vgl. Gebhardt et al. (3D-Drucken) 2016.

[91] Vgl. Wood (Multifunctionality in Additive Manufacturing) 2016, S. 173.

[92] Vgl. Scheideler et al. (Anforderungen an integrierte Prozessketten in der Additiven Fertigung) 2017, S. 14.

[93] Vgl. Sturm et al. (Cyber-physical vulnerabilities in additive manufacturing systems) 2017, S. 156.

[94] Vgl. Monzón et al. (Standardization in additive manufacturing) 2015, S. 1119.

[95] Vgl. Deutsches Institut für Normung e.V. (DIN EN ISO/ASTM 52915:2017) 2017, S. 27f. & Vgl. Gibson et al. (Additive Manufacturing Technologies) 2015, S. 365.

[96] Vgl. Deutsches Institut für Normung e.V. (DIN EN ISO/ASTM 52915:2017) 2017, S. 31. & Vgl. Gibson et al. (Additive Manufacturing Technologies) 2015, S. 365.

[97] Vgl. de Figueiredo Leite et al. (Optimizing 3D Object Visualization on the Web) 2016, S. 292. Vgl. Deutsches Institut für Normung e.V. (DIN EN ISO/ASTM 52915:2017) 2017, S. 31.

dass es unmöglich ist, für Bauteile Farben oder mehrere Materialien zu hinterlegen..[98] Diese Kritik deckt sich auch mit der des „3MF-Consortium“, unter deren Gründungsmitgliedern sich mit *3D Systems Inc.*, *EOS GmbH*, *Stratasys Inc.*, *General Electric Corp.*, *HP Development Company L.P.*, *Siemens AG*, *PTC Corp.* und *Microsoft Corp.* viele der größten im AM-Feld aktiven Firmen befinden..[99] 3MF wurde ins Leben gerufen, um ein Dateiformat zu entwickeln, das, nach Aussagen des Konsortiums, auf die Bedürfnisse der Industrie zugeschnitten sei..[100] Obwohl das AMF-Format seit 2013 genormt ist, kann sich das Format bislang kaum durchsetzen. Weitere Dateiformate, die im AM-Bereich am Rande Verwendung finden, sind VRML/WRL, IGES, VDA-FS und STEP und sollen hier nur der Vollständigkeit halber erwähnt werden..[101] GRÄßLER ET AL. kommen auf Basis einer empirischen Untersuchung zu dem Schluss, dass die Verbesserungen alternativer Dateiformate im Vergleich zu STL nicht groß genug seien, um Nutzer zu einem Wechsel zu motivieren..[102] Die Abbildung von Objekten durch Netze aus Polygonen birgt immer das Risiko einer fehlerhaften Annäherung..[103] GEBHARDT ET AL. gruppieren diese Fehler in Löcher, Überlappungen und Fehlorientierungen..[104] Diese Fehler werden in der Regel in spezifischer Software behoben, bevor eine Weiterverarbeitung erfolgen kann..[105]

Zusammenfassend lässt sich sagen, dass die Verwendung von Flächenmodellen für eine Vielzahl von 3D-Druck Bauteilen funktioniert und aktuell nur für sehr wenige Ausnahmen vom STL-Format als Austausch-Format zwischen CAD und 3D-Druckprozess zurückgegriffen wird.

2.2.2.4 Logistische Prozesskette

Die Nutzung des 3D Drucks bietet für viele Lieferketten in unterschiedlichen Industrien Chancen. Insbesondere die Frage, inwieweit bei disruptiver Verbreitung des 3D Drucks ganze Lieferketten-Netzwerke aufgelöst werden könnten, wird diskutiert..[106] So verspricht man sich seit einigen Jahren neben reduzierten Lagerbeständen, verkürzten Beschaffungszeiten und Ersatzteilen auf Knopfdruck insgesamt flexiblere Lieferketten, die besser auf Kundenanforderungen reagieren können und es ermöglichen, dezentral möglichst nah am Kunden zu produzieren..[107] LI ET AL. weisen auf erfolgreiche Beispiele einer solchen positiven Veränderung der Lieferkette für Hörgeräte, in der Zahnmedizin sowie der Luftfahrtindustrie hin..[108] Insbesondere in der Medizintechnik lassen sich viele Innovationen durch den Einsatz von AM kostengünstig umsetzen..[109] Auch der Militärsektor erkundet aktuell die Vorteile einer größtenteils digitalisierten Prozesskette und testet, wie die Versorgung der Truppe mit Bau- und Ersatzteilen

---

[98] Vgl. Deutsches Institut für Normung e.V. (DIN EN ISO/ASTM 52915:2017) 2017, S. 5.
[99] Vgl. Scheideler et al. (Anforderungen an integrierte Prozessketten in der Additiven Fertigung) 2017, S. 17.
[100] Vgl. 3MF Consortium (Spezification - Overview) 2018.
[101] Vgl. Deutsches Institut für Normung e.V. (DIN EN ISO 17296-4:2016) 2016, S. 9f; Vgl. Rother (3D-Drucken ... und dann?) 2017, S. 21.
[102] Vgl. Gräßler et al. (Datamanagement for Additive Manufacturing) 2016, S. 215f.
[103] Vgl. Oropallo et al. (Ten challenges in 3D printing) 2016, S. 138.
[104] Vgl. Gebhardt et al. (3D-Drucken) 2016, S. 82.
[105] Vgl. Gebhardt et al. (3D-Drucken) 2016, S. 82.
[106] Vgl. Khorram Niaki et al. (Additive manufacturing management) 2016, S. 1431.
[107] Vgl. Zäh (Wirtschaftliche Fertigung mit Rapid-Technologien) 2013, S. 224.
[108] Vgl. Li et al. (AM technology in spare parts supply chain) 2016, S. 1499.
[109] Vgl. Provaggi et al. (Applications of 3D printing) 2017, S. 471.

mittels 3D Druck verbessert werden kann..[110] Im Folgenden werden die drei Dimensionen von Lieferketten (Struktur, Kundenzentriertheit, Logistik, Stabilität) nach DURACH ET AL. hinsichtlich möglicher Veränderungen durch AM betrachtet..[111]

Ein häufig diskutierter möglicher Einfluss des 3D Drucks auf die Struktur von Lieferketten ist eine Verschiebung von zentralisierten Produktionsnetzwerken hin zu dezentralisierten Netzwerken bis hin zur sog. Home Fabrication..[112] Ein zentraler und von verschiedenen Autoren beschriebener Mehrwert einer steigenden Dezentralisierung ist das Heranrücken der Produktion an den Kunden. Das verspricht, die Bedürfnisse von Mikromärkten schnell und effizient zu befriedigen..[113] Die Verringerung der Distanz hat aber noch weitere potentielle Vorteile, beispielsweise können Transportkosten und -zeit gesenkt, Verpackungen vermieden und Lagerbestände reduziert werden..[114] KHORRAMM ET AL. erläutern, dass folglich Lean-Prinzipien, deren Hauptziel die Vermeidung von Verschwendung in der Produktion ist, durch die Nutzung von 3D-Druck in dezentralisierten Produktionssystemen noch konsequenter umgesetzt werden können..[115] Das Durchsetzen einer solchen Dezentralisierung halten einige Autoren jedoch für unwahrscheinlich. So weisen DURACH ET AL. darauf hin, dass im letzten Jahrzehnt der Trend entgegengesetzt gewesen sei und eine Zentralisierung stattgefunden habe, um Economies of Scale zu heben..[116] BONNIN ROCA ET AL. bezeichnen die Lokalisierung, ebenfalls aufgrund fehlender Skalierbarkeit sowie steigenden Personalkosten, als Mythos rund um den Hype 3D-Druck..[117]

Eine weitere Veränderung könnte eine noch stärkere Kundenzentriertheit sein..[118] Hier wird davon ausgegangen, dass der Kunde das Produkt digital erwirbt, herunterlädt und auf seinem privaten 3D Drucker herstellt..[119] RAYNA und STRIUKOVA vergleichen diese Digitalisierung der Hardwareproduktion mit der Digitalisierung von Musik und Filmen, auch wenn Sie einräumen, dass der Wandel voraussichtlich nicht im selben Maße verdrängend ablaufen, sondern konventionelle Produktherstellung über einen langen Zeitraum mit dem privaten 3D Druck koexistieren werde..[120] Zentraler Bestandteil solcher Produkte sind Plattformen oder Websites, die dem Konsumenten die Möglichkeit geben, eigene Produkte anzubieten, bereitgestellte Produkte herunterzuladen oder zu personalisieren..[121] Die Lebenszykluskosten könnten so gesenkt werden..[122] PETERSEN und KIDD demonstrieren dies anhand der Herstellung von

[110] Vgl. Yang et al. (Additive Manufacturing of Metals) 2017, S. 164.

[111] Vgl. Durach et al. (The impact of additive manufacturing on supply chains) 2017, S. 961.

[112] Vgl. Ferdinand et al. (Decentralized and Networked Future of Value Creation) 2016; Vgl. Petersen et al. (Emergence of Home Manufacturing) 2017; Vgl. Petersen et al. (Emergence of Home Manufacturing) 2017; Vgl. Petersen et al. (Impact of DIY Home Manufacturing) 2017, S. 3–24ff.; Vgl. Cerdas et al. (Life Cycle Assessment of 3D Printed Products) 2017. Vgl. Weller (Economic Perspectives on 3D printing) 2015, S. 21–25ff. Vgl. Weller et al. (Economic Implications of 3D Printing) 2014. Vgl. Attaran (The rise of 3-D printing) 2017, S. 681.; Vgl. Durach et al. (The impact of additive manufacturing on supply chains) 2017, S. 977.

[113] Vgl. Oettmeier et al. (Additive manufacturing technology adoption) 2017, S. 106. Vgl. Wood (Multifunctionality in Additive Manufacturing) 2016, S. 196; Vgl. Marchese et al. (3D opportunity for the supply chain) 2015, S. 11; Vgl. Khorram Niaki et al. (Additive manufacturing management) 2016, S. 1426.

[114] Vgl. Khorram Niaki et al. (Additive manufacturing management) 2016, S. 1426.

[115] Vgl. Khorram Niaki et al. (Additive manufacturing management) 2016, S. 1426.

[116] Vgl. Durach et al. (The impact of additive manufacturing on supply chains) 2017, S. 970f.

[117] Vgl. Bonnín Roca et al. (Getting Past the Hype About 3-D Printing) 2017, S. 60.

[118] Vgl. Durach et al. (The impact of additive manufacturing on supply chains) 2017, S. 987.

[119] Vgl. Rayna et al. (From rapid prototyping to home fabrication) 2016, S. 214f.

[120] Vgl. Rayna et al. (From rapid prototyping to home fabrication) 2016, S. 215.

[121] Vgl. Rother (3D-Drucken … und dann?) 2017, S. 15; Vgl. Rayna et al. 2016, S. 158.

[122] Vgl. Cerdas et al. (Life Cycle Assessment of 3D Printed Products) 2017, S. 81.

ausgewähltem Kinderspielzeug..[123] Aufgrund der weitreichenden Implikationen, die eine digitale Produktauslieferung bietet, betrachten PILLER ET AL. 3D-Druck nicht nur als Fertigungstechnologie, sondern als neue Plattform für unterschiedlichste Geschäftsmodelle..[124] Ähnlich spekulieren BRYNJOLFSSON ET AL., dass Treiber für ein Heranrücken an den Kunden die immer stärkere Verbreitung von e-commerce und personalisierter Produkte sein könnte..[125]

Der eigentliche Warentransport, im Rahmen der Logistik, könnte auch innerhalb herkömmlicher Lieferketten durch AM reduziert werden. Die direkte Bereitstellung von Bauteilen in der Endmontage stellt eine solche Möglichkeit dar..[126] Eine Alternative hierzu sind Funktionen, die durch konventionelle Fertigung in mehreren Teilen abgebildet werden, in ein Bauteil zu integrieren und so den Transport- und Vormontageaufwand zu senken..[127]

Bei der Diskussion des Einflusses von 3D Druck auf die Stabilität von Lieferketten können über den Produktlebenszyklus die Phasen Anlaufunterstützung, Produktionsunterstützung und Ersatzteilversorgung unterschieden werden. Um Anläufe möglichst störungsfrei durchzuführen, kann additive Fertigung genutzt werden, um Bauteile direkt herzustellen. Alternativ können, falls ein bestimmter Werkstoff oder Fertigungsprozess für diese Bauteile notwendig sind, die entsprechenden Werkzeuge hergestellt werden..[128] Während des Produktionsprozesses kann AM genutzt werden, um Bauteile nach Bedarf herzustellen und ist damit geeignet Schwankungen schnell auszugleichen..[129] So wird beispielsweise der Verriegelungsmechanismus für das Dach des Sportwagens BMW i8 Roadster nach Bedarf additiv hergestellt..[130] Zudem können notwendige Reparaturen an Produktionsmitteln schnell und kostengünstig durchgeführt werden..[131] Nach ZÄH seien aktuelle 3D Druckanlagen aber nicht ausreichend in bestehende Produktionssysteme integriert, um hier alle Vorteile auszuspielen..[132] Ein weiterer Vorteil, den eine werkzeuglose Fertigung von Bauteilen ermöglicht, ist die Herstellung von Ersatzteilen für Produkte. Insbesondere in der Fahrzeug- und Luftfahrtindustrie gibt es einige Beispiele. Aufgrund über Jahrzehnte laufende Serviceverträge müssen Ersatzteile hier teileweise sehr lange vorgehalten werden und verursachen Lagerhaltungskosten.

2.2.3 Übersicht polymerbasierter additiver Fertigungsverfahren

Bereits in Kapitel 2.2.2.1 wurden die diversen Normungsbemühungen vorgestellt. Das Spektrum an verfügbaren AM-Verfahren ist vielfältig und wurde seit Ende der 80er Jahre immer wieder strukturiert und sortiert. Auch zukünftig wird diese Einteilung, aufgrund von Neuentwicklungen und Qualifizierungen, immer wieder angepasst werden müssen..[133] Die folgenden Ausführungen sind an der ISO-Norm

---

[123] Vgl. Petersen et al. (Impact of DIY Home Manufacturing) 2017, S. 3–24ff.

[124] Vgl. Piller et al. (Business Models with Additive Manufacturing) 2015, S. 41.

[125] Vgl. Weller (Economic Perspectives on 3D printing) 2015, S. 28.

[126] Vgl. Kampker et al. (Mobile Assembly of Electric Vehicles) 2016, S. 1972.

[127] Vgl. Oettmeier et al. (Additive manufacturing technology adoption) 2017, S. 106; Vgl. Barz et al. (Study on Effects of AM on Supply Networks) 2016, S. 72.

[128] Vgl. Kampker et al. (Potential analysis of AM for Polymer Tools), S. 49–52ff. Vgl. Kampker et al. (Direct Polymer Additive Tooling) 2020.

[129] Vgl. Mashhadi et al. (Impact of Additive Manufacturing Adoption) 2015, S. 3. Vgl. Marchese et al. (3D opportunity for the supply chain) 2015, S. 8. Vgl. Li et al. (AM technology in spare parts supply chain) 2016, S. 1504. Vgl. Attaran (The rise of 3-D printing) 2017, S. 684.

[130] Vgl. O'Connor (The Ultimate Printing Machine) 2018.

[131] Vgl. Attaran (The rise of 3-D printing) 2017, S. 682.

[132] Vgl. Zäh (Wirtschaftliche Fertigung mit Rapid-Technologien) 2013, S. 221f.

[133] Vgl. Klocke (Fertigungsverfahren 5) 2015, S. 129f.

52900 orientiert und behandeln Material Extrusion und Powder Bed Fusion, da diese für die Anforderungen im Betriebsmittelbau am geeignetsten erscheinen (siehe Kapitel 2.2.2.1). Für die restlichen Technologien sei auf Gibbson, Gebhardt sowie die beiden Normen verwiesen.

2.2.3.1 Material Extrusion – Fused Layer Modelling

Bei der Material Extrusion wird der thermisch aufgeschmolzene Grundwerkstoff durch eine Düse auf der Bauplattform abgesetzt. Die verbreitetsten Verfahren bzw. Bezeichnungen für Vertreter dieser Technologie sind das Fused Deposition Modeling (FDM), Fused Filament Fabrication (FFF) und Fused Layer Modeling (FLM), aber auch ballistische Verfahren wie der Arburg Freeformer können in diese Kategorie gezählt werden..[134] Im Folgenden wird der Begriff FLM verwendet, um eine einfache Zuordnung zu ermöglichen. Auch in der Literatur werden die Bezeichnungen häufig synonym verwendet, jedoch hat die Firma Stratasys Ltd. den Begriff FDM als Handelsmarke schützen lassen und Ende der 80er Jahre das Verfahren zunächst patentiert..[135]

Im Bauprozess verfährt die beheizte Düse über der Bauplattform und trägt Linie-für-Linie das aufgeschmolzene Material auf, das durch Wärmeleitung in die Bauplattform oder in die vorhandenen Schichten langsam erstarrt (siehe Abbildung 2-7). Wie GEBHARDT herausstellt, seien insbesondere Materialien mit geringer Wärmeleitfähigkeit gut für diese Art des Aufbaus geeignet..[136] Das Auftragen des Materials in Linienform bedinge zudem, dass sowohl ein Anfang als auch ein Ende sichtbar seien und sogenannte Bindenähte auftreten können..[137] Die Bahn wird beim FLM-Verfahren durch ein Andrücken des aus der Düse geförderten Materials erzeugt, wodurch sich ein ellipsenförmiger Strang bildet..[138] Die Ablage dieser Stränge erfolgt, je Ebene, in zwei Phasen..[139] In der Regel wird zunächst eine Hüllkurve abgelegt, die den äußeren Rand des druckenden Bauteils darstellt. Diese Hülle kann unterschiedlich viele Bahnen aufweisen. Die Ablagestrategien für die Befüllung der entstandenen, umrahmten Fläche variieren mitunter stark und sind Bestandteil aktueller Forschung..[140]

---

[134] Vgl. Gebhardt (Additive Fertigungsverfahren) 2016, S. 73; Vgl. Gaub (Customization of mass-produced parts) 2016, S. 402f; Vgl. Abbott et al. (Process-structure-property effects in FFF) 2018, S. 29.

[135] Vgl. S. Scott Crump 1989; Vgl. Weller (Economic Perspectives on 3D printing) 2015, S. 14; Vgl. Rother (3D-Drucken ... und dann?) 2017, S. 12.

[136] Vgl. Gebhardt (Additive Fertigungsverfahren) 2016, S. 71.

[137] Vgl. Gebhardt (Additive Fertigungsverfahren) 2016, S. 72.

[138] Vgl. McIlroy et al. (Disentanglement effects on welding behaviour of polymer melts) 2017, S. 377.

[139] Vgl. Turner et al. (Revie of melt extrusion AM process) 2015, S. 251.

[140] Vgl. Chakraborty et al. (Extruder path generation) 2008; Vgl. Tam et al. (Additive Manufacturing Along Principal Stress Lines) 2017.; Vgl. Uddin et al. (Mechanical Properties and Failure Mechanisms of FDM) 2017.

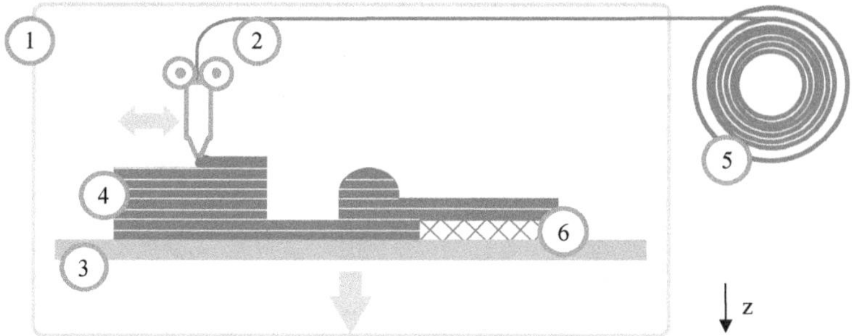

Bauraum (1), beheizte Düse mit Materialzufuhr (2), Bauplattform (3), Bauteil (4), Materialvorrat in Drahtform (5), Stützkonstruktion (6)

Abbildung 2-7: FLM-Prozess schematische Darstellung

Überschreiten Bauteile einen anlagenspezifischen Überhangwinkel muss beim FLM Verfahren mit einem Stützmaterial abgestützt werden. Daher muss neben der Hülle für das eigentliche Bauteil auch je Schicht die entsprechende Stützstruktur gebaut werden. Man unterscheidet grundsätzlich zwischen löslicher und unlöslicher Stützstruktur. Abhängig vom verwendetem Bauteilmaterial kann eine durch Wasser oder ein entsprechendes Lösungsmittel lösliche Stützstruktur nach dem Bauprozess in einem entsprechenden Bad entfernt werden..[141] Alternativ muss nach dem Bauprozess die Stützstruktur mechanisch vom Bauteil entfernt werden. Die Zuführung des Materials für FLM Systeme erfolgt durch einen Materialschlauch hin zum Extruder. Durch diesen wird das Filament geleitet, das in der Regel auf Spulen aufgewickelt an der Anlage bevorratet wird.

Der düsenbasierte Auftrag des Materials hat Vor- und Nachteile. Die *Ausbringung kann gut skaliert* werden, indem der Düsendurchmesser in Kombination mit erhöhtem Materialvolumenstrom und zugeführter Wärme das Auftragsvolumen angepasst wird..[142] Dies führt zwangsläufig zu erhöhter Schichtdicke und Bahnbreite. Bei großen Volumina ist eine Verwendung von Filament nicht sinnvoll. Hier wird in der Regel auf die Extrusion von Granulat zurückgegriffen..[143] *Details können weniger gut abgebildet* werden, da in Plattformebene immer nur in Bahnbreite dargestellt werden kann und die Abbildungsgenauigkeit in z-Richtung stark von der Schichtstärke abhängig ist..[144] Die *separate Aufbringung von Stützmaterial* ist in der Einzelteilfertigung positiv, da ungenutzter Bauraum nicht mit Material gefüllt werden muss. Erfordert ein Bauteil viel Stützmaterial kann dies zum Nachteil werden, da im Gegensatz zu anderen Verfahren der Stützmaterialauftrag ebenfalls mit einem zeitintensiven Aufschmelzen verbunden ist..[145] Die grundsätzlich sehr einfache Anlagentechnik ermöglicht *vergleichsweise niedrige Anlageninvestitionen*, insbesondere für Desktopmaschinen liegen aktuelle Preise bei wenigen tausend Euro..[146] Der Investitionsbedarf steigt jedoch, wenn Materialien mit hohem Schmelzpunkt verarbeitet

---

141 Vgl. Lombardi et al. (Issues with Soluble Support Material) 1998.
142 Vgl. Rother (3D-Drucken … und dann?) 2017, S. 26.
143 Vgl. Harris et al. 2017, S. 5; Vgl. Kishore et al. (Improve Interlayer Strength of BAAM) 2017, S. 7.
144 Vgl. Horvath (Mastering 3D printing) 2014, S. 57.
145 Vgl. Gaynor et al. (Topology optimization considering overhangs) 2016, S. 1158.
146 Vgl. Franchetti et al. (Cost feasibility of replacing injection molding with AM) 2017, S. 2574f. Vgl. Petersen et al. (Emergence of Home Manufacturing) 2017, S. 1f.

werden müssen oder große Bauräume gefordert sind..[147] Andererseits lässt die Technologie eine *große Materialvielfalt* zu, da häufig aus bestehenden Polymeren Filamenten hergestellt wird..[148] Dies führt dazu, dass für FLM im Vergleich zu SLA oder SLS-Prozessen mehr Materialien zur Verfügung stehen..[149] Allerdings ist man auch hier noch weit entfernt von der Vielfalt konventioneller Kunststoffverarbeitungsprozesse wie z.B. dem Spritzgießen..[150] *FLM Bauteile weisen hohe Anisotropien* (bis zu 30 %) auf, da die Anbindung der Ebenen in z-Richtung deutlich schwächer ist als in Richtung der x-y-Ebene..[151]

In der Materialentwicklung für den FLM Prozess sind in den vergangenen Jahren zwei starke Strömungen zu beobachten. Auf der einen Seite wird versucht, die isotropen Materialeigenschaften von FLM-Bauteilen durch angepasste Materialien zu verringern, auf der anderen Seite werden gefüllte Materialsysteme entwickelt, um spezifische Eigenschaften zu verstärken.

Mehrfach untersucht wurde beispielsweise die gezielte Verbesserung der Schichtbindung von FLM gefertigten Bauteilen durch die Zugabe von Additiven wie Acrylnitril-Butadien-Styrol (ABS).[152] oder Polycarbonat (PC).[153] Materialien. Die Erzeugung spezifischer Eigenschaften geschieht gemeinhin mittels Füllstoffen und ist sehr vielfältig. Es lassen sich Einfach-, Faser- und Nanofüllstoffe unterscheiden..[154] KALSOOM ET AL. kommen in ihrer Auswertung zur Entwicklung von Füllstoffen für 3D Druckverfahren zu dem Ergebnis, dass zum Zeitpunkt der Studie ein Trend hin zur intensiven Beforschung von Füllstoffen zu beobachten sei, der sich auch noch weiter fortsetzen werde..[155] Beispielsweise demonstrieren LEBEDEV ET AL., dass sich PLA-Filament auch noch bei Zugabe von Holzfasern und Metallpulvern verarbeiten lasse..[156] Wie aufwendig und schwer voraussagbar die Zugabe von Füllstoffen und deren Einfluss auf Eigenschaften der Bauteile ist, zeigen AQZNA ET AL. mit der Untersuchung von $ZnFe_2O_4$ Zugabe zu ABS.[157] sowie RYDER ET AL. mit der Untersuchung von 420er-rostfreiem Stahl..[158] Ähnlich verhält es sich bei der Zugabe von Nanopartikeln. Die erzielbaren Eigenschaftsverbesserungen sind vielfältig und reichen von verbesserten mechanischen.[159] und elektrischen Eigenschaften.[160] hin zu

[147] Erkenntnis auf Basis eigener Marktrecherchen

[148] Vgl. Nikzad et al. (Rheological Properties of a Particulate-filled Polymeric Composite) 2010, S. 2471.

[149] Vgl. Ligon et al. (Polymers for 3D printing) 2017, S. 10247.

[150] Vgl. Franchetti et al. (Cost feasibility of replacing injection molding with AM) 2017, S. 2574.

[151] Vgl. Ngo et al. (Additive manufacturing (3D printing)) 2018, S. 182.

[152] Vgl. Torrado Perez et al. (Fracture Surface Analysis of 3D-Printed Tensile Specimens) 2014.; Vgl. Torrado et al. (Characterizing the effect of additives to ABS) 2015. Vgl. Weng et al. (Mechanical and thermal properties of ABS for FDM) 2016. Vgl. Aqzna et al. (Effect of Different Filler Content of ABS–Zinc Ferrite Composites) 2018. Vgl. Rocha et al. (Novel ABS-based binary and ternary polymer blends for material extrusion 3D printing) 2014. Vgl. Kishore et al. (Improve Interlayer Strength of BAAM) 2017.

[153] Vgl. Blanco et al. (Thermal properties of polyetherimide/polycarbonate blends) 2018.

[154] Vgl. Wang et al. (3D printing of polymer matrix composites) 2017.

[155] Vgl. Kalsoom et al. (Recent developments in 3D printable composite materials) 2016, S. 60369.

[156] Vgl. Lebedev et al. (Mechanical properties of PLA-based composites for FDM) 2018, S. 518.

[157] Vgl. Aqzna et al. (Effect of Different Filler Content of ABS–Zinc Ferrite Composites) 2018.

[158] Vgl. Aqzna et al. (Effect of Different Filler Content of ABS–Zinc Ferrite Composites) 2018.Vgl. Ryder et al. (Fabrication and properties of novel polymer-metal composites) 2018.

[159] Vgl. Dul et al. (FDM ABS-graphene nanocomposites) 2016; Vgl. Weng et al. (Mechanical and thermal properties of ABS for FDM) 2016.

[160] Vgl. Rymansaib et al. (All-Polystyrene 3D-Printed Electrochemical Device) 2016; Vgl. Wei et al. (3D Printable Graphene Composite) 2015.

erhöhter thermischer Beständigkeit.[161]. Um insbesondere die mechanischen Eigenschaften der Kunststoffe zu verbessern, wird vermehrt auf eine Füllung der Filamente mit Fasern zurückgegriffen. Hier werden neben Kevlar-Fasern hauptsächlich Glas- und Carbon-Fasern verarbeitet..[162] Diese können als Kurzfasern in das Filament eingebracht und auf regulären FLM-Druckern verarbeitet werden. Sie erzielen dann abhängig von Faser, Material und Prozessgrößenkombination Eigenschaftsverbesserungen..[163] Für endlosfaserverstärkte Bauteile werden Fasern entweder in das Filament vor der Verarbeitung eingebettet.[164] oder die Faser wird dem Schmelzebereich im Extruder zugeführt..[165] Insbesondere die Zuführung von Fasern im Druckkopf wird aktuell intensiv untersucht..[166] Die größten Herausforderungen sind, neben der Identifikation des optimalen Füllgrades, die Homogenisierung von Schicht und Material sowie eine möglichst starke Schichtanbindung, um Delamination zu vermeiden..[167]

2.2.3.2 Pulverbettbasiertes Schmelzen

Beim pulverbettbasierten Schmelzen wird ein in der Regel semi-kristallines Polymerpulver durch die gezielte Einbringung von Wärmeenergie schichtweise zu einem Bauteil aggregiert..[168] Im Gegensatz zur DIN EN ISO 52900 differenziert die VDI Norm 3405 zwei Verfahren, auf die diese Beschreibung zutrifft. Zum einen das Laser-Sintern (LS) und zum anderen das Thermotransfer-Sintern (TTS)..[169] Beim LS wird das lokale Aufschmelzen durch einen Laser gewährleistet..[170] Im Gegensatz hierzu wird im TTS ein Druckkopf verwendet, um Wärme in das Material einzubringen..[171] Aktuell dominieren LS-Anlagen den Markt, allerdings gehen Entwicklungstätigkeiten auch in Richtung TTS, wie im weiteren Verlauf dieses Kapitels beschrieben wird. Da LS der industriellen Praxis am nächsten kommt, wird dieses zunächst beschrieben. Das Lasersintern wird an der *University of Texas in Austin* (USA) Mitte der 80er Jahre entwickelt..[172] Aus den hier geschaffenen Patenten geht die Firma *DTM* hervor, die 2001 an *3D Systems* verkauft wird..[173] Parallel hierzu wird in Deutschland von der Firma *Electro Optical Systems*

---

[161] Vgl. Weng et al. (Mechanical and thermal properties of ABS for FDM) 2016; Vgl. Zhu et al. (Properties of PA 12 / graphene parts fabricated by FDM) 2017.

[162] Vgl. Wang et al. (3D printing of polymer matrix composites) 2017.

[163] Vgl. Ivey et al. (Characterizing short-fiber-reinforced composites) 2017, S. 81; Vgl. Jiang et al. (Fiber Filled Polymer Composites Produced with FDM) 2017, S. 84; Vgl. Raney et al. (Rotational 3D printing of damage-tolerant composites) 2018, S. 1199.

[164] Vgl. Hu et al. (3D printing of continuous carbon fiber prepreg filament) 2018, S. 1896; Vgl. Goh et al. (AM carbon fiber and glass fiber reinforced thermoplastics) 2018, S. 88f.

[165] Vgl. Nakagawa et al. (3D printing of carbon fibre-reinforced plastic parts) 2017, S. 2812.

[166] Vgl. Li et al. (Rapid prototyping of continuous carbon fiber) 2016, S. 219; Vgl. Matsuzaki et al. (3d printing of continuous-fiber composites) 2016; Vgl. Yang et al. (3D printing for continuous fiber reinforced thermoplastic composites) 2017; Vgl. Tian et al. (3D printed continuous carbon fiber) 2016, S. 205; Vgl. Tian et al. (Recycling and remanufacturing of 3D printed continuous carbon fiber reinforced PLA composites) 2017, S. 1610; Vgl. Hao et al. (3D printed continuous carbon fiber reinforced thermosetting) 2018, S. 29; Vgl. Nakagawa et al. (3D printing of carbon fibre-reinforced plastic parts) 2017, S. 2812.

[167] Vgl. Caminero et al. (Interlaminar bonding performance of 3D printed thermoplastic composites) 2018; Vgl. Nakagawa et al. (3D printing of carbon fibre-reinforced plastic parts) 2017, S. 2812; Vgl. Tian et al. (3D printed continuous carbon fiber) 2016, S. 205.

[168] Vgl. Deutsches Institut für Normung e.V. (DIN EN ISO/ASTM 52900:2017) 2017, S. 23.

[169] Vgl. Verein Deutscher Ingenieure (3405) 2014, S. 9; Vgl. Verein Deutscher Ingenieure (3405) 2014, S. 18.

[170] Vgl. Verein Deutscher Ingenieure (3405) 2014, S. 10.

[171] Vgl. Verein Deutscher Ingenieure (3405) 2014, S. 18.

[172] Vgl. George et al. (3D printed Surgical Instruments) 2017, S. 314.; Vgl. Schmid (Additive Fertigung mit selektivem Lasersintern (SLS)) 2015, S. 14.

[173] Vgl. Ligon et al. (Polymers for 3D printing) 2017, S. 10232f.

(EOS) GmbH eine Sinteranlage entwickelt..[174] Bis heute halten sich diese beiden Anbieter als dominierende Anbieter für LS Systeme..[175]

Der Bauprozess verläuft bei beiden Verfahren, LS und TTS, ähnlich und wird im Folgenden anhand des Lasersinterns verdeutlicht (siehe Abbildung 2-8). Im beheizten Bauraum befindet sich neben dem Pulvervorrat eine absenkbare Bauplattform sowie ein Umlenkspiegel zur Leitung des Laserstrahls..[176] Zunächst wird der Bauraum inklusive Pulvervorrat bis kurz unter die Schmelztemperatur des Pulvers vorgeheizt, um den für das Aufschmelzen des Pulvers notwendigen Energiebetrag zu senken und eine Rekristallisation beim auf das Aufschmelzen folgenden Abkühlen zu verhindern.[177] Durch kontrolliertes Abkühlen des gesamten Bauraums wird es möglich, am Ende des Bauprozess die Rekristallisation zu steuern und damit insbesondere Verzug zu vermindern. [178] Zunächst wird eine Schicht aus Pulver auf die Bauplattform aufgetragen. Dies geschieht mittels eines Rakels oder einer Rolle, die das Material aus dem Materialvorrat auf der Bauplattform verteilt.[179] Die Schichten sind zwischen 60 und 200 µm stark und setzen sich aus verschmolzenen Partikeln mit einer Größe zwischen 30 und 90 µm zusammen.[180] Je Schicht wird das aufgetragene Pulver lokal durch die Einbringung von Laserenergie verschmolzen.[181] Nicht-verschmolzenes Pulver dient als Stützmaterial für Überhänge.[182]

---

[174] Vgl. Ligon et al. (Polymers for 3D printing) 2017, S. 10232f.

[175] Vgl. Schmid (Additive Fertigung mit selektivem Lasersintern (SLS)) 2015, S. 14.

[176] Vgl. Kumar (Selective laser sintering) 2003, S. 44.

[177] Vgl. Tontowi et al. (Desity prediction of sintered parts) 2001, S. 183; Vgl. Schmid (Additive Fertigung mit selektivem Lasersintern (SLS)) 2015, S. 18.

[178] Vgl. Ligon et al. (Polymers for 3D printing) 2017, S. 10232.

[179] Vgl. Stansbury et al. (3D printing with polymers) 2016, S. 58.

[180] Vgl. Shirazi et al. (A review on powder-based additive manufacturing) 2015, S. 3; Vgl. Stansbury et al. (3D printing with polymers) 2016, S. 58.

[181] Vgl. Klocke (Fertigungsverfahren 5) 2015, S. 157.

[182] Vgl. Gieseke et al. (Laserbasierte Technologien) 2016, S. 22.

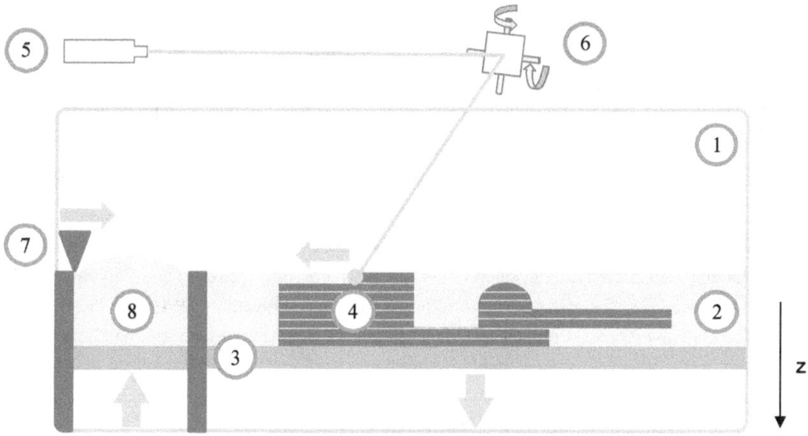

Wanne (1), Polymer-Pulver (2), Bauplattform (3), Bauteil (4),
Laser (5), Umlenkspiegel (6), Beschichter (7), Pulvervorrat (8)

Abbildung 2-8: LS-Prozess schematische Darstellung

Nach Beendigung des Bauvorgangs muss der gesamte Bauraum heruntergekühlt werden.[183] Dies kann bis zu 100 % der Bauzeit in Anspruch nehmen. Das nicht-verfestigte Pulver wird in der Regel abgesaugt, um die Bauteile freizulegen.[184] Nach der Absaugung wird das Restpulver aufgearbeitet und kann in einem gewissen Verhältnis zu Neupulver hinzugemischt werden.[185] Altpulver allein verfügt nicht über die entsprechende Qualität, um direkt wiederverwendet zu werden, da durch die Aufheiz- und Abkühlprozesse das Material geschädigt wird.

Auch das Lasersintern verfügt über spezifische Vor- und Nachteile. Beispielsweise ermöglicht die Verarbeitung einer Vielzahl von thermoplastischen Werkstoffen, darunter technische Kunststoffe und Hochleistungskunststoffe mit spezifischen mechanischen Eigenschaften, die Konstruktion von mechanisch belastbaren Bauteilen.[186] Zudem muss bei der Konstruktion kein Stützmaterial berücksichtigt werden, lediglich bei hohlen Bauteilen muss eine Möglichkeit des Ausrieselns nicht verfestigten Materials eingeplant werden.[187] Hieraus resultiert auch, dass Bauteile flexibel im Bauraum platziert und sogar ineinander geschachtelt werden können.[188] Das Befüllen des Bauraums mit Pulver hat aber nicht nur Vorteile, da das dem Bauprozess zugeführte nicht-verfestigte Pulver durch die Wärmeeinwirkung geschädigt wird.[189] Einmal verwendetes Pulver kann nur in bestimmten Mischverhältnissen mit neuem Pulver erneut verwendet werden.[190] Ein Nachteil der Verarbeitung von Pulver erschließt sich bei der

---

[183] Vgl. Gieseke et al. (Laserbasierte Technologien) 2016, S. 22.
[184] Vgl. Stansbury et al. (3D printing with polymers) 2016, S. 58.
[185] Vgl. Dotchev et al. (Recycling of PA12 based powders for LS) 2009, S. 193f.
[186] Vgl. Ligon et al. (Polymers for 3D printing) 2017, S. 10233.
[187] Supportstrukturen können im SLS Verfahren wie LIU ET AL. (2009) zeigen für den gezielten Wärmetransport genutzt werden.
[188] Vgl. Gieseke et al. (Laserbasierte Technologien) 2016, S. 22.
[189] Vgl. Drummer et al. (Modelling of the aging behavior of polyamide 12 powder) 2015, S. 1f.
[190] Vgl. Dadbakhsh et al. (Effect of PA12 powder reuse) 2017, S. 255f.

Betrachtung der Bauteiloberfläche. Direktproportional zur Korngröße des Pulvers erhöht sich die Oberflächenrauheit der fertigen Bauteile.[191] Zudem ergibt sich immer eine gewisse Oberflächenporosität aus dem Verschmelzen der Pulverpartikel.[192] Diese kann genutzt werden, um in einem Nacharbeitsschritt durch Infiltration die Bauteileigenschaften zu verbessern.[193] Ein weiterer Aspekt ist die Kontrolle der Bauteilqualität. Untersuchungen zeigen, dass die Qualität von einer Vielzahl von Faktoren abhängt, deren Interaktion noch nicht gänzlich verstanden ist. Häufig genannt werden der Einfluss der Temperaturverteilung, der Laserleistung und der Scangeschwindigkeit.[194]

Kommerziell erhältlich seien nach LIGON ET AL. aktuell neun Materialgruppen für das Lasersintern.[195] Bei den Standardpolymeren seien Polystyrol (PS), Polypropylen (PP) und Polyethylen (PE) erhältlich. Aus der Gruppe der Konstruktionskunststoffe seien Polyamide (PA) und thermoplastische Elastomere (TPE) verfügbar. Polyetherketone (PEK) und Polyetheretherketone (PEEK) aus der Hochtemperaturkunststoffgruppe können ebenfalls verarbeitet werden. Das mit Abstand am meisten verwendete Material sei PA12.[196] Neben diesen Gruppen werde an einer Vielzahl an weiteren Werkstoffen geforscht. Im Folgenden wird kurz auf eine Auswahl eingegangen.

Polymethylmethacrylat (PMMA) und Polycarbonat (PC) werden beispielsweise als amorphe Materialien untersucht.[197] Die Ergebnisse zeigen im Vergleich zu einer konventionellen Verarbeitung hohe Porosität und schwache mechanische Eigenschaften. Neben der Qualifikation neuer Materialgruppen wird untersucht, wie die mechanischen Eigenschaften von SLS Bauteilen verbessert werden können. SCHULTZ ET AL. untersuchen beispielsweise Pulvermischungen von PA12 und PEEK Mischungen.[198] YUSHENG ET AL. versuchen die Schlagzähigkeit zu erhöhen, indem PS und PA12 miteinander kombiniert werden.[199] Zudem werden, ähnlich zu den FLM Materialien, auch für Pulverbettverfahren Verbundmaterialien untersucht. Gängig ist die Herstellung solcher Hybridmaterialien durch Hülle-Kern basierte Pulver.[200] Meistens steht die Verbesserung der mechanischen Eigenschaften im Vordergrund, so wird neben der Einbindung von Glaskugeln[201] und Aluminiumflocken[202] häufig die Kombination von Kunststoffen mit Karbonfasern[203] untersucht.

---

[191] Vgl. Ziegelmeier et al. (Behaviour of laser sintering polymer powders) 2015, S. 247.

[192]

[193] Vgl. Gebhardt (Additive Fertigungsverfahren) 2016, S. 170.

[194] Vgl. Gibson et al. (Material properties and fabrication parameters in selective laser sintering process) 1997, S. 131f.

[195] Vgl. Ligon et al. (Polymers for 3D printing) 2017, S. 10238; Vgl. Schmid et al. (Polymer powders for selective laser sintering) 2015, S. 2; Vgl. Stansbury et al. (3D printing with polymers) 2016, S. 59.

[196] Vgl. Dadbakhsh et al. (Effect of PA12 powder reuse) 2017, S. 250.

[197] Vgl. Velu et al. (SLS of polymer biocomposites based on polymethyl methacrylate) 2014, S. 1884–1886ff; Vgl. XiaoHui et al. (Selective laser sintering of aliphatic-polycarbonate) 2015, S. 16–19ff.

[198] Vgl. Schultz et al. (Selective Laser Sintering of Nylon 12-PEEK Blends) 2000, S. 122f.

[199] Vgl. YuSheng et al. (Development of a polymer alloy of polystyrene (PS) and polyamide (PA)) 2016, 300–303.

[200] Vgl. Yan et al. (Preparation and selective laser sintering of nylon-12 coated metal powders) 2009, S. 5785.

[201] Vgl. Yang et al. (SLS of Polyamide composites) 2010, S. 2197–2202ff.

[202] Vgl. Warnakula et al. (Selective Laser Sintering of Infused Polyamide) 2017, S. 1.

[203] Vgl. Goodridge et al. (Processing PA12 carbon nanofibre composite) 2011, S. 96f.; Vgl. Jansson et al. (Characterisation of carbon fibre-reinforced polyamide manufactured by SLS) 2016, S. 9–11ff.; Vgl. Yan et al. (Preparation, characterisation and processing of carbon fibre/polyamide-12 composites) 2011, S. 1836–1840ff.

Die Technologie der pulverbettbasierten Verfahren unterliegt aktuell starker Veränderung. Seit den 80er Jahren war das Grundprinzip eines Lasers (CO_2- oder Nd:YAG-Laser), der Material lokal aufschmilzt, konstant und wurde jeweils inkrementell verbessert.[204] Um insbesondere die Produktivität zu steigern, findet aktuell ein Umstieg vom vektorbasierten hin zum rasterorientierten Aufschmelzen statt. Ein parallel über das Pulverbett verfahrender Arm oder Druckkopf schmilzt linienartig das Material auf, man spricht vom TTS. Bewerkstelligt wird dies beispielsweise beim „Multi Jet Fusion" der Firma Hewlett Packard (HP) durch die Einbringung von sogenannten Agents.[205] Diese Chemikalien erlauben dem Pulver eine höhere Wärmeabsorption und ermöglichen hierdurch ein Aufschmelzen durch eine Reihe von Infrarotlichtquellen.[206] Ein ähnliches System wird unter dem Namen „LaserProFusion" von der Firma Electro Optical Systems (EOS) GmbH entwickelt. Hier wird auf die Zugabe von zusätzlichen Chemikalien verzichtet.[207] Die Wärmeeinbringung erfolgt mittels einer Reihe von Dioden-Lasern.[208] Damit diese leistungsschwächeren Laser den Aufschmelzvorgang bewerkstelligen können, wird Material mit höherem Absorptionsgraden verwendet. Zum aktuellen Zeitpunkt lässt sich schwer feststellen, wie sich die Produktivität und Qualität steigern lassen wird. Die Technologiesprünge sind zum Teil so groß, dass Hersteller für Produkte, die in wenigen Jahren verfügbar sein werden, Leistungssteigerungen um den Faktor 10 ankündigen.

2.2.4 Zwischenfazit additiver Fertigungsprozesse

Es zeigt sich, dass obwohl die Gruppe der additiven Fertigungsverfahren seit mehr als 30 Jahren untersucht wird, die Normung erst in den letzten Jahren stark zugenommen hat. Daraus leitet sich ab, dass Standards noch nicht weit verbreitet sind. Schon die Benennung von Verfahren ist häufig verwirrend und für den Laien irreführend. Die Entwicklung der gesamten Prozesskette schreitet mit großen Schritten voran. Die Druckvor- und –nachbereitung entwickelt sich schnell und in Abhängigkeit von neuen Prozessen und Materialien. Die Übertragbarkeit von Wissen aus der Verarbeitung von Kunststoff im Spritzgussverfahren gestaltet sich schwierig, da Materialien zwar gleich heißen, aber trotzdem andere, verarbeitungsbedingte Eigenschaften aufweisen.

2.3 Handlungsbedarfe aus der Praxis

Die Beherrschung der in Kapitel 1 dargestellten Variantenexplosion wird auch in Zukunft ein integrales Ziel auf Wirtschaftlichkeit optimierter Produktionssysteme darstellen. Wie in Kapitel 2.1 gezeigt, sind Vorrichtungen für einen geordneten Produktionsablauf unerlässlich. Aufgrund der zeitlichen Verortung der Montagebetriebsmittelgestaltung am Ende des Produktentstehungsprozesses kommt dieser eine besondere Wichtigkeit zu, da zu diesem Zeitpunkt kaum noch zeitliche Puffer im Projektplan genutzt werden können (vgl. Kapitel 2.2). Trotzdem sind Änderungen am Produkt nicht ausgeschlossen, die wiederum einen Einfluss auf die Montagebetriebsmittel haben können. Zudem werden häufig erst im Verlauf des Anlaufprozesses notwendige Änderungen an etwaigen Montagevorrichtungen ersichtlich. Daher ergibt sich der Bedarf, Anpassungen flexibel und schnell umsetzen zu können, um keine

[204] Vgl. Lee et al. (Lasers in additive manufacturing) 2017, S. 309f.
[205] Vgl. Kim et al. (Process-level modeling and simulation for HP's Multi Jet Fusion) 2016, S. 1f.
[206] Vgl. O'Connor et al. (Evaluation of multi jet fusion printing process) 2018, S. 382.
[207] Vgl. Jackson (EOS' million laser sign to HP) 2019.

Verzögerungen im Produktstart zu erzeugen und die Erzeugung eines Engpasses durch fehlendes Equipment zu vermeiden.

Die in Kapitel 2.3 dargestellten additiven Fertigungsverfahren sind durch die Möglichkeit, werkzeuglos, ohne CAM Programmierung, Bauteile zu erzeugen, grundsätzlich sehr gut geeignet, um komplexe Montagebetriebsmittel herzustellen. Zudem werden Betriebsmittel in der Regel in geringen Stückzahlen benötigt. Dies spricht ebenfalls für die additive Fertigung. Allerdings sind die Entwicklungen der Gruppe der additiven Fertigungsprozesse aktuell sehr vielschichtig und schwer zu überblicken. Neben neuen Materialien drängen jährlich auch zahlreiche Prozessinnovationen auf den Markt. In einzelnen Fallstudien zeigt sich, dass sich durch die Nutzung von additiven Fertigungsverfahren für die Herstellung einzelner Montagebetriebsmittel Kostensenkungen bis zu 70 % und eine Zeitersparnis von mehr als 60 % erzielen lassen. Allerdings lässt sich feststellen, dass keine systematisierte Anleitung zur Nutzung additiver Fertigungsverfahren für die Montagebetriebsmittelgestaltung für Produktionsplaner oder Konstrukteure existiert. Aus diesem Praxisproblem lassen sich folgende Anforderungen an die Theorie stellen.

1) Der sich stetig stark wandelnde Markt an Technologien und Materialien muss überschaubar gemacht werden, um eine sinnvolle Implementierung von AM für ein Unternehmen zu ermöglichen; diese Logik muss Teil des Lösungsansatzes sein.
2) Ferner muss ein Vorgehen definiert werden, wie auf Basis der Betriebsmittelanforderungen eine Material- und Prozessauswahl getroffen werden kann, ohne einen Technologieexperten zu Rate ziehen zu müssen.
3) Zudem muss geklärt werden, ob durch die größere Gestaltungsfreiheit von Montagebetriebsmitteln, mittels AM, ein spezifisches Gestaltungsvorgehen erforderlich ist.
4) Abhängig von diesem Vorgehen müssen spezifische Konstruktionsrichtlinien geschaffen werden, um den Gestaltungsprozess optimal zu unterstützen.
5) Außerdem muss die Bewertung von Konzepten sowie von ausgestalteten AM-Bauteilen ermöglicht werden, um eine Vergleichbarkeit mit einer konventionellen Fertigung zu gewährleisten.

Die gestellten Anforderungen müssen ganzheitlich betrachtet und so miteinander verknüpft sein, dass Interdependenzen im Optimalfall synergetisch genutzt werden können. Im folgenden Kapitel werden die gestellten Anforderungen mit den in der Forschung vorhandenen Methoden, Theorien und Modellen abgeglichen

3 Einsatz von additiver Fertigung in der Produktion

Im Folgenden wird der aktuelle Stand der Forschung zur Umsetzung und Anwendung von Additive Manufacturing dargestellt und mit den in Kapitel 2 hergeleiteten Anforderungen an eine Methodik zur systematischen Betriebsmittelgestaltung abgeglichen. Zunächst wird in Kapitel 3.1 erarbeitet, welche Ansätze existieren, um AM in einem Unternehmen zu implementieren. Darauffolgend werden in Kapitel 3.2 Methoden zur Auswahl von Material- und Prozesskombinationen untersucht. Der Stand der Forschung in Bezug auf die Konzeption und Gestaltung additiver Fertigungsverfahren wird in Kapitel 3.3 dargestellt. In Kapitel 3.3.4 werden bestehende Gestaltungshilfen für die Konstruktion von additiv zu fertigenden Bauteilen erörtert. Abschließend wird in Kapitel 3.4 auf Basis der bestehenden Ansätze der Forschungsbedarf hergeleitet.

3.1 Implementierung von Additiven Fertigungsverfahren

Die Implementierung von additiven Fertigungsverfahren in Produktionsunternehmen als validen Produktionsprozess bildet nach KAMPKER ET AL. die Basis für die Nutzung im Betriebsmittelgestaltungs- und -produktionsprozess.[209] Historisch betrachtet wurde ausgehend vom Rapid Prototyping der Einsatz von Additive Manufacturing Technologien als keine praktikable Option für ein Endverbraucherteil angesehen.[210] Die Nutzung im Prototypenumfeld wurde vielmals beschrieben, hat aber in der Regel den Fokus Bauteile zu produzieren, die in Forschung und Entwicklung genutzt werden und dem Ziel dienen den PEP zu verkürzen.[211] Die in Kapitel 2 beschriebene Entwicklung der additiven Fertigungsverfahren ermöglicht einen Einsatz über die Grenzen des Prototypings hinaus. Von medizinischen Anwendungen bis hin zur Luft- und Raumfahrtindustrie oder Konsumgütern wie Schuhen finden sich Beispiele für erfolgreiche Anwendungsfälle. Im Folgenden werden Implementierungsstrategien vorgestellt, deren Ziel es ist, AM als Produktionsverfahren im Unternehmen zu etablieren.

3.1.1 Produktzentrierte Implementierungsansätze

Produktzentrierte Ansätze befassen sich mit der Identifikation von möglichen Bauteilen für die Einführung von AM. In der Regel werden opportunistische Konstruktionsansätze verfolgt. Es wird nicht in Frage gestellt, ob AM einen Mehrwert liefert. Vielmehr gilt die Hypothese, dass nur ein geeignetes Produkt identifiziert werden muss. Die Identifikation erfolgt häufig über ein Bewertungssystem, das charakteristische Bauteileigenschaften zusammenfasst und gewichtet.

So identifizieren und erläutern beispielsweise CONNER ET AL. relevante Kriterien, um die Eignung und Potenziale von Bauteilen zur additiven Fertigung analysieren zu können.[212] Das Referenzsystem basiert auf den drei Attributen: Produktionsvolumen, Kundenanpassung und Komplexität. Die Methode

---

[209] Vgl. Kampker et al. (Framework for 3D-printing of Manufacturing Equipment) 2018.

[210] Vgl. Berman (3-D printing) 2012, S. 155; Vgl. Rayna et al. (From rapid prototyping to home fabrication) 2016, S. 214; Vgl. Attaran (The rise of 3-D printing) 2017, S. 678.

[211] Vgl. Liou (Rapid prototyping and engineering applications) 2008, S. 11; Vgl. Gordon et al. (Rapid prototyping: Lessons learned) 1995, S. 85; Vgl. Gibson (Rapid Prototyping) 2005, S. 785.

[212] Vgl. Conner et al. (Making sense of 3-D printing) 2014, S. 64–76ff.

kann lediglich am Ende des Konstruktionsprozesses eingesetzt werden, da für die Komplexitätsberechnung ein vollständiges CAD-Modell vorliegen muss.

Einen etwas anderen Ansatz verfolgen CRUZ und BORILLE, indem sie versuchen, auf Basis von Anforderungen zu identifizieren, ob sich ein Bauteil für AM eignet oder eher mittels konventioneller Verfahren gefertigt werden sollte.[213] Leider liegt der Fokus exklusiv auf hochbelasteten Luftfahrtkomponenten, und es wird kein Versuch unternommen, generische Kriterien aufzustellen, anhand derer auch Bauteile anderer Produktgruppen bewertet werden könnten.

Auch WEISS ET AL. nutzen Anforderungen im Konstruktionsprozess, um zu bestimmen, ob AM ein nutzbares Fertigungsverfahren ist.[214] Allerdings schlagen sie vor, während des Gestaltungsprozesses immer wieder zu bewerten, ob AM sich eignet. Im Laufe des Prozesses spezifizieren sich die Anforderungen immer weiter. WEISS ET AL. gehen davon aus, dass AM sein größtes Potential bei größter Komplexität also maximalen Anforderungen habe. Durch eine wiederholte Bewertung während des Entwicklungsprozesses wollen sie verhindern, dass AM zu früh ausgeschlossen wird. Leider bleiben die Kriterien zur Bewertung vage, beispielsweise werden nicht näher definierte „technische Möglichkeiten“ bewertet. Zudem ist nicht festgelegt, zu welchem Zeitpunkt die jeweiligen Bewertungen erfolgen sollten.

Der Ansatz von KLAHN ET AL. sieht vor, dass Bauteile, die sich für AM eignen, anhand von vier Kriterien, Funktionsintegration, Individualisierung, Leichtbau und Effizienz, identifiziert werden.[215] Diese Kriterien werden möglichen Bauteilen zugeordnet. Je nach Bauteil können mehrere Kriterien zugewiesen werden. Auf Basis der Einordnung schlagen die Autoren unterschiedliche Routen zum Redesign der Bauteile vor, um diese additiv fertigen zu können.

3.1.2 Produktionszentrierte Implementierungsansätze

Die Betrachtung der Anwendung von Additive Manufacturing durch Autoren, die eine eher produktionsbezogene Sicht einnehmen, fokussiert sich, im Vergleich zu produktzentrierten Ansätzen, häufig auf die Ergänzung vorhandener Fertigungsmittel anstatt auf die disruptive Verdrängung. Aus Sicht des Produktionsplaners wird durch additive Fertigung lediglich eine weitere Option bei der Wahl der Fertigungsmittel hinzugefügt.

So beschreiben beispielsweise NEWMAN ET AL. aus dieser Sicht heraus einen Rahmen für die Integration von AM in die Produktionsplanung in einem Unternehmen, das additive und subtraktive Technologien einsetzt.[216] Anhand von drei Fallstudien demonstrieren sie die Nutzung des von ihnen entwickelten Prozessplanungstools zur hybriden Planung von AM und konventionellen Prozessen. Die Bewertung erfolgt nach erfolgreicher Umgestaltung des Bauteils und basiert auf einem bereits existierenden Bauteil. Es ist fraglich, ob zu einem so späten Zeitpunkt in der Produktgestaltung der Fertigungsprozess erneut angegangen werden sollte.

Im Sinne der Produktionsoptimierung widmen sich LI, KUCUKKOC und ZHANG der Auslastung additiver Fertigungsanlagen. Sie stellen fest, dass aufgrund der Möglichkeit additiver Anlagen, ohne

---

213 Vgl. Cruz et al. (Decision methods application to compare manufacturing methods) 2017, S. 177–193ff.
214 Vgl. Weiss et al. (Approach to Consider Rapid Manufacturing) 2015, 4-1 - 4-10.
215 Vgl. Klahn et al. (Design for Additive Manufacturing) 2014.
216 Vgl. Newman et al. (Process planning for additive and subtractive manufacturing technologies) 2015, S. 467–470ff.

Werkzeug zu fertigen, die Produktionsplanung von Baujobs auf ein mathematisches Optimierungsproblem heruntergebrochen werden könne.[217] Anhand von zwei Heuristiken erläutern sie einen Ansatz zur Lösung dieses Problems. Der Ansatz besitzt jedoch starke Limitationen hinsichtlich der möglichen Ausrichtung von mehreren Bauteilen im Bauraum, ignoriert die teilweise gegebene Notwendigkeit Bauteile in einer vorgegebenen Orientierung zu fertigen und lässt die Option mehrerer Materialien außen vor.

3.1.3 Geschäftsmodellzentrierte Implementierungsansätze

Verschiedene Studien untersuchen die Implementierung aus der Sicht des Managements.[218] Es wird veranschaulicht, welche Chancen eine Kombination der Versprechen von AM, wie Funktionsintegration, Lieferkettenflexibilität und „Production on Demand", für die Einführung neuer Geschäftsmodelle bietet.

PILLER, WELLER und KLEER beleuchten in gemeinsamen Veröffentlichungen die Frage, wie der grundsätzliche wirtschaftliche Einfluss von additiver Fertigung sein könne.[219] Ihre Betrachtungsebene ist dabei sehr hoch, der Fokus liegt auf der Möglichkeit der Veränderung ganzer Märkte. Damit ist die Übertragbarkeit für einzelne Unternehmen nur bedingt möglich. Die Studien eröffnen die Chance zu bewerten, ob bestimmte Branchen besonders gut für AM geeignet sind. Konkrete Kriterien für die Auswahl spezifischer Produkte können aber nicht gefunden werden. Damit ist das Vorgehen beschränkt auf eine strategische Entscheidung. Vielmehr werden Eckpfeiler gesetzt, in denen sich ein Entscheider befinden sollte, um AM näher zu betrachten.

RUFFO ET AL. erarbeiten auf den Vorarbeiten von HOPKINS und DICKENS eine Vorgehensweise, wie eine Entscheidung getroffen werden kann, ob AM im Unternehmen implementiert werden könnte.[220] Allerdings gehen sie von einem gegebenen Bedarf an AM-Bauteilen aus. Daher reduziert sich die Wahl auf eine Make-or-Buy Entscheidung. Aufgrund der damaligen Marktsituation kommen sie zu dem Ergebnis, dass es an Zulieferern fehle und daher die Route des „Make" in der aktuellen Situation zu bevorzugen sei. Inzwischen hat sich eine Vielzahl an, auf die Herstellung von AM-Bauteilen, spezialisierten Zulieferern etabliert.

OETTMEIER und HOFMANN identifizieren acht potenzielle Faktoren, anhand derer die Entscheidung getroffen werden könne, ob eine AM-Implementierung sinnvoll sei.[221] Sie fokussieren sich dabei nicht wie RUFFO auf rein innerbetriebliche Aspekte, sondern ziehen die Betrachtung der Lieferkette mit ein. Ihre Hypothese validieren sie anhand einer Umfrage mit 934 Schweizer Firmen. Insgesamt gibt die

---

[217] Vgl. Li et al. (Production planning in additive manufacturing) 2017.

[218] Die Betrachtung von Homefabrication Ansätzen, also dem Nutzen eines Druckers durch den Endkunden zur Herstellung von Produkten direkt vor Ort, wird hier bewusst außen vorgelassen. Der Fokus dieser Arbeit liegt im traditionellen Fertigungsverbund. Das Aufbrechen aller bestehender Fertigungsstrukturen ist aus Sicht des Autors aktuell nicht abzusehen. Nähere Informationen zu dieser Spezialform der Wertschöpfung finden sich beispielsweise in Vgl. Rayna et al. (Co-creation and user innovation) 2015; Vgl. Rayna et al. (From rapid prototyping to home fabrication) 2016; Vgl. Petersen et al. (Impact of DIY Home Manufacturing) 2017; Vgl. Petersen et al. (Emergence of Home Manufacturing) 2017.

[219] Vgl. Weller et al. 2015, S. 43–56ff; Vgl. Piller et al. (Business Models with Additive Manufacturing) 2015, S. 39–48ff; Vgl. Weller et al. (Economic Implications of 3D Printing) 2014.

[220] Vgl. Ruffo et al. (Make or buy analysis for rapid manufacturing) 2007, S. 23–29ff; Vgl. Ruffo et al. (Cost estimation for rapid manufacturing) 2006, S. 1417–1427ff.; Vgl. Hopkinson et al. 2005, S. 31–39ff.

[221] Vgl. Oettmeier et al. (Additive manufacturing technology adoption) 2017, S. 97–124ff.

Studie zwar einen Überblick, welche Firmen AM nutzen, wie genau eine Einführung oder die operative Nutzung aussehen kann, wird allerdings nur andiskutiert.[222]

Einen noch umfassenderen Ansatz entwickeln MELLOR ET AL. und fassen diesen als Framework, bestehend aus sechs Faktoren, für die Implementierung von AM zusammen.[223] Dieser Ansatz berücksichtigt sowohl organisatorische, technische und strategische als auch externe Faktoren und deren Einfluss auf die AM-Strategie eines Unternehmens. Damit stellt dieser Ansatz die Einflussfaktoren auf die Implementierung von AM umfassend dar. Leider werden die Einflussfaktoren nicht weiter generalisiert, sondern anhand von Casestudies durchgespielt. Die Übertragbarkeit ist somit in Branchen, die außerhalb der Casestudies liegen, schwer. Insgesamt wird kaum auf das, in der Regel in Produktionsbetrieben, starke Wechselspiel von Produktion und Entwicklung eingegangen. Alle Einflussfaktoren werden grundsätzlich als gleichgewichtet angenommen.

3.1.4 Zwischenfazit Implementierungsansätze

Die Diskussion der Implementierungsansätze in den vorangegangenen Kapiteln zeigt, dass die Ansätze stark vom jeweiligen Blickwinkel der anwendenden Personengruppe geprägt sind. Bei produktzentrierten Ansätzen liegt die Motivation zur Einführung von AM in der Ausnutzung neuer Designfreiheiten. Produktionsbezogene Ansätze haben häufig das Problem, dass ein bereits vorhandenes Bauteil produziert werden soll. Damit ist es in der Regel schon für einen bestimmten Fertigungsprozess ausgelegt. In den geschäftsmodellbezogenen Ansätzen schafft es insbesondere MELLOR eine sehr vollständige Aufstellung möglicher Einflussfaktoren auf die Implementierung von AM darzustellen.[224] Leider verpasst er die Chance, produkt- und produktionsseitige Einflussfaktoren auf einer ähnlichen Granularität darzustellen wie die zuvor vorgestellten Ansätze. Es fehlt insgesamt an einem integrierten Ansatz zur Implementierung von AM im Unternehmen, der dem rasanten Wandel innerhalb der Technologie folgt.

[222] Vgl. Oettmeier et al. (Additive manufacturing technology adoption) 2017, S. 121f.

[223] Vgl. Mellor et al. (Additive manufacturing: A framework for implementation) 2014; Vgl. Mellor (An Implementation Framework for Additive Manufacturing) 2014.

[224] Vgl. Mellor et al. (Additive manufacturing: A framework for implementation) 2014, S. 196.

3.2 Methoden zur Auswahl von AM-Material / Prozesskombination

Bei der Auswahl einer AM-Material- und Prozesskombination gilt es, aus einer diskreten Menge an Handlungsalternativen die optimale Lösung zu ermitteln. Die Anforderungen sind vielschichtig, somit kommen nur Entscheidungsmodelle mit Mehrfachzielsetzung infrage. Die Lösung solcher Fragestellungen werden durch multiattributive Entscheidungsverfahren (engl. Multi-Attributive Decision Making kurz: MADM) erzeugt.[225] MADM-Methoden sind eine Teilmenge der Multi-Kriterien Entscheidungsmethoden (engl. Multi-Criteria Decision Making; kurz: MCDM).[226]

Die MADM-Methoden lassen sich nach LERCHE und GELDERMANN in zwei Untergruppen unterteilen: die so genannten „klassischen Ansätze“ und die „Outranking Ansätze“. Die klassischen Methoden gehen davon aus, dass sich die Präferenzen des Entscheiders in einer Nutzenfunktion wiedergeben lassen; wohingegen die „Outranking Ansätze“ annehmen, dass der Entscheider sich über seine Präferenzen gar nicht im Klaren und eine Abbildung durch eine Nutzenfunktion daher unmöglich sei.[227]

Erste Publikationen im Feld der MCDM gehen auf die 50er Jahre zurück. Im Folgenden werden zunächst klassische und anschließend Outranking Ansätze vorgestellt. Dies dient als Basis für die Diskussion der vorhandenen Methoden zur Auswahl von AM-Verfahren. Im Rahmen dieser Arbeit werden nun zunächst die Grundlagen der Methoden aufgezeigt. Vertiefende Literatur findet sich beispielsweise bei ZAVADSKAS und TURSKIS, LIOU und TZENG sowie LIOU.[228]

3.2.1 Klassische Entscheidungsprozesse

Im Folgenden werden drei der weit verbreitetsten klassischen Auswahlansätze vorgestellt. Die Nutzwertanalyse (NWA) erfreut sich aufgrund ihrer Einfachheit großer Verbreitung. Die mathematisch genauere Multiattributive Werttheorie ist insbesondere im Bereich der Operation Research verbreitet. Der analytisch-hierarchische-Prozess (engl.: Analytic Hierarchy Process; kurz: AHP) basiert auf der Bestimmung und dem Vergleich von mathematischen Eigenvektoren der jeweiligen Lösungen.

Die Nutzwertanalyse (engl. Simple Additive Weighting; kurz: SAW) ist die wohl verbreitetste multiattributive Bewertungsmethode. [229] Durch die subjektive Einschätzung von Experten wird eine definierte Anzahl an Kriterien quantifiziert und anschließend verglichen. In einem ersten Schritt müssen die Kriterien bestimmt werden. [230] Darauf folgt die Kriteriengewichtung. In dieser werden die Gewichte normiert. Anschließend wird der Erfüllungsgrad jeder Alternative je Kriterium bestimmt. [231] Durch Multiplikation des sogenannten Erfüllungsgrades mit dem Gewichtungsfaktor erhält man die Teilnutzwerte. Die Summe der Teilnutzwerte ergibt den Gesamtnutzwert je Alternative. Eine ausführliche Darstellung der notwendigen Rechenoperationen findet sich beispielsweise bei CORSTEN ET AL.[232]

---

[225] Vgl. Hwang et al. (Multiple Attribute Decision Making) 1981a, 4–6.
[226] Vgl. Zavadskas et al. (State of art surveys of overviews on MCDM / MADM methods) 2014, S. 166.
[227] Vgl. Götze (Investitionsrechnung) 2014, S. 230.
[228] Vgl. Zavadskas et al. (Multiple criteria decision making (MCDM) methods in economics) 2011; Vgl. Zavadskas et al. (State of art surveys of overviews on MCDM / MADM methods) 2014; Vgl. Liou et al. (Comments on "Multiple criteria decision") 2012; Vgl. Liou (New concepts and trends of mcdm for tomorrow) 2013.
[229] Vgl. Schneeweiß (Planung) 1991, S. 120–125ff.
[230] Vgl. Schuh et al. (Fremdbezugsplanung und -steuerung) 2014, S. 260f.
[231] Vgl. Schuh et al. (Fremdbezugsplanung und -steuerung) 2014, S. 260f.
[232] Vgl. Corsten et al. (Grundlagen des Technologie- und Innovationsmanagements) 2017, S. 309–312ff.

Die multiattributive Wert- bzw. Nutzentheorie (engl. Multi Attribute Utility Theory; kurz MAUT) ist ein Verfahren, das der NWA ähnelt und eine additive Präferenzfunktion darstellt.[233] Diese von KEENEY und RAIFFA entwickelte nutzentheoretisch fundierte Methodik stellt Axiome auf, die zwingende Voraussetzung sind, um die Entscheidung zu erarbeiten.[234] Damit einher geht ein hoher Datenermittlungsaufwand. Der Ablauf gliedert sich nach WEBER in fünf Schritte.[235] Zunächst müssen die Alternativen, die Ziele sowie die Zielausprägungen festgelegt werden. Anschließend wird die Form der Aggregationsfunktion bestimmt. Diese ist abhängig von der Erfüllung der Unabhängigkeitsbedingungen der Ziele. Anschließend wird der Nutzen- bzw. die Wertfunktion aufgestellt. Zur Gewichtung werden auch hier Skalierungskonstanten verwendet. Anschauliche Beispielrechnungen finden sich beispielsweise bei SCHNEEWEIß oder GÖTZE.[236]

Der analytisch-hierarchische Prozess (engl. Analytic Hierarchy Process; kurz: AHP) wurde von dem Mathematiker SAATY entwickelt und seither stetig weiterentwickelt.[237] Genauso wie NWA und MAUT basiert die Methode auf dem Modell der additiven Werteaggregation.[238] Der erste Schritt ist die Bildung einer Hierarchie, in der die verschiedenen Alternativen und Unterziele oder Kriterien strukturiert werden. Grundannahme ist, dass relevante Beziehungen nur zwischen den Elementen unterschiedlicher Ebenen bestehen und nicht in der Ebene an sich.[239] Anschließend müssen die Prioritäten mittels Paarvergleich innerhalb der Ebenen ermittelt werden, diese entsprechen der Bestimmung der Gewichtsfaktoren.[240] Die so erzeugten Matrizen werden im dritten Schritt verwendet, um je Alternative einen Prioritätenvektor aufzustellen.[241] Das so erzeugte Ergebnis wird im vierten Schritt mathematisch auf Konsistenz geprüft.[242] Im letzten Schritt wird die globale Priorität ermittelt; dazu werden die Prioritätsvektoren der jeweiligen Elemente aggregiert und damit die Vorteilhaftigkeit der Alternativen bestimmt.[243]

Es lässt sich festhalten, dass die klassischen Ansätze davon ausgehen, dass der Entscheider sowohl über die Entscheidungssituation als auch die Kriterien vollständig informiert ist und in Summe nur wenig Unsicherheit besteht.[244] Im Vergleich untereinander ist MAUT im Vergleich zur NWA das mathematisch fundiertere Verfahren. Das Erfüllen der mathematischen Axiome ist für den Anwender allerdings teilweise sehr schwierig. Die sich möglicherweise überschneidenden Kriterien der NWA können zwar zur Fehlinterpretation führen, jedoch ist die einfache Handhabbarkeit ein großer Pluspunkt der Methode.[245] Das Aufstellen der Hierarchie für den AHP ist einfach und nachvollziehbar. Allerdings erfordert die Berechnung in der Regel ein numerisches Lösungsverfahren und damit den Einsatz eines Rechentools. Zudem ist die Berücksichtigung von Unsicherheiten nur über Umwege möglich.[246]

---

233 Vgl. Keeney et al. (Decisions with multiple objectives) 1993, S. 219–273ff; Vgl. Ahn (Optimierung von Produktentwicklungsprozessen) 1997, S. 140.
234 Vgl. Dryer (Multiattribute Utility Theory) 2016, S. 285–287ff.
235 Vgl. Weber (Entscheidungen bei Mehrfachzielen) 1983, S. 107.
236 Vgl. Götze (Investitionsrechnung) 2014, S. 217–229ff; Vgl. Schneeweiß (Planung) 1991, S. 125–131ff.
237 Vgl. Zavadskas et al. (State of art surveys of overviews on MCDM / MADM methods) 2014, S. 170; Vgl. Russo et al. (Criteria in AHP) 2015, S. 1123f.
238 Vgl. Saaty (How to make a decision) 1990, S. 12f; Vgl. Schneeweiß (Planung) 1991, S. 172–174ff.
239 Vgl. Götze (Investitionsrechnung) 2014, S. 201.
240 Vgl. Götze (Investitionsrechnung) 2014, S. 202f.
241 Vgl. Götze (Investitionsrechnung) 2014, S. 203–206ff.
242 Vgl. Götze (Investitionsrechnung) 2014, S. 206–208ff.
243 Vgl. Götze (Investitionsrechnung) 2014, S. 208f.
244 Vgl. Götze (Investitionsrechnung) 2014, S. 189f.
245 Vgl. Ahn (Optimierung von Produktentwicklungsprozessen) 1997, S. 139.
246 Vgl. Saaty (The Analytic Hierarchy and Analytic Network Processes) 2016, S. 365.

3.2.2 Alternative Entscheidungsprozesse

Wie zuvor bereits beschrieben wurden die Outranking Verfahren insbesondere vor dem Hintergrund der Unsicherheiten, die vielen Entscheidungsproblemen innewohnen, entwickelt. Im Folgenden werden drei der am weitest verbreiteten Methoden vorgestellt und verglichen.

Die „Technique for Order Preferences using Similarity to ideal Solution"-Methode (kurz: TOPSIS) wurde von HWANG und YOON im Jahre 1981 entwickelt.[247] Die Idee dieser Methode ist die Alternative zu wählen, die die kürzeste Distanz zur idealen Lösung und die längste Distanz zu der am wenigsten idealen Lösung hat. Genauso wie bei den zuvor erläuterten Methoden werden zunächst alle relevanten Kriterien und Lösungsvarianten ermittelt. Auf dieser Basis wird in einem ersten Schritt die normalisierte Entscheidungsmatrix gebildet. Diese Entscheidungsmatrix wird im zweiten Schritt durch gegebene Kriterien gewichtet. Ausgehend von dieser gewichteten Matrix wird die negativ sowie die positiv ideale Lösung ermittelt. Darauf folgend wird der euklidische Abstand der Alternativen zu den jeweiligen Idealen gebildet. Im fünften Schritt wird der Abstand normiert, um die relative Nähe der jeweiligen Lösungen zu bestimmen. Im letzten Schritt wird, basierend auf den Ergebnissen, die Rangfolge erstellt.

Die in der Mitte der 60er Jahren erfundene Methode ELECTRE wurde von dem Franzosen ROY entwickelt und steht für das französische „ELimination Et Choix Traduisant la REalité".[248] Das Verfahren beruht auf Paarvergleichen und hat das Ziel, eine Aussage darüber zu erzeugen, inwieweit eine Alternative eine andere dominiert.[249] Die Bestimmung der Dominanzbeziehung erfolgt durch die sogenannte Konkordanzanalyse.[250] Es werden Konkordanz und Diskordanzmengen erzeugt und miteinander in Beziehung gesetzt.[251] [252] Eine ausführliche Beschreibung der mathematisch notwendigen Operationen findet sich bei ROY oder ZIMMERMANN und GUTSCHE.[253]

Das Akronym PROMETHEE steht für Preference Ranking Organisation Method for Enrichment Evaluations und wurde von BRANS, VINCKE & MARESCHAL in den 80er Jahren entwickelt.[254] Das Verfahren zeichnet sich durch eine besondere Betrachtung der Kriterien aus. [255] Die sogenannten „verallgemeinerten Kriterien" werden in Funktionen von Paarvergleichsdifferenzen betrachtet. Dadurch können die Präferenzvorstellungen des Entscheidungsträgers problemspezifisch dargestellt werden. Die Entscheidungsfindung läuft in vier Schritten ab. Die vorgestellte Abfolge entspricht der von GÖTZE beschriebenen.[256] Zunächst werden die Zielkriterien ermittelt und Daten gesammelt. Darauf aufbauend

[247] Vgl. Gass (Model World) 2005, S. 308.

[248] Vgl. Figueira et al. (ELECTRE Methods) 2016, S. 156; Vgl. Köksalan et al. (An Early History of Multiple Criteria Decision Making) 2013, S. 92.

[249] Vgl. Zimmermann et al. (Multi-Criteria Analyse) 1991, S. 207; Vgl. Zhang (Entwicklung eines integrierten multikriteriellen Entscheidungsunterstützungssystems) 2004, S. 27f; Vgl. Roy (The outranking approach) 1991, S. 62–65ff.

[250] Vgl. Zimmermann et al. (Multi-Criteria Analyse) 1991, S. 207; Vgl. Roy (The Outranking Approach and the Foundations of ELECTRE Methods) 1990, S. 171f.

[251] Eine Konkordanzmenge ist in diesem Fall die Menge der Paarvergleiche, die im betrachteten Kriterium dominieren. Die Diskonkordanzmenge bildet sich aus den unterliegenden Vergleichen.

[252] Vgl. Zimmermann et al. (Multi-Criteria Analyse) 1991, S. 208–212ff.

[253] Vgl. Roy (The outranking approach) 1991, S. 62–65ff; Vgl. Zimmermann et al. (Multi-Criteria Analyse) 1991, S. 208–212ff.

[254] Vgl. Brans et al. (How to select and how to rank projects) 1986.

[255] Vgl. Zimmermann et al. (Multi-Criteria Analyse) 1991, S. 220f.

[256] Vgl. Götze (Investitionsrechnung) 2014, S. 234.

erfolgt die Bestimmung sogenannter Präferenzfunktionen. Diese konkretisieren die Kriterien durch Parameter. Dadurch ist es möglich, im dritten Schritt die Outranking-Relationen, also die Wertdifferenz von zwei Alternativen in Bezug auf ein Kriterium, zu bestimmen. Im vierten Schritt werden diese Relationen unter der Zuhilfenahme einer Gewichtung der Kriterien miteinander verglichen.

Im Vergleich zeigt sich, dass die ELECTRE und die PROMETHEE-Methoden die Ordnung von Kriterien und eine graphische Darstellung der Outrankingrelationen ermöglicht. Mit zunehmender Anzahl an Kriterien steigt der Aufwand überproportional an. Zudem steht am Ende nicht fest, ob die Präferenz des besten Ergebnisses sehr viel oder nur geringfügig höher als die des zweitgrößten ist.[257] Ferner ist bei ELECTRE die Bildung und Nutzung der Schwellenwerte als Schwäche zu betrachten, da die Schwellenwerte keinen realen Bezugspunkt haben und daher schwer zu interpretieren sind.[258] Die TOPSIS-Methode ermöglicht eine durch die Vektoren klar darstellbare Relation der Lösungsalternativen in Bezug auf die ideellen Lösungen. Die Kriteriengewichte werden allerdings als gegeben angenommen.

3.2.3 Vorstellung Auswahlmethoden für Additive Manufacturing

Die in dem vorangehenden Kapitel erläuterten Ansätze zur Entscheidungsfindung unter Berücksichtigung mehrerer Kriterien und gleichzeitiger Unsicherheit wird in vielen Bereichen der Wissenschaft angewendet. Ein Teil fokussiert sich auf die Auswahl von Additive Manufacturing oder Rapid Prototyping Methoden. Die folgende Darstellung beschränkt sich auf Veröffentlichungen der letzten 20 Jahre. Zudem werden keine Veröffentlichungen berücksichtigt, die keinen Vergleich ermöglichen, sondern lediglich die Eignung eines Verfahrens feststellen.[259] Diese Liste wird entsprechend der Anzahl der Zitationen sortiert. Die Anzahl der Zitationen kann dabei als erste Relevanzeinschätzung dienen.[260] Die zehn häufigst zitierten Methoden werden hinsichtlich der Präferenzbildung, der Gewichtung der Kriterien und der Leistungsbewertung verglichen.

Der AHP-Prozess wird zweimal als primäres Auswahlverfahren verwendet. ARMILLOTTA entwirft ein computergestütztes Werkzeug zur Bestimmung eines AM-Prozesses.[261] Die Bildung der Hierarchie wird nicht unterstützt, sondern muss vom Anwender auf Basis von Erfahrungswissen geschehen. Insgesamt berücksichtigt das Verfahren nur eine Handvoll Kriterien, was wahrscheinlich den notwendigen Paarvergleichen geschuldet ist. Interessant ist die Einführung eines Gewichtungssystems, das vorbewertete Gewichte je Anwendungsgruppe vorsieht. Dadurch wird vermieden, dass ein Anwender für jeden Anwendungsfall eine Kriteriengewichtung vornehmen muss.

LAN ET AL. verwenden im Kern ebenfalls den AHP, um ein Ranking von Technologiealternativen zu erzeugen.[262] In einem Datenbanksystem werden relevante Technologieeigenschaften abgelegt. Die Präferenzbildung geschieht zweistufig: zunächst werden Alternativen ausgeschlossen, um dann mit einer reduzierten Anzahl an Alternativen in die Rankingphase zu gehen. Der Ausschluss erfolgt mit Hilfe

---

[257] Vgl. Götze (Investitionsrechnung) 2014, S. 241.
[258] Vgl. Roy (The Outranking Approach and the Foundations of ELECTRE Methods) 1990, S. 177.
[259] Vgl. Bibb et al. (Development of a Rapid Prototyping Design Advice System) 1999; Vgl. Masood et al. (A Rule Based Expert System for Rapid Prototyping System Selection) 2002; Vgl. Smith et al. (Development of an Additive Layer Manufacturing Selection Tool) 2008.
[260] Vgl. Nacke 1980, S. 29–31ff.
[261] Vgl. Armillotta (Selection of layered manufacturing techniques) 2008.
[262] Vgl. Lan* et al. (Decision support system for rapid prototyping process selection) 2005.

eines Expertensystems. Zur Erzeugung einer Rangfolge der Alternativen wird ein auf dem AHP basierendes Bewertungssystem implementiert.

Einen anderen Ansatz, der dem klassischen Entscheidungsprozessen folgt, stellen ROBERSON ET AL. vor.[263] In ihrer Arbeit entwickeln die Autoren einen Standardkörper auf dessen Basis AM-Verfahren miteinander verglichen werden können. Dieser Körper wird in Kombination mit Basisdaten wie mechanischen Kennwerten, Preis und Bauraum genutzt, um Anlagen miteinander zu vergleichen und eine Rangfolge aufzustellen.

Basierend auf dem MAUT-Theorie Ansatz stellen FERNANDEZ ET AL. ein Vorgehen zur Bewertung von technischen Entwürfen vor und validieren diesen am Beispiel eines AM-Prozesses.[264] Der Nutzer muss zunächst ein Ranking, mit den für seine Entscheidungssituation wichtigen Kriterien, vornehmen. Die Autoren schlagen eine Liste generischer Kriterien vor. Diese setzt sich hauptsächlich aus mechanischen Kennwerten zusammen. Je Kriterium müssen dann durch den Nutzer, abhängig vom Anwendungsfall, obere und untere Schrankenwerte definiert werden. FERNANDEZ ET AL. schlagen vor, die Kriterien auf Basis von Expertenmeinungen zu gewichten. Sie sind die einzigen hier genannten Autoren, die auf Technologie- und Materialkombinationen hinweisen. Dies ist aber im vorgestellten Vorgehen lediglich bei der Schrankenwertbildung relevant.

RAO und PADMANABHAN erarbeiten einen generischen Ansatz, der es ermöglicht, Anlagen miteinander zu vergleichen, ohne Anforderungen eines Bauteils zu berücksichtigen.[265] Die Attribute der Anlagen werden durch eine Fuzzifizierung bewertbar gemacht. Die Gewichtung findet direkt statt und ist daher von einem Experten durchzuführen. Die Erstellung des Rankings erfolgt schließlich unter Zuhilfenahme der Graphentheorie.

Einen breiter gefassten Ansatz stellen VENKATA RAO und PATEL drei Jahre später vor.[266] Ihr Vorgehen kann zur Auswahl von Fertigungsprozessen genutzt werden und verwendet die PROMETHEE Methode. Die Anwendung der Methode demonstrieren sie unter anderem an der Auswahl eines AM-Prozesses. Die Autoren folgen in ihrer Beschreibung dem klassischen PROMETHEE Aufbau. Die Methode wird allerdings durch die Nutzung des AHP zur Kriteriengewichtung verfeinert. In der Ausgestaltung zeigt sich, dass die aufgrund des breiten Fokus und der äußerst generisch gesetzten sechs Kriterien zur Bewertung einer Anlage, wie beispielsweise Rauheit und Zugfestigkeit, eine Differenzierung zwischen Systemen erzeugt wird. Diese ist aber unabhängig von Anwendungsfall und damit wenig aussagefähig.

In eine ähnliche Richtung gehen WANG ET AL. und entwickeln ein Entscheidungssystem für verarbeitende Unternehmen unter Zuhilfenahme der Grey Relations Analysis (GRA) in Kombination mit Experimenten.[267] Die GRA-Methode ähnelt dem TOPSIS-Verfahren. Es werden Relationen zwischen einer negativ und einer positiv idealen Lösung gebildet. Dieses Entscheidungssystem verwenden die Autoren als Universalansatz für die Bewertung eines flexiblen Fertigungssystems, der Auswahl von Komponenten für eine automatisierte Anlage zur Qualitätsprüfung sowie der Auswahl eines AM-

[263] Vgl. Roberson et al. (3D printer selection) 2013.
[264] Vgl. Fernández et al. (Decision Support in Concurrent Engineering) 2005.
[265] Vgl. Rao et al. (Rapid prototyping process selection) 2007.
[266] Vgl. Venkata Rao et al. (Decision making in the manufacturing environment) 2010.
[267] Vgl. Wang et al. (A hybrid method for multiple criteria decision making problems) 2013.

Prozesses. Die Gewichtung der Kriterien beruht auf Experteneinschätzung. Das Ranking wird auf Basis der GRA gebildet.

Einen ähnlichen Betrachtungsbereich haben VAHDANI ET AL. Allerdings nutzen sie einen auf Entscheidungsfindung in der Gruppe angepassten TOPSIS-Ansatz.[268] Ihnen geht es insbesondere darum, die subjektive Bewertung von qualitativen Kriterien durch eine Gruppe von Experten zu objektivieren. Hierzu verwenden sie zusätzlich ein Fuzzy-Set an Variablen. Zwar werden konkret Kriterien vorgeschlagen, diese sind aber sehr oberflächlich und befassen sich ausschließlich mit vier mechanischen Kennwerten, der Bauzeit und den resultierenden Kosten.

Deutlich spezifischer widmen sich BYUN und LEE dem Problem der Auswahl eines additiven Fertigungssystems.[269] Unter Zuhilfenahme einer modifizierten TOPSIS-Methode wird dem Anwender die Möglichkeit gegeben zu entscheiden, welches Verfahren für ein bestimmtes Bauteil passt. Es werden quantifizierbare bzw. am Bauteil messbare Merkmale verwendet, um die Verfahren untereinander zu vergleichen. Zudem werden qualitative Eigenschaften der Verfahren zur Bewertung herangezogen. Um die Kriterien zu gewichten, wird ein AHP vorgeschlagen.

Ebenso spezifisch für auf die Auswahl von AM-Prozessen ist die von ZHANG und BERNARD vorgeschlagene Methode.[270] Die beiden Autoren erzeugen ein Gesamtmodell aus einem TOPSIS-basierten Modell und einem GRA-Modell. Zunächst wird mittels TOPSIS eine Abweichung der Alternativen zu den jeweils idealen Lösungen erstellt. Anschließend wird mittels des GRA Ansatzes die Ähnlichkeit der Alternativen mit den jeweils idealen Lösungen ermittelt. Die Aggregation der beiden Ergebnisse ergibt dann das Ranking der Alternativen. Die Kriteriengewichtung wird vom Nutzer bestimmt.

3.2.4 Zwischenfazit Methoden zur AM-Material- und Prozessauswahl

Die Methoden des MCDM finden auch im Bereich des AM starke Anwendung. Insgesamt lassen sich im Hinblick auf die in Kapitel 2.3 gestellten Anforderungen geeignete und weniger geeignete Methoden finden.

Kaum berücksichtigt wird die Handhabbarkeit durch den Nutzer. Daraus folgen teilweise erhebliche Recherche- und Rechenaufwände. Die Nutzung eines Datenbanksystems bietet sich zwar an, findet aber nur selten, beispielsweise bei LAN ET AL., Verwendung.[271] Einher hiermit geht das Zurverfügungstellen von aufbereitetem Expertenwissen. Ein Vorgehen, das in dieser Hinsicht großes Potential bietet, ist der von BYUN und LEE vorgestellte Ansatz.[272] Die Kombination zur Ermittlung der Kriteriengewichtung mittels des AHP scheint insbesondere sinnvoll, wenn man diesen Schritt als eine Art Vorbereitung betrachtet. Leider gehen die Autoren auf die Nutzergruppen nicht weiter ein.

Eine weitere Schwäche der vorgestellten AM-Bewertungsansätze ist die mangelhafte Berücksichtigung der Materialien. Dies kann teilweise dem Alter der Ansätze geschuldet sein, da vor 20 Jahren die Materialauswahl je Verfahren noch stark eingeschränkt war. Aktuell ist es aber so, dass je Verfahren eine Vielzahl von Materialklassen auf den Markt drängen (siehe Kapitel 2.2.3).

---

268 Vgl. Vahdani et al. (Group decision making) 2011.

269 Vgl. Byun et al. (A decision support system for the selection of a rapid prototyping process) 2005.

270 Vgl. Zhang et al. (An integrated decision-making model for multi-attributes decision-making (MADM) problems) 2014.

271 Vgl. Lan* et al. (Decision support system for rapid prototyping process selection) 2005.

272 Vgl. Byun et al. (A decision support system for the selection of a rapid prototyping process) 2005.

Die Nutzung von bereits auskonstruierten Bauteilen für die Auswahl eines geeigneten Verfahrens ist für das angestrebte Ziel der Betriebsmittelkonstruktion ebenfalls schwierig. Auch dies könnte aus der Vergangenheit motiviert sein, da AM klassisch für Prototypen eingesetzt wurde. Hier stellt sich häufig die Frage, wie das gegebene Bauteil bestmöglich hergestellt werden kann, wohlwissend dass das Serienteil mit einem gänzlich anderen Verfahren produziert wird. Zusammenfassend lässt sich festhalten, dass ein integrierter Ansatz zur AM-Material- und Prozessauswahl nicht vorhanden ist.

3.3 Konzeption und Gestaltung für additive Fertigungsprozesse

Um additive Fertigungsverfahren zur Produktion von Betriebsmitteln zu nutzen, müssen diese zunächst fertigungsgerecht gestaltet werden. Im Folgenden wird anfänglich dargestellt, wie üblicherweise Entwicklungsprozesse ablaufen. Anschließend werden bestehende Methoden zur Gestaltung von additiv zu fertigenden Produkten vorgestellt. Zudem werden Methoden zur Erarbeitung von Konstruktionsrichtlinien erläutert. Abschließend werden die vorgestellten Methoden mit den Anforderungen aus Kapitel 2 abgeglichen.

3.3.1 Methoden zur Konzeption und Gestaltung von Bauteilen

Im Rahmen der Produktentwicklung ist es die Aufgabe des Ingenieurs, für technische Probleme Lösungen zu finden. Beim Prozess der Lösungsfindung wird er durch Methoden und Werkzeuge unterstützt. Es existieren viele unterschiedliche Methoden und Werkzeuge nebeneinander, die sich teilweise überschneiden. Die Methoden dienen immer dazu, die Phantasie und Kreativität der beteiligten Akteure zur Lösungsfindung anzuregen.[273] Übergeordnet wird das Themenfeld unter dem Begriff der Design Theory and Methodology (kurz: DTM) erforscht. Die Konstruktionstheorie befasst sich mit dem Verständnis der Handlungen im Konstruktionsprozess, wohingegen die Konstruktionsmethoden beschreiben, in welchen Schritten der Prozess abläuft.[274] Im Folgenden wird eine kurze Zusammenfassung der Strömungen der DTM gegeben. Dabei liegt der Fokus auf den im deutschsprachigen Raum verbreiteten Methoden. Methoden des „Open-Designs", also der Erarbeitung der Konstruktion durch den Kunden, werden hier bewusst ausgeklammert, da der Betriebsmittelbau in der Regel ein im Unternehmen angesiedelter Prozess ist.[275]

Eine Möglichkeit DTM Ansätze zu kategorisieren, ist die vier-Felder-Matrix nach TOMIYAMA.[276] Methoden können abstrakt oder konkret sein und gleichzeitig allgemein oder spezifisch.[277] Abstrakte Methoden befassen sich mit Konstruktionstheorien im Allgemeinen beziehungsweise mathematischen Konstruktionsmethoden.[278] Der Fokus dieser Arbeit liegt auf konkreten Methoden. Allgemeine, konkrete Methoden sind beispielsweise Methoden zur konkreten Zielerreichung. Spezifische, konkrete Methoden enthalten anschauliche Lösungshinweise für spezifische Produktgruppen.

In Deutschland wurden Konstruktionsmethoden durch verschiedene Autoren im Laufe der zweiten Hälfte des 20. Jahrhunderts untersucht.[279] Diese unterschiedlichen Ansätze wurden in den 70er Jahren zu den VDI-Richtlinien 2221 und 2222 zusammengefasst und bilden für viele Unternehmen eine Art gemeinsamen Nenner.[280]

---

[273] Vgl. Kranz (Konstruktion von laseradditiv gefertigten Leichtbaustrukturen) 2017, S. 3.

[274] Vgl. Kumke (Konstruieren additiv gefertigten Bauteilen) 2018, S. 25.

[275] Eine Zusammenfassung zum Stand der Forschung kann beispielsweise bei BOISSEAU, OMHOVER und BOUCHARD (2018) gefunden werden.

[276] Aufgrund der Akualität wird die Klassifizierung nach TOMIYAMA verwendet. Alternativ könnte man nach HORVATH oder FINGER und DIXON gruppieren.

[277] Vgl. Tomiyama et al. (Design methodologies) 2009.

[278] Vgl. Tomiyama et al. (Design methodologies) 2009, S. 544.

[279] Vgl. Bock (Konstruktionssystematik erläutert an Lösungen) 1966; Vgl. Bischoff et al. (Rationelles Konstruieren) 1953; Vgl. Hansen (Konstruktionssystematik) 1955; Vgl. Rodenacker (Methodisches Konstruieren) 1976; Vgl. Pahl et al. (Konstruktionslehre) 1977; Vgl. Schlottmann (Konstruktionslehre) 1977.

[280] Vgl. Pahl et al. (Konstruktionslehre) 2005. Vgl. Tomiyama et al. (Design methodologies) 2009, S. 546.

Die VDI-Richtlinien 2221 befassen sich mit dem Produktentwicklungsprozess. Dieser wird in vier teilweise überschneidende Phasen eingeteilt, die Phase des Aufgabenklärens, der Entwurfs-, der Konzept- und der Ausarbeitungsphase.[281] Aufgrund des inzwischen üblichen Einsatzes von CAD-Systemen zur Konstruktionsunterstützung verschwimmen die Entwurfs- und Ausarbeitungsphase immer weiter.[282] Eine detaillierte Beschreibung der Phasen findet sich in der VDI-Richtlinie 2222.[283] Innerhalb der in VDI-Richtlinie 2221 beschriebenen Phasen werden insgesamt sieben Schritte durchlaufen, mit dem Ziel, die gestellten Anforderungen bestmöglich zu erfüllen.[284] Im ersten Schritt ist die Aufgabenstellung zu präzisieren, um eine vollständige Anforderungsliste zu erhalten. Im zweiten Schritt sollen die Funktionsstrukturen des Produktes ermittelt werden. Darauf aufbauend werden Lösungsprinzipien identifiziert. Der vierte Schritt gliedert die zuvor erarbeiteten Lösungen in realisierbare Module, um das Produkt modular zu strukturieren. Anschließend werden die maßgebenden Module ausgestaltet. Es entstehen Vorentwürfe des späteren Produktes. Im sechsten Schritt wird das gesamte Produkt gestaltet, um einen Gesamtentwurf zu erhalten. Abschließend folgt die Ausarbeitung der Ausführungs- und Nutzungsangaben. Zentrales Ergebnis ist die Produktdokumentation. Zwischen den beschriebenen Schritten kann vor- und zurückgesprungen werden. Dies soll den iterativen Charakter vieler Entwicklungsprojekte widerspiegeln.

Der in Lehre und Forschung wohl mit am meisten verbreitete Ansatz der Konstruktionsmethodik stammt von den Autoren Pahl und Beitz.[285] Das 1977 erstveröffentliche Werk Konstruktionslehre befasst sich seither mit dem Prozess der Produktentwicklung anhand von aktuellen Beispielen und Strömungen.[286] Das Buch wurde, wie dem Vorwort der 5. Auflage zu entnehmen ist, bislang in acht Sprachen übersetzt und erfreut sich international großer Beliebtheit.[287] Die aktuell 8. Auflage der deutschsprachigen Fassung weicht in Bezug auf den Gestaltungsprozess von den bisherigen Auflagen ab.[288] Damit tragen die Autoren den aus ihrer Sicht veränderten Randbedingungen Rechnung. Unternehmen müssten in der heutigen Zeit stärker auf die Nutzung von Gleichteilen achten und Entwicklungen würden häufig über Unternehmensgrenzen hinweg durchgeführt.[289]

[281] Vgl. Verein Deutscher Ingenieure (2221) 1993.
[282] Vgl. Ehrlenspiel et al. (Integrierte Produktentwicklung) 2013, S. 267.
[283] Vgl. Verein Deutscher Ingenieure (2222, Blatt 2) 1982.
[284] Vgl. Verein Deutscher Ingenieure (2221) 1993.
[285] Vgl. Tomiyama et al. (Design methodologies) 2009, S. 557.
[286] Vgl. Pahl et al. (Konstruktionslehre) 1977.
[287] Vgl. Pahl et al. (Konstruktionslehre) 2005.
[288] Vgl. Feldhusen et al. (Vorgehen bei einzelnen Schritten des Produktentstehungsprozesses) 2013; Vgl. Pahl et al. (Engineering Design) 2007.
[289] Vgl. Feldhusen et al. (Die Hauptarbeitsschritte des Gestaltungsprozesses) 2013, S. 465.

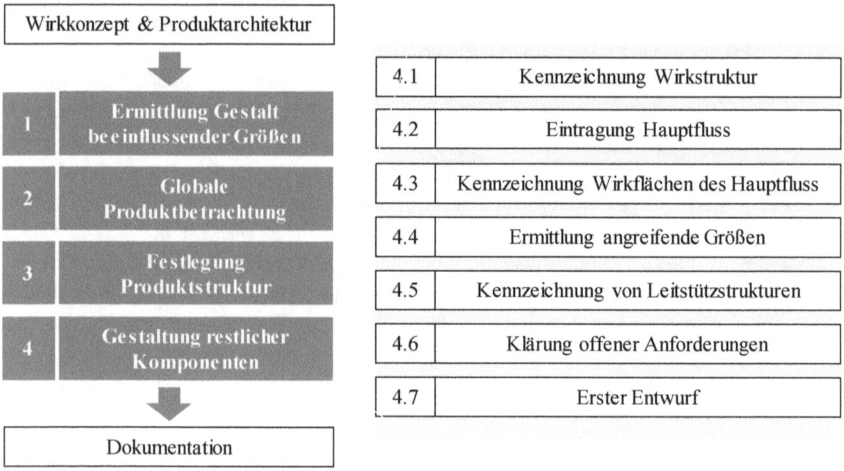

Abbildung 3-1: Gestaltungsprozess nach Pahl/Beitz

Der Prozess startet mit dem Wirkkonzept. Dieses Konzept dient zusammen mit der Produktarchitektur als Input für den Gestaltungsprozess (siehe Abbildung 3-1). Die Architektur bestimmt die Funktionen der Baugruppen und Bauteile. Zunächst werden die die Gestalt beeinflussenden Größen identifiziert. [290] Im nächsten Schritt werden in der globalen Produktbetrachtung die äußeren Zwänge auf die zu gestaltenden Teile betrachtet. Im dritten Schritt wird die Produktstruktur festgelegt. Bis zu diesem Prozessschritt wird lediglich die Funktions- und Produktstruktur von außen nach innen festgelegt. Im vierten Schritt findet die Ausgestaltung der Bauteile statt (siehe Abbildung 3-1 rechts).

Der größte Zeitaufwand liegt in der Gestaltung der Komponenten. FELDHUSEN und GROTE beschreiben sehr ausführlich, wie aus physikalischen Anforderungen Bauteile entwickelt werden können.[291] Zunächst werden die Wirkflächen durch den Hauptfluss verbunden.[292] Anschließend werden angreifende Größen ermittelt und eine Stützstruktur erdacht.[293] Nachdem diese Vorüberlegungen getroffen sind und eventuell aufgetretene offene Anforderungen geklärt sind, folgt der erste Entwurf.[294]

Der in Kapitel 2.1.2 beschriebene PEP in der Automobilindustrie beruht häufig auf dem Ansatz des sogenannten Concurrent Engineering (CE; manchmal auch: Simultaneous Engineering oder Collaborative Engineering), das das Ziel verfolgt, die Produktentwicklungszeit stark zu verkürzen.[295] CE bezieht sich inzwischen auf den gesamten Produktlebenszyklus, wobei bei der Produktgestaltung verschiedene Lebenszyklusbeschränkungen wie Wartungs-, Rücknahme-, Demontage- und Recyclinganforderungen

[290] Vgl. Feldhusen et al. (Die Hauptarbeitsschritte des Gestaltungsprozesses) 2013, S. 467–470ff.
[291] Vgl. Feldhusen et al. (Methodik des schrittweisen Gestaltens) 2013, S. 484.
[292] Vgl. Feldhusen et al. (Methodik des schrittweisen Gestaltens) 2013, S. 483f.
[293] Vgl. Feldhusen et al. (Methodik des schrittweisen Gestaltens) 2013, S. 484–487ff.
[294] Vgl. Feldhusen et al. (Methodik des schrittweisen Gestaltens) 2013, S. 487–490ff.
[295] Vgl. Sapuan et al. (Concurrent engineering approach) 2014, S. 161; Vgl. Tomiyama et al. (Design methodologies) 2009, S. 551.

berücksichtigt werden sollten.[296] CE ist keine homogene Vorgehensweise, sondern wurde in viele Richtungen interpretiert. Es lassen sich insbesondere fünf konstituierende Schritte identifizieren:[297]

1. Informationsbereitstellung: Teilen von Designabsichten, Fertigungsbeschränkungen und anderen Lebenszyklusinformationen
2. Fertigungsgerechte Konstruktion: Nutzung sogenannter Design for Manufacturing Ansätze
3. Frontloading: Die Annahme, Produktkosten entstehen zu großen Teilen in der Produktentstehung, setzt den Fokus auf Planungsaktivitäten und rechtfertigt sehr starkes Engagement
4. Prozessanpassung: Durch gleichzeitiges Bearbeiten der Produktentwicklung und der Produktionsentwicklung werden beide Prozesse stetig aneinander angepasst.
5. Kollaboration: Verhandlung und Zusammenarbeit in der Produktentwicklung

Wie zu erkennen ist, liegt ein starker Fokus auf der Verknüpfung der unterschiedlichen Prozesse. Verschiedenste Forscher haben sich mit dem Thema aus unterschiedlichen Blickwinkeln befasst. Beispielsweise wurden technologieorientierte Ansätze entwickelt um, meist mittels IT-Tools, Systeme aufeinander abzustimmen.[298] Andere Ansätze fokussieren sich auf die Kollaboration der an den Prozessen beteiligten Menschen.[299]

Die großflächige Verknüpfung der am Lebenszyklus eines Produktes beteiligten Prozesse bedingt das steigende Bedürfnis nach umfassendem Wissensmanagement.[300] Das Wissensmanagement lässt sich in sechs Kernprozesse aufteilen: Wissenserwerb, Wissensidentifikation, Wissensbewahrung, Wissensnutzung, Wissens(ver)teilung, und Wissensentwicklung.[301] Die Beherrschung dieser Prozesse unterstützt innovative Entwicklungen, bedarf aber einer entsprechenden Abbildung in den Gestaltungsprozessen.[302]

Zusammenfassend lässt sich sagen, dass die Entwicklungen der letzten Jahre zeigen, dass auf dem Gebiet der Design Methoden eher eine evolutionäre Entwicklung zu erwarten ist und der Fokus weiterhin auf Hilfsmitteln wie „Design for X“-Methoden (siehe Kapitel 3.3.2) liegen wird.[303]

3.3.2 Vorgehen zur Gestaltung mittels additiver Verfahren

Die fertigungsprozessfixierte Gestaltung von Bauteilen lässt sich den „Design-for-x“-Verfahren (DfX) zuordnen. Dabei handelt es sich um Methoden, die die Optimierung der Gestaltung hinsichtlich eines Themas behandeln. In der Literatur lassen sich mehr als 75 solcher Methoden ausfindig machen (siehe Abbildung 3-2).[304] Besonders verbreitet im Produktionsumfeld sind die zwei Ansätze „Design for Assembly“ (DfA) und „Design for Manufacturing“ (DfM), die auch teilweise unter dem Begriff „Design

[296] Vgl. Kimura et al. (Designing Product Reliability) 2007, S. 163.
[297] Vgl. Tomiyama et al. (Design methodologies) 2009, S. 551.
[298] Vgl. Chang et al. (Digital design and manufacturing) 2017, S. 654–660ff; Vgl. Francalanza et al. (A knowledge-based tool for designing cyber physical production systems) 2017, S. 42–48ff; Vgl. Yu et al. (Computer-Integrated Manufacturing) 2015, S. 6–8ff.
[299] Vgl. Meng et al. (A concurrent reliability optimization procedure) 2016, S. 2–7ff; Vgl. Monticolo et al. (A meta-model for knowledge configuration management) 2015, S. 13–16ff; Vgl. Singhry et al. (Effects on manufacturing companies) 2016, S. 666–668ff.
[300] Vgl. Wu et al. (Product lifecycle–oriented knowledge services) 2016, S. 81.
[301] Vgl. Probst et al. (Wissen managen) 2010, S. 28.
[302] Vgl. Inkinen (Review of empirical research on knowledge management) 2016, S. 238f.
[303] Vgl. Meerkamm (Methodology and Computer-Aided-Tools) 2011, S. 57; Vgl. McMahon (The Future of Design Methodology) 2011, S. 279f.
[304] Vgl. Patrick Pradel et al. (Designing end use components for additive manufacturing) 2017, S. 27.

for Assembly and Manufacturing" (DfAM) zusammengefasst werden.[305] DfA befasst sich, neben den Anforderungen der Montage, sehr stark mit der Zielsetzung Kosten zu reduzieren. Beim DfM steht häufig zunächst die Herstellbarkeit im Mittelpunkt der Betrachtung. Mit der technologischen Entwicklung vom Herstellungsverfahren für Prototypen zur Serienfertigung entwickelte sich auch der Bereich des „Design for Additive Manufacturing" (DfAM).

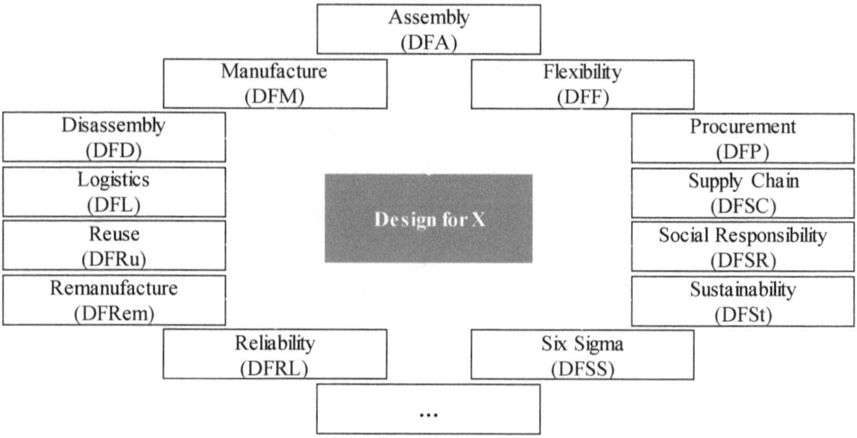

Abbildung 3-2: Weitere DfX-Ansätzen neben DfAM nach BENABDELLAH ET AL.[306]

DfAM lässt sich nach KUMKE ET AL. in die zwei Kategorien „DfAM im weiteren Sinne" und „DfAM im engeren Sinne" unterteilen.[307] Auswahl von Bauteilen, Materialien und die Fertigungsoptimierung zählen zu DfAM im weiteren Sinne und werden nicht weiter betrachtet, da es hier explizit um die Einflussmöglichkeiten des Konstrukteurs gehen soll. Die folgende Vorstellung orientiert sich an der Vorgehensweise nach PRADEL ET AL. DfAM-Methoden sind entlang des Gestaltungsprozesses in vier Phasen, die den Phasen des Prozessmodells der VDI-Richtlinie 2221 entsprechen, zu kategorisieren.[308] Bei den vorgestellten Ansätzen handelt es sich um eine Auswahl.

Parallel mit der Entwicklung der additiven Fertigungstechnologien werden auch entsprechende Vorgehensweisen und Methoden erarbeitet. ROSEN beschreibt als erster einen expliziten DfAM-Ansatz.[309] Primär wird darauf verwiesen, dass AM ein hohes Maß an Designfreiheit besitzt, und es gilt dieses zu nutzen.[310] Eine zentrale Möglichkeit wird darin gesehen, Mesostrukturen zu nutzen, um makroskopische Bauteile zu fertigen.[311] Darauf aufbauend entwirft ROSEN später einen prototypischen Prozess zur Gestaltung additiver Bauteile, der aber nicht weiter verifiziert wird.[312]

---

[305] Vgl. Favi et al. (Design for Manufacturing and Assembly vs. Design to Cost) 2016, S. 276.

[306] Vgl. Benabdellah et al. (A systematic review of design for X techniques) 2019, S. 8.

[307] Vgl. Kumke et al. (New Framework for DfAM) 2015, S. 4f.

[308] Vgl. Patrick Pradel et al. (Designing end use components for additive manufacturing) 2017, S. 12.

[309] Vgl. Rosen (CADfAM of Celluar Structures) 2007, S. 586; Vgl. Rosen (DfAM: Method to Explore Unexplored Design Space) 2007, S. 402–415ff.

[310] Vgl. Rosen (CADfAM of Celluar Structures) 2007, S. 585–587ff.

[311] Vgl. Rosen (CADfAM of Celluar Structures) 2007, S. 589f.

[312] Vgl. Rosen (Research supporting principles for DfAM) 2014, S. 231.

EMMELMANN ET AL. entwickeln unter der Zielsetzung des Leichtbaus einen anderen DfAM-Ansatz.[313] [314] Dieser sieht vor, einem Prozessablauf zu folgen, der aus einer Konzept- und einer Designphase besteht. In der Konzeptphase werden notwendige Anforderungen, wie beispielsweise Lasten, Materialien und ertragbare Eigenfrequenzen, definiert. Die Designphase basiert auf der Anwendung einer Topologieoptimierung und dem entsprechenden Nachmodellieren in CAD. Um den Prozess weiter zu optimieren, wird eine Datenbank zur Sammlung von Beispielkonstruktionen vorgeschlagen.

Einen ganzheitlichen Ansatz zur Entwicklung von AM-Bauteilen stellen PONCHE ET AL. vor.[315] Der Prozess sieht vor, dass ausgehend von funktionalen Flächen zunächst eine Geometrieanalyse durchgeführt wird.[316] Diese Flächen werden dann zu funktionalen Volumen erweitert. Abschließend werden in einem dritten Schritt verbindende Volumen definiert. Von Beginn des Prozesses an sollen die Möglichkeiten additiver Fertigung berücksichtigt werden. Den vorgestellten Ansatz detailliert PONCHE mit einem etwas anderen Team in Richtung des Laserauftragsschweißen.[317] Berücksichtigt werden nun auch restriktive Vorgaben des Prozesses am Beispiel von dünnwandigen Bauteilen.[318]

Deutlich stärker ins Detail gehen KUMKE ET AL. bei der Ausgestaltung eines Prozesses zur Konstruktion von AM-Bauteilen.[319] Der aufgestellte Prozess orientiert sich an der VDI 2221 und versucht, den unerfahrenen Nutzer, im Rahmen eines holistischen Frameworks, durch den Prozess einer AM-Gestaltung hindurchzuführen. Dies geschieht in insgesamt neun Schritten. Startend mit der Klärung von Anforderungen werden Baugruppen bestimmt, entschieden, ob eine technische Machbarkeit gegeben ist, und ob die wirtschaftlichen Randbedingungen stimmen. Anschließend startet die Feinplanung der Gestaltung mit optionalen Schritten wie einer Topologieoptimierung oder der Nutzung von Fertigungssimulationen. Im Vergleich zur VDI2221 wird wesentlich stärker auf Iterationen eingegangen. Jedoch weist das Vorgehen auch Lücken auf, beispielsweise ist die wirtschaftliche Bewertung vor der Gestaltung angesiedelt. Dies kann, zum Beispiel auf Basis von design-bedingter Nacharbeit, zu sehr starken Abweichungen im Preis des Bauteils führen.

YANG ET AL. stellen ein Vorgehen vor, das sich hauptsächlich auf die Nutzung möglicher Funktionsintegration sowie der Anwendung von Topologieoptimierungen stützt.[320] LINDEMANN ET AL. beschreiben ein Verfahren zur Erstellung von Anpassungskonstruktionen.[321] Weitere fragmentäre Ansätze der Darstellung eines Entwicklungsprozesses für AM-Bauteile lassen sich bei SALONITIS und ZARBAN, LAVERNE und SEGONDS sowie KLAHN ET AL. finden.[322]

Viele Autoren fokussieren sich auf einen Abschnitt im Gestaltungsprozess. Trotzdem wird im Folgenden anhand der Konzept-, Entwurfs- und Gestaltungsphase der Stand der Forschung im Themenfeld

[313] Vgl. Emmelmann et al. (LAM and Bionics) 2011, S. 364–368ff.

[314] Definitionsseitig wäre es möglich, den Ansatz von EMMELMANN ET AL. dem Design for Lightweight zuzuordnen, jedoch beschreibt das vorgestellte Vorgehen Strukturen, die ausschließlich durch AM hergestellt werden können. Daher wird der Ansatz dem DfAM zugerechnet.

[315] Vgl. Ponche et al. (New global approach to DfAM) 2012, S. 94–98ff.

[316] Vgl. Ponche et al. (New global approach to DfAM) 2012, S. 96f.

[317] Vgl. Ponche et al. (A novel methodology of design for Additive Manufacturing) 2014, S. 389–398ff.

[318] Vgl. Ponche et al. (A novel methodology of design for Additive Manufacturing) 2014, S. 392–395ff.

[319] Vgl. Kumke et al. (New Framework for DfAM) 2015, S. 3–19ff.

[320] Vgl. Yang et al. (Part consolidation method to embrace design freedom) 2015, S. 446f.

[321] Vgl. Lindemann et al. (Sustainable and economic part selection) 2015, S. 221–224ff.

[322] Vgl. Salonitis et al. (Redesign optimization) 2015, S. 194–196ff; Vgl. Klahn et al. (Design for AM Process) 2015, S. 232f; Vgl. Laverne et al. (Enriching design with X) 2017, S. 281f.

DfAM dargelegt. Die Konzeptphase fokussiert sich in der Regel auf kreative Arbeit und die Herausforderung, eine Lösung für ein technisches Problem zu finden. Häufig werden zur Unterstützung dieses Prozesses Beispiele herangezogen. Es wird also die Idee verfolgt, Impulse für neue Herausforderungen aus bekannten guten Lösungen abzuleiten.[323]

Der Einsatz einer computergestützten Datenbank zur Ideenfindung in der Konzeptphase wird von BIN MAIDIN ET AL. präsentiert.[324] Die Datenbank gibt, basierend auf einer Recherche der Autoren, einen Überblick über 113 mittels additiver Fertigung realisierbarer Konstruktionsmerkmale, die anschließend in einer Taxonomie, also einem hierarchischen Klassifikationsschema, kategorisiert werden.[325] Bei der Verwendung der Datenbank bekommt der Nutzer elf Fragen gestellt, wie zum Beispiel, ob das Bauteil leicht sein muss. So wird das zu konstruierende Produkt in den bestimmten Klassen eingeordnet, und der Benutzer erhält Konstruktionsvorschläge für die Umsetzung mit AM. Neben der Interaktion über die Fragen ist auch eine Durchsuchung der Datenbank nach spezifischen Suchbegriffen möglich.

Aufbauend auf der Datenbanklösung von BIN MAIDIN ET AL. schlägt DOUBROVSKI ET AL. die Implementierung der Datenbank als Wiki vor.[326] Durch die ständige Weiterentwicklung und fortlaufende Entdeckung neuer Anwendungsbereiche von additiven Fertigungsverfahren sehen DOUBROVSKI ET AL. die Gefahr der Veraltung einer zentral geführten Datenbank.[327] Zur Validierung dieses Ansatzes wird ein Projekt mit Studenten durchgeführt, in dem diese, in Gruppen aufgeteilt, einfache Bauteile für AM-Verfahren konstruieren. Die Ergebnisse werden durch die Gruppen nach festen Regeln in einem Wiki festgehalten. Die Autoren stellen fest, dass die Modelle der Studenten mit steigendem Umfang des Wikis an Raffinesse und Detaillierungsgrad zunehmen.[328] Es ist allerdings festzuhalten, dass die Studenten zu Beginn des Projektes keine oder nur sehr einfache Kenntnisse über AM-spezifisches Konstruieren besitzen. Daher sind die Ergebnisse dieses Versuchs nur schwer auf die Umsetzung durch erfahrene Konstrukteure zu übertragen. Ebenfalls auf BIN MAIDIN ET AL. aufbauend schlagen RIAS ET AL. eine Methode des kreativen DfAM vor, mit dem Ziel, die Anzahl an generierten Ideen zu erhöhen.[329] Ein essenzieller Schritt der Methode ist die Nutzung erzwungener Assoziationen. Diese hat das Ziel, mögliche Ideen aufzudecken, die andernfalls nicht weiterverfolgt werden.[330]

LAVERNE ET AL. stellen eine eA-DfAM genannte Methode vor, deren Fokus auf der frühen Designphase liegt.[331] eA-DfAM steht für „early Assembly-Design for Additive Manufacturing" und weist darauf hin, dass die Verortung in der Phase der Ideenfindung und Konzeptentwicklung ist und ganze Baugruppen betrachtet werden. Die Autoren entwickeln ein Ideen-Blatt, auf dem systematisch Ideen gesammelt und ausgearbeitet werden können. In der angehängten Fallstudie gelingt es ihnen zu beweisen, dass die Unterstützung mit spezifischem AM-Wissen die Ideenqualität steigert. In einer späteren Studie identifizieren LAVERNE ET AL., dass für mehr als 80 % der Nutzer die Kenntnis über Designfreiheiten in der

[323] Vgl. Hague et al. (Implications of rapid manufacturing) 2005, S. 26.
[324] Vgl. Bin Maidin et al. (Development of a design feature database) 2012, S. 235.
[325] Vgl. Bin Maidin et al. (Development of a design feature database) 2012, S. 237–239ff.
[326] Unter einem Wiki versteht man eine Onlineapplikation, in der Informationen und Beiträge zu einem Thema gesammelt und von den Nutzern bearbeitet werden. Das bekannteste Beispiel für ein Wiki ist Wikipedia, eine gemeinnützige Online-Enzyklopädie.
[327] Vgl. Doubrovski et al. (Collaboratively edited DfAM) 2011, S. 892f.
[328] Vgl. Doubrovski et al. (Collaboratively edited DfAM) 2011, S. 898–900ff.
[329] Vgl. Rias et al. (DfAM: A Creative Approach) 2016, S. 411.
[330] Vgl. Rias et al. (DfAM: A Creative Approach) 2016, S. 418.
[331] Vgl. Laverne et al. (Assembly Based Methods to Support Product Innovation) 2015, 121701-1.

Konzeptphase hilfreich sei.[332] Wohingegen weniger als die Hälfte der Befragten die Kenntnis über AM-Restriktionen als Unterstützung ansehe.[333]

In der Gestaltungsphase lassen sich im Themenfeld AM nach HÄLLGREN die gestaltungs- und die prozesszentrierte Herangehensweise unterscheiden.[334] Zunächst werden im Folgenden ausgewählte gestaltungszentrierte Ansätze vorgestellt. Diese gehen von einer Bauteilgestaltung durch den Menschen aus. Anschließend werden einige prozesszentrierte Ansätze vorgestellt. Hierbei steht eine computergestützte Gestaltung der Bauteilform im Vordergrund.

VAYRE ET AL. legen dar, wie durch AM ein Bauteil neugestaltet werden könne.[335] Hierzu stellen sie heraus, wie Vorteile für Metall AM genutzt werden können und gehen dabei auch beispielhaft auf die Berücksichtigung von Restriktionen, in diesem Fall erreichbare Radien innerhalb einer Konstruktion, ein. In einer weiteren Veröffentlichung vertiefen die Autoren Restriktionen des „Electron Beam Meltings (EBM)“, die sich aus der Notwendigkeit Pulver nach dem Bauprozess zu entfernen und dem Aufbau von Supportstrukturen ergeben. Insbesondere die Gestaltung von Supportstrukturen seiherausfordernd, da der Bau und das im Postprocessing folgende Entfernen zu Kosten führen. Eine angepasste Vorgehensweise in welchen Schritten ein AM-Bauteil gestaltet werden sollte, wird nicht dargelegt.

ATZENI ET AL. empfehlen Konstrukteuren, sich in der Gestaltungsphase zunächst mit den Limitationen des betrachteten additiven Fertigungsprozesses auseinanderzusetzen, um im Anschluss gezielt Fertigungsrestriktionen von konventionell gefertigten Bauteilen aufzuheben.[336] Das illustrieren die Autoren am Beispiel der Neugestaltung einer Lampenhalterung. Diese wird von einem Spritzguss gerecht konstruierten Bauteilen in ein voll integriertes einzelnes AM-Bauteil umgestaltet.[337] Am Beispiel der dargelegten Kostenanalyse gelingt es zwar den Autoren zu plausibilisieren, dass bei sehr niedrigen Stückzahlen das Bauteil wirtschaftlich additiv gefertigt werden kann, jedoch fehlt auch hier die Beschreibung des eigentlichen Gestaltungsprozesses.

YANG ET AL. schlagen einen schrittweisen Prozess zur Gestaltung von AM-Bauteilen vor.[338] Nach erfolgreicher Definition der funktionalen Oberflächen ist zu prüfen, ob diese innerhalb eines Bauteils verbunden werden können, um ein möglichst funktionsintegriertes Bauteil zu schaffen. Das Verbinden der funktionalen Flächen wird nur durch mögliche Bauraumbeschränkungen limitiert. Das resultierende Volumen wird mit einer homogenen Gitternetzstruktur gefüllt. Die Autoren berücksichtigen in der Gestaltung allerdings keine möglicherweise notwendigen Nacharbeitsschritte.

HÄLLGREN ET AL. entwerfen ein Ablaufdiagramm, das den Konstrukteur bei der Gestaltung der Bauteile unterstützen soll.[339] Die beiden grundsätzlichen Routen, die sie hierbei vorschlagen, beziehen sich auf eine Leistungsoptimierung des Bauteils bzw. auf die Reduktion der Baukosten. Die beiden Wege verlaufen nicht komplett getrennt voneinander, vielmehr werden an verschiedenen Stellen Verknüpfungen hergestellt. Die präsentierte Baumstruktur der Routen stellt mehr einen Überblick als eine konkreten Ablaufplan dar.

---

[332] Vgl. Laverne et al. (Enriching design with X) 2017, S. 283.
[333] Vgl. Laverne et al. (Enriching design with X) 2017, S. 283.
[334] Vgl. Hällgren et al. ((Re)Design for Additive Manufacturing) 2016, S. 247.
[335] Vgl. Vayre et al. (Designing for Additive Manufacturing) 2012, S. 632f.
[336] Vgl. Atzeni et al. (Redesign and Cost Estimation RM plastic parts) 2010, S. 311f.
[337] Vgl. Atzeni et al. (Redesign and Cost Estimation RM plastic parts) 2010, S. 310.
[338] Vgl. Yang et al. (Part consolidation method to embrace design freedom) 2015, S. 444.
[339] Vgl. Hällgren et al. ((Re)Design for Additive Manufacturing) 2016.

Bei der prozesszentrierten Gestaltung wird das Ziel verfolgt, Bauteile durch Computerprogramme zu entwerfen. Oft wird eine Topologieoptimierung als Ausgangspunkt verwendet, um gewisse Eigenschaften des Bauteils, häufig das Gewicht-zu-ertragbare-Last Verhältnis, zu verbessern.[340] Die sich ergebenden Bauteile sind häufig geometrisch komplex und nur schwer durch herkömmliche Fertigungsverfahren herstellbar. Die Flexibilität additiver Verfahren prädestiniert diese zur Herstellung topologisch optimierter Bauteile. Die Forschungsbemühungen fokussieren sich häufig auf metallische Bauteile, die in der Luftfahrtindustrie Verwendung finden. Im Mittelpunkt aktueller Forschung stehen die nahtlose Prozesskette von der Definition der Lasten bis zum fertigen Bauteil sowie die Reduktion von Nacharbeitsaufwänden. Aktuelle Software zur Berechnung von topologieoptimierten Strukturen erzeugt in der Regel ein digitales Netz, das dann in einem zweiten Schritt in einem CAD Programm nachgebaut werden muss. Die Reduktion von Supportstrukturen und die Integration von Supportstrukturen in das eigentliche Bauteil können als Hauptforschungsrichtungen angesehen werden.

Einige Ansätze versuchen auch komplett automatisierte Gestaltungen umzusetzen und verwenden die additive Fertigung als Befähiger einer sehr flexiblen Bauteilgestaltung. Die Berechnungsverfahren sind ähnlich zu denen der Topologieoptimierung, fokussieren sich aber nicht alleinig auf die mechanische Optimierung der Bauteile, sondern betrachten Baugruppen, die automatisiert verbunden werden. Weit verbreitet sind Baukastenlösungen, die standardisierte Bauteile miteinander verbinden.

3.3.3 Methoden zur Erarbeitung von Konstruktionsregeln

Im Konstruktionsprozess wird, um wiederkehrende Problemstellungen schneller bearbeiten zu können, häufig auf Konstruktionsregeln zurückgegriffen. Es erfolgt eine Dokumentation eines technischen Problems und die dazu bekannte Lösung. Diese Lösungen basieren häufig auf Erfahrungen, die mit dem jeweiligen Fertigungsverfahren oder der Bauteilfamilie gemacht wurden.

Die systematische Erarbeitung von Konstruktionsrichtlinien ist ein wenig beforschtes Feld. Da es sich um einen kreativen Prozess handelt, sind die vorhandenen Beschreibungen häufig sehr allgemein und stützen sich zu großen Teilen auf Expertenwissen. Die VDI-Richtlinie 2223 gibt an, dass Konstruktionsregeln zwar ein wichtiges Hilfsmittel, insbesondere beim Anlernen neuer Mitarbeiter, sind, aber liefert keine weiteren Hinweise, wie diese zu gestalten sind.[341] In der Regel ist in Konstruktionsregeln individuelles Praxiswissen dokumentiert, das häufig nach nicht näher definiertem Vorgehen zusammengetragen wurde.[342] Im Folgenden werden Prozessmodelle vorgestellt, die diesen Prozess systematisieren.

WITT und WEGNER formulieren eine Vorgehensweise zur Erarbeitung von Konstruktionsregeln.[343] In einem ersten Schritt werden Personen, mit Expertise in den zu betrachtenden Fertigungstechnologien, befragt, um Informationen über den Stand der Technik zu erhalten. Die Ergebnisse dieser Befragung

[340] Eine Topologieoptimierung ist ein Berechnungsverfahren zur automatisierten Gestaltung von mechanisch belasteten Bauteilen. In einem durch den Konstrukteur definierten Bauraum wird durch Iterationsschleifen festgestellt, an welchen Stellen Material vorgehalten werden muss, damit das Bauteil vordefinierte Lasten ertragen kann.

[341] Vgl. Verein Deutscher Ingenieure (2223) 2004.

[342] Vgl. Adam (Systematische Erarbeitung von Konstruktionsregeln) 2015, S. 17.

[343] Vgl. Wegner et al. (Konstruktionsregeln für das Laser-Sintern) 2012.

werden ausgewertet, um daraus auf Konstruktionsrichtlinien zu schließen. Dazu werden aus den erhaltenen Informationen Qualitätskriterien abgeleitet, Prüfkörper entwickelt, gefertigt und untersucht. Die Konstruktionsregeln ergeben sich dann aus der Interpretation der Versuchsergebnisse.

Zur Erarbeitung von Konstruktionsrichtlinien verwendet THOMAS ein ähnliches Vorgehen.[344] Zunächst werden ebenfalls Technologieexperten befragt. Hier liegt der Fokus aber klar auf der Identifikation von geometrischen Merkmalen und relevanten Bauteilen. Abweichend zu WITT und WEGNER werden auf Basis der Expertenbefragung Voruntersuchungen durchgeführt, um Prüfkörper zu erarbeiten, die in der Hauptuntersuchung zur Ermittlung von Attributsausprägungen genutzt werden können. Die daraus abgeleiteten Regeln werden schriftlich aufgearbeitet und der Expertenrunde zur Bewertung vorgelegt.

Auch bei SCHÄFER werden zur Informationsbeschaffung Experten befragt.[345] Nach SCHÄFER sollten die Experten aus diversen Unternehmen und Forschungseinrichtungen stammen, um eine hohe Qualität der Ergebnisse zu gewährleisten. Die gesammelten Informationen werden direkt in Richtlinien umgesetzt und nur im Zweifelsfall durch Untersuchungen verifiziert.

KRANZ befasst sich sehr spezifisch mit der Herleitung von Konstruktionsrichtlinien für laseradditiv gefertigte Bauteile aus TiAl6V4.[346] Der Autor verfolgt insbesondere das Ziel des Leichtbaus und identifiziert auf Basis von Standardwerken zum Leichtbau zu betrachtende Grundstrukturen. Diese Grundstrukturen werden unter Zuhilfenahme von experimentellen Untersuchungen in Konstruktionsrichtlinien umgewandelt.

Im Vergleich zu den bislang vorgestellten Autoren stellt ADAM einen Ansatz vor, der ohne die Befragung von Experten auskommt.[347] Auf Basis einer mathematischen Herleitung stellt er Standardelemente mit unterschiedlichen Komplexitätsniveaus auf. Die Standardelemente werden mittels der Verschiebung eines Profils entlang einer Leitkurve mathematisch definiert, sodass eine Abgrenzung der Elemente untereinander erreicht wird. Jedem Standardelement werden Attribute zugeordnet, die experimentell untersucht werden. Sein Ansatz hat den Anspruch, aus den untersuchten Formen beliebige Körper nachbilden zu können und damit, im Vergleich zu den bereits diskutierten Vorgehensweisen, eine vollständige Konstruktionsrichtlinie zu erarbeiten.

Zusammenfassend lässt sich sagen, dass es keine allgemeingültige Vorgehensweise zur Erstellung von Konstruktionsrichtlinien gibt. Die meisten der Ansätze versuchen vorhandenes implizites Expertenwissen durch Interviews zu identifizieren und im Anschluss aufzuarbeiten. Einzig ADAM wählt einen anderen Ansatz. Dieser ist zwar stringent mathematisch aufgebaut, jedoch wird die Praxistauglichkeit nur in einer Fallstudie überprüft.

3.3.4 Bestehende Gestaltungsregeln additiv gefertigter Bauteile

Um wiederkehrende Konstruktionsproblemstellungen schneller bearbeiten zu können, wird auf Konstruktionsregeln zurückgegriffen. Konstruktionsregeln dokumentieren ein technisches Problem und die dazu bekannte Lösung. Diese Lösungen basieren häufig auf Erfahrungen, die mit dem jeweiligen Fertigungsverfahren oder der Bauteilfamilie gemacht wurden. Eine Möglichkeit diese Erfahrungswerte zu

---

[344] Vgl. Thomas (The Development of Design Rules for Selective Laser Melting) 2009.

[345] Vgl. Robert Schäfer (Design Guidelines for Rapid Prototyping) 2008.

[346] Vgl. Kranz et al. (Design guidelines for laser additive manufacturing) 2015.

[347] Vgl. Adam (Systematische Erarbeitung von Konstruktionsregeln) 2015.

dokumentieren, sind Fallstudien oder Gestaltungsrichtlinien. Nachstehend wird zunächst ein Überblick über bekannte Fallstudien im Bereich der additiven Fertigungsverfahren gegeben. Zudem werden bestehende Gestaltungsregeln für additive Fertigungsverfahren der häufigst zitierten Autoren vorgestellt.

Zunächst ist THOMAS zu nennen, der 2009 Konstruktionsrichtlinien für das Selektive Laserstrahl Schmelzen (SLM) entwickelt hat. Zunächst werden grundsätzliche Geometrien, wie Würfel, Bauteile mit Überhang, etc., entworfen, hergestellt und vermessen. Daraus leitet der Autor insgesamt 18 Gestaltungsregeln ab, diese werden beispielhaft beschrieben und teilweise mit aus den Experimenten abgeleiteten Dimensionierungen dargestellt.

Sehr umfangreich beschäftigen sich ADAM und ZIMMER in verschiedenen Veröffentlichungen mit Gestaltungsrichtlinien für SLM, SLS und FDM. Im Fokus der Bemühungen steht die Erarbeitung von Limitationen der jeweiligen Fertigungsprozesse für spezifische Materialien. Zusammengefasst werden die Richtlinien in der Dissertation von ADAM. Hier wird insbesondere die Herangehensweise, basierend auf mathematischen Basiskörpern, ausführlich beschrieben. In Summe werden 55 Gestaltungsregeln veröffentlicht.

KRANZ ET AL. untersuchen insbesondere die Möglichkeit, mittels SLM Leichtbauteile aus hochfesten Titanlegierungen (TiAl6V4) für die Luftfahrtindustrie herzustellen.[348] Neben der Oberflächenrauheit, der Maßgenauigkeit, dem Schrumpfungsverhalten und der Supportstrukturen werden insbesondere sogenannte Grundgeometrien des Leichtbaus untersucht. Auf Basis der Untersuchungen erarbeitet KRANZ 68 Gestaltungsregeln.

Weitere Betrachtungen von AM-Konstruktionsregeln finden sich beispielsweise bei MEISEL ET AL.[349] Die Autoren untersuchen einige ausgewählte Features für das Polyjetting-Verfahren.[350] SEEPERSAD ET AL. erarbeiten Richtlinien für die minimal erreichbare Featuregröße unterschiedlicher SLS-Systeme.[351] WEGNER und WITT untersuchen für verschiedene SLS Systeme erreichbare Features, wie z.B. Spaltmaße und Lochdurchmesser.[352]

Die Gegenüberstellung der Darstellung der Konstruktionsrichtlinien zeigt, dass es keinen Standard für die Darstellung von AM-Konstruktionsrichtlinien gibt (siehe Tabelle 3-1). Allerdings erfolgt die Darstellung der Konstruktionsregeln bei ADAM und KRANZ am ausführlichsten und zudem sehr ähnlich.[353] Zwei grafische Abbildungen skizzieren das betrachtete Feature, dieses wird textuell erläutert und eine Beschreibung geht auf die Restriktion ein.

Tabelle 3-1: Gegenüberstellung ausgewählter Autoren im Themenfeld der Konstruktionsrichtlinien

	THOMAS	ADAM	KRANZ	MEISEL ET AL.	SEEPERSAD ET AL.	WEGNER & WITT
Kategorisierung			X	X		
Grafische Darstellung	(X)	X	X	(X)		X
Positiv und negativ Beispiel		X	X			
Tabellarische Darstellung	X	(X)		X	X	X
Erläuterung		X	X	X		X
Restriktionen	X	X	X		X	

348 Vgl. Kranz (Konstruktion von laseradditiv gefertigten Leichtbaustrukturen) 2017.
349 Vgl. Meisel et al. (Key Design for Additve Manufacturing) 2015, 11406/1.
350 Vgl. Meisel et al. (Key Design for Additve Manufacturing) 2015, 11406/3–11406/7.
351 Vgl. Seepersad et al. (Designer's guide for SLS parts) 2012, S. 922–930ff.
352 Vgl. Wegner et al. (Konstruktionsregeln für das Laser-Sintern) 2012, S. 257–262ff.
353 Vgl. Adam et al. (On design for additive manufacturing) 2015, S. 669; Vgl. Kranz et al. (Design guidelines for laser additive manufacturing) 2015, S. 7–15ff.

Kennzeichnung des Verfahrens	X

Es lässt sich feststellen, dass der Übertrag, wie die vorhandenen Regeln auf Bauteile angewendet werden können oder ob Wechselwirkungen zwischen unterschiedlichen Features auftreten, nur schwer möglich ist und wenn überhaupt nur als Randthema behandelt wird. Da die erarbeiteten Regeln abhängig von Prozess und Material sind, ergibt sich die Notwendigkeit, weitere Gestaltungsrichtlinien aufzustellen, um die Vielzahl an Entwicklungen im Bereich AM (siehe Kapitel 2.2.3) optimal nutzen zu können.

Um Möglichkeiten einer neuen Technologie aufzuzeigen, werden häufig Fallstudien genutzt. Auch die Möglichkeiten, Bauteile additiv zu fertigen, werden von verschiedenen Autoren dargestellt. HAGUE und MANSOUR zeigen anhand der Anpassungskonstruktion des Deckels einer Dieseleinspritzpumpe sowie eines Elektronikgehäuses, wie der SLS Prozess genutzt werden kann, um die Fertigungsrestriktionen von Spritzgussbauteilen aufzuheben.[354] Ebenfalls im Bereich des Spritzgusses befassen sich RÄNNAR ET AL. mit der Verbesserung von Spritzgusswerkzeugen durch konturnahe Kühlkanäle, die mittels EBM in ein Werkzeug eingebracht werden.[355] DI WANG ET AL. zeigen, wie SLM genutzt werden kann, um Gitterstrukturen herzustellen, mit dem Ziel, poröse Leichtbaustrukturen zu generieren.[356] Mit diversen Beispielen führen KLAHN und LEUCHTENECKER die Anwendungen aus unterschiedlichen Bereichen zusammen.[357]

3.3.5 Zwischenfazit Methoden der Konzeption und Gestaltung

Es wurde gezeigt, dass die Ansätze der Konstruktionsmethodik sehr divers und unterschiedlich sind. Im Automotive Bereich sind neben dem Concurrent Engineering die Phasen und Schritte der VDI Richtlinie 2221 weit verbreitet. Diese werden durch Design for X Methoden unterstützt. In Bezug auf die additive Fertigung hat sich das Design for Additive Manufacturing als eigene Disziplin ausgebildet.

Allerdings gibt es keinen allgemeingültigen Ansatz zur Gestaltung additiv gefertigter Bauteile. Vielmehr findet sich eine heterogene Menge an Ansätzen, um AM-Bauteile zu entwerfen. Häufig stehen Produkteigenschaften, wie Leichtbau oder Funktionsintegration, im Vordergrund, die durch die Nutzung von AM adressiert werden sollen. Es zeigt sich also ein starker Anwendungsbezug im Verwendungszusammenhang von DfAM Methoden. Betrachtet man die Phasen der Ideen- und Konzeptfindung sowie die Entwurfs- und Gestaltungsphase so wird klar, dass bei der Ideen- und Konzeptfindung der kreative Schaffensprozess unterstützt werden soll.

Für die Entwurfs- und Gestaltungsphase zeigt sich, dass insbesondere die prozesszentrierte Herangehensweise wünschenswert ist, da die Ausgestaltung von einem Computer übernommen werden kann. Insbesondere im Hinblick auf die Gestaltung von Fertigungsbetriebsmitteln, die einzig vom zu fertigendem Produkt abhängen, wäre eine automatisierte Gestaltung erstrebenswert. Die vorgestellten Arbeiten, beispielsweise in Bezug auf die Betrachtung von integrierten Stützstrukturen, zeigen allerdings auf, dass zunächst die Limitationen, die AM mit sich bringt, verstanden werden müssen, um sinnvoll automati-

[354] Vgl. Hague et al. (Design opportunities with rapid manufacturing) 2003, S. 351–354ff.; Vgl. Hague * et al. (Material and design considerations for rapid manufacturing) 2007, S. 4702–4704ff. Vgl. Mansour et al. (Impact of rapid manufacturing on design) 2005, 458-460.

[355] Vgl. Rännar et al. (Efficient cooling with EBM tool inserts) 2007, S. 130–132ff.

[356] Vgl. Di Wang et al. (Study on designing rules on SLM) 2013, S. 1734–1742ff.

[357] Vgl. Klahn et al. (Design for Additive Manufacturing) 2014, S. 140–142ff.

sieren zu können. So bildet die gestaltungszentrierte Vorgehensweise, basierend auf individuellem Wissen des Konstrukteurs, nach wie vor den Standard ab. Es zeigt sich, dass zur Unterstützung insbesondere Konstruktionsrichtlinien notwendig sind, um das volle Potential nutzen zu können. Daher wurden in Kapitel 3.3.3 zunächst aktuelle Konstruktionsunterstützungen untersucht. Neben Fallstudien wurden bestehende Konstruktionsrichtlinien beleuchtet. Es zeigt sich, dass die bestehenden Richtlinien prozess- und materialspezifisch sind und der Übertrag auf alternative Verfahren und Materialien kaum beschrieben ist. Die Vorgehensweise zur Erarbeitung von Gestaltungsregeln ist nicht genormt und folgt häufig auf Expertenbefragungen für einen bestimmten Anwendungsfall. Es lässt sich feststellen, dass weder generische Gestaltungsrichtlinien noch ein holistisches Vorgehen zur Schaffung Anwendungsfallspezifischer Konstruktionsrichtlinien vorhanden ist.

3.4 Ableitung des Forschungsbedarfs

Es zeigt sich, dass einige Ansätze essenzielle Teilanforderungen erfüllen, jedoch keiner der Ansätze den Anforderungen vollumfänglich gerecht wird (siehe Abbildung 3-3). So hat die Analyse der bestehenden Ansätze zur Implementierung additiver Fertigungsverfahren gezeigt, dass keine der vorliegenden Vorgehensweisen geeignet ist, das dynamische Marktumfeld abzubilden.

Legende

Anforderungen...
- ● vollständig erfüllt
- ◕ größtenteils erfüllt
- ◑ teilweise erfüllt
- ◔ kaum erfüllt
- ○ nicht erfüllt

		Anforderungen aus ...						
		Zielsetzung (Kapitel 1.2)	der Praxis (Kapitel 2.3)					
		Nutzung additiver Fertigungsverfahren für den Betriebsmittelbau	Markt- und Technologiebetrachtung zur Einführung und Nutzung von AM	Prozess- und Materialauswahl durch ein Expertensystem	Gestaltungsvorgehen für AM Bauteile	Spezifische AM-Konstruktionsrichtlinien	Entwicklung von AM-Konstruktionsrichtlinien	Bewertungsvorgehen für AM-Konzepte und Modelle
Implementierungsansätze (Kapitel 3.1)	Conner et al. 2014	◔	◑	◔	○	○	○	○
	Weiss et al. 2015	○	◑	◔	○	○	○	◕
	Klahn et al. 2014	○	◔	○	◔	○	○	◑
	Newman et al. 2015	○	◕	○	○	○	○	○
	Li et al. 2017	○	◑	○	○	○	○	○
	Weller 2015	○	●	◔	○	○	○	○
	Piller et al. 2015	○	◕	◔	○	○	○	○
	Ruffo et al. 2007	◔	◕	◑	○	○	○	○
	Oettmeier et al. 2017	○	◔	○	○	○	○	○
	Mellor 2014	◔	●	●	◔	○	○	○
Auswahlmethoden (Kapitel 3.2)	Armillotta 2008	○	○	◕	○	○	○	○
	Lan et al. 2005	○	○	◕	○	○	○	○
	Roberson et al. 2013	○	○	◑	○	○	○	○
	Fernández et al. 2005	○	○	●	○	○	○	○
	Rao et al. 2007	○	◔	◕	○	○	○	○
	Venkata Rao et al. 2010	○	◔	◑	○	○	○	○
	Wang et al. 2013	○	◑	◕	○	○	○	○
	Vahdani et al. 2011	○	○	◑	○	○	○	○
	Byun et al. 2005	○	○	●	○	○	○	○
	Zhang et al. 2014	○	○	●	○	○	○	○
Konzeption und Gestaltung für AM (Kapitel 3.3)	Kumke et al 2015	○	○	◔	●	○	●	◕
	Rosen 2007	○	○	◔	●	◔	○	◔
	Emmelmann 2011	○	○	○	◕	○	○	◑
	Ponche et al. 2014	○	○	○	◕	◔	○	◔
	Yang et al. 2015	○	○	○	◑	○	○	◑
	Bin Maidin et al. 2012	○	◔	○	◔	○	◑	○
	Laverne et al. 2017	○	○	○	●	○	◔	◕
	Vayre et al. 2012	○	○	○	◔	◔	○	◑
	Atzeni et al. 2010	○	○	○	◑	○	○	◑
	Hällgren et al. 2016	○	○	○	●	○	○	◑
	Witt und Wegner 2012	○	○	○	○	●	◕	○
	Adam 2015	○	○	○	◑	●	●	○
	Thomas 2009	○	○	○	○	◕	◕	○
	Kranz 2015	○	○	○	●	◕	◕	◕
	Schäfer 2009	○	○	◔	◕	◑	◑	◑

Abbildung 3-3: Bewertung relevanter Ansätze aus der Literatur

. Es muss systematisch dargestellt werden, welche Verfahren und Materialien aktuell verfügbar sind und wie diese im Unternehmen Anwendung finden können. Die Aufarbeitung der verfügbaren technologischen Möglichkeiten ist zum einen zur Implementierung und zum anderen zur Auswahl eines geeigneten Verfahrens für den Gestaltungsprozess notwendig. Aktuell vorliegende Methoden zur Auswahl eines AM-Verfahrens berücksichtigen nicht, dass Wissen von Technologieexperten so konserviert werden muss, dass eine Entscheidung ohne tieferes Verständnis der AM-Material- und Prozesskombination möglich ist.

Zur Gestaltung von Bauteilen mittels AM existieren einige Ansätze, es zeichnet sich allerdings kein Standard ab, wie AM-Bauteile zu gestalten sind. Vielmehr wird von den vorgestellten Ansätzen immer ein Vorgehen im jeweiligen Anwendungszusammenhang skizziert. Im Hinblick auf Konstruktionsrichtlinien werden zwar häufig Grundformen abgedeckt, die erarbeiteten Werte sind aber prozess- und materialspezifisch. Es bedarf also eines integrierten Vorgehens, das die Möglichkeit bietet, die Gestaltung von Montagebetriebsmittel darzustellen, sowie spezifische Richtlinien zur Optimierung des Konstruktionsprozesses zu erarbeiten.

4 Konzeptionierung der Methodik zur systematischen Gestaltung von Betriebsmitteln

Die vorangegangenen Kapitel haben die wesentlichen Grundlagen geschaffen, um nun im folgenden vierten Kapitel das Grobkonzept der Methodik zur systematischen Gestaltung von Betriebsmitteln mittels additiver Fertigungsverfahren darzustellen. Einleitend werden auf Basis von Praxiserfahrungen Anforderungen an die Methodik hergeleitet (Kapitel 4.1). Die Methodik wird unterteilt in drei Teilabschnitte, in denen Modelle und Methoden beschrieben werden, deren Summe schlussendlich die Methodik ergibt (Kapitel 4.2). Zunächst müssen die Anforderungen an Betriebsmittel formalisiert werden. Darauf aufbauend wird hergeleitet, wie der Weg zum digitalen Modell des Betriebsmittels zu gestalten ist. Hierbei ist, zur wirtschaftlichen Nutzung von AM im Betriebsmittelbau, ein wesentlicher Punkt eine Fokussierung auf die Minimierung der Gestaltung und Herstellung der benötigten Zeit. Der dritte Abschnitt befasst sich mit dem Ablauf der Fertigung des Betriebsmittels und wie dieses im Gesamtzusammenhang zu betrachten ist. Anschließend werden die für das Durchlaufen der Phasen notwendigen Teilmodelle zusammengefasst (Kapitel 4.3). Das Kapitel schließt mit einem Zwischenfazit (Kapitel 0).

4.1 Anforderungen an die Methodik

In diesem Abschnitt werden die inhaltlichen und formalen Anforderungen an die zu entwickelnde Methode aufbereitet. Auf dieser Basis wird dann im nächsten Schritt das Konzept der Methodik erarbeitet. Die inhaltlichen Anforderungen leiten sich insbesondere aus der Zielsetzung, dem Objektbereich der Arbeit als auch aus den in Kapitel zwei und drei beschriebenen Defiziten her. Um die Allgemeingültigkeit zu gewährleisten, werden formale Anforderungen an die Methodik gestellt.

4.1.1 Inhaltliche Anforderungen

Die inhaltlichen Anforderungen aus der Zielsetzung dieser Arbeit liegen klar auf dem Produktproduktionssystem (siehe Abbildung 4-1). Produktionsplanern soll es ermöglicht werden, additive Fertigungsverfahren als Alternative für die Gestaltung und Bereitstellung von Betriebsmitteln zu verwenden. Die Erkenntnisse müssen derart aufbereitet sein, dass Entscheidungs- und Gestaltungsprozesse in der Betriebsmittelbereitstellung unterstützt werden können. Expertenwissen soll in einer Form konserviert werden, dass es einer großen Anzahl an Nutzern zugänglich gemacht werden kann. Somit wird der Anwender befähigt werden, ohne großes Vorwissen, AM als Fertigungsoption bewerten und anwenden zu können.

Der Objektbereich der Arbeit betrachtet die Implementierung von Additive Manufacturing für den Betriebsmittelbau in produzierenden Unternehmen. Als Referenzbranche dient die Automobilindustrie. Die Herstellung von Betriebsmitteln, intern im Unternehmen oder extern durch Dienstleister, können als Alternativen betrachtet werden. Im Produktentstehungsprozess liegt der Fokus vor und während der Phase des Produktionsanlaufs, da hier Betriebsmittel initial entwickelt und gefertigt werden müssen. Dies schließt aber eine Anwendung der Methodik in früheren oder späteren Phasen der Produktentstehung nicht aus.

Diese Betrachtungen dienen dazu, die wesentlichen Defizite aus der Praxis und Theorie zu adressieren. Aktuell und in den kommenden Jahren wandelt sich die Fertigungstechnologie AM rasant. Daher muss die Prozess- und Materialauswahl auf Basis dieser turbulenten Entwicklungen ermöglicht werden, ohne Systeme zu schaffen, die nur von Experten bedient werden können. Zudem werden angepasste Gestaltungsrichtlinien benötigt, um das entsprechende Potential zu heben. Aus diesem Grund muss die Erarbeitung von Gestaltungsrichtlinien betrachtet werden. Ferner muss eine engere Verknüpfung der Betriebsmittelgestaltung und Produktion adressiert werden. Um AM einer breiten Basis an Personen zugänglich zu machen, muss die Abhängigkeit von Experten reduziert werden. Zudem muss es möglich sein, AM-Gestaltungsrichtlinien zu gestalten, die entweder spezifisch sind oder aber übertragbar. Ferner soll es möglich sein, AM-Konzepte und Modelle im Entwurfsstadium zu bewerten und vergleichbar zu machen.

Zielsetzung der Arbeit

- Entwicklung einer Methode zur systematischen Gestaltung von Betriebsmitteln mittels additiver Fertigung
- Sicherstellung der Praxistauglichkeit der Methodik durch Fokussierung der Handhabbarkeit der entwickelten Werkzeuge
- AM soll als Fertigungsoption für Prozessplaner anwendbar werden

Objektbereich der Arbeit

- Implementierung von AM für Betriebsmittelbau in produzierenden Unternehmen; Referenzbranche ist die Automobilindustrie
- Betrachtung von AM als interne sowie externe Fertigungsoption
- Fokus auf die Anlaufphase im PEP

Defizite der Praxis

- Beherrschbarkeit der sich extrem schnell wandelnden AM-Technologie
- Prozess- und Materialauswahl für Produktionsplaner ermöglichen
- Betrachtung von AM als interne sowie externe Fertigungsoption

Defizite der Theorie

- Auswahlprozesse versuchen nicht, die Abhängigkeit von Experten zu reduzieren. Zudem findet die Auswahl in der Regel nur auf Materialebene statt.
- Gestaltungsrichtlinien sind nicht spezifisch; Übertragbarkeit nicht gegeben
- Bewertung von AM Bauteilen auf Konzept- und Entwurfsebene nicht gegeben

Abbildung 4-1: Inhaltliche Anforderungen an die beschriebene Methodik

4.1.2 Formale Anforderungen

Neben den inhaltlichen Anforderungen muss die zu entwickelnde Methodik ebenfalls formalen Anforderungen genügen. Hierdurch wird gewährleistet, dass die Methodik nicht nur die spezifische Fragestellung dieser Arbeit, sondern auch grundsätzlich und allgemeingültig genutzt werden kann. Die Anforderungen sind in Anlehnung an PATZAK[358] und BRILL[359] zusammengefasst und geeignet ergänzt.

- Zunächst müssen eine inhaltliche Allgemeingültigkeit und formale Abstraktheit gewährleistet sein. Das heißt, das Ergebnis muss im Rahmen des Objektbereiches gültig und anwendbar sein. Dies wird durch eine umfassende und zugleich strukturierte Betrachtungsweise sichergestellt.[360]
- Zudem muss für das Entwickelte „Neuartigkeit, Richtigkeit [und] Brauchbarkeit" gefordert werden, damit das Beschriebene formal und inhaltlich für den Anwender nutzbar wird. Die Ergebnisse müssen also reproduzierbar und robust sein.[361]

---

[358] Vgl. Patzak (Systemtechnik) 1982.
[359] Vgl. Brill (Systems Engineering) 1998.
[360] Vgl. Patzak (Systemtechnik) 1982, S. 309f.
[361] Vgl. Patzak (Systemtechnik) 1982, S. 118.

- Eine optimale Wirksamkeit kann nur durch ein adäquates Nutzen-Aufwand-Verhältnis gewährleistet werden. Die abgeleitete Forderung ist daher, dass die Methodik mit vertretbarem Aufwand nutzbar sein muss. [362]
- Die Formalisierung sollte entsprechend des Anwendungsbereiches gewählt werden, um eine Umsetzbarkeit sicherzustellen.[363]
- Da die entwickelte Methodik ein System darstellt, also eine Komposition aus Menschen, Produkten und Prozessen, ist auf eine Mensch-zentrische Gestaltung zu achten.[364] [365]

[362] Vgl. Patzak (Systemtechnik) 1982, S. 309.
[363] Vgl. Stechert et al. (Modellierung von komplexen Anforderungen) 2008, S. 141.
[364] Vgl. Brill (Systems Engineering) 1998, S. 263.
[365] Vgl. Deutsches Institut für Normung e.V. (DIN EN ISO/IEC 25063)

4.2 Grobkonzept

Ziel der einzelnen Teilabschnitte ist es, das Grobkonzept der Methodik zur Nutzung von AM für den Betriebsmittelbau zu skizzieren (siehe Abbildung 4-2). Die Methodik orientiert sich im Ablauf am von BLANCHARD und FABRYCKY beschriebenen Produkt- und Systemlebenszyklus, der sich in der Beschaffungsphase in drei Schritte gliedert.[366] Beginnend mit dem Bedarf, werden zunächst Randbedingungen erarbeitet, diese dann detailliert bzw. zu einem Produkt gestaltet und dann im dritten Schritt hergestellt. Darauf folgt die Phase der Nutzung des Produktes.[367] Analog werden im ersten Schritt der Methodik die Anforderungen an Betriebsmittel formalisiert, so dass weitestgehend auf die Unterstützung von AM-Experten verzichtet werden kann, um eine Eignung für den jeweiligen Betriebsmittelbedarf für additive Fertigung festzustellen (siehe Abbildung 4-2). Der zweite Schritt fokussiert sich auf die Erzeugung eines digitalen Modells des Betriebsmittels. Ziel ist es, mit möglichst geringem Aufwand ein Minimal Viable Product (MVP) zu erzeugen.[368] Der dritte Schritt befasst sich mit der physischen Erzeugung des Betriebsmittels. Diese Schritte sind zwar in der Abfolge in der Regel seriell zu verstehen, aber nicht frei von gegenseitiger Beeinflussung. Die Betriebsmittelgestaltung liegt wie bereits beschrieben häufig nahe am Produktionsstart des eigentlichen Produktes, daher kommt dem Faktor Zeit eine besondere Bedeutung zu. Folglich ist beabsichtigt, Werkzeuge zur Verfügung zu stellen, die den eigentlichen Prozess vom Betriebsmittelbedarf bis zum fertigen Produkt auf ein Minimal verkürzen, um agil auf Produktanpassungen – auch zu einem sehr späten Zeitpunkt – reagieren zu können.

Abbildung 4-2: Übersicht Phasen der Betriebsmittelerzeugung mittels AM

4.2.1 Formalisierung der Anforderungen

Die Nutzung von additiven Fertigungsverfahren für die Herstellung von Betriebsmitteln ist nicht in jedem Fall sinnvoll. Dem Produktionsplaner muss die Möglichkeit gegeben werden, zu entscheiden, für welche Betriebsmittel die Nutzung von AM Sinn ergibt. Daher wird eine Entscheidungslogik entwickelt, die es ermöglicht, auf Basis der im jeweiligen Anwendungsfall vorliegenden Randbedingungen eine fundierte Entscheidung zu treffen (siehe Abbildung 4-3).

---

[366] Vgl. Blanchard et al. (Systems engineering and analysis) 2014, S. 22–53ff.

[367] Vgl. Blanchard et al. (Systems engineering and analysis) 2014, S. 29.

[368] Der Begriff des Minimal Viable Product (MVP) ist nicht klar definiert. LENARDUZZI und TAIBI haben in „MVP Explained: A Systematic Mapping Study on the Definitions of Minimal viable Product (2016)“ die bisherigen Definitionen analysiert und kommen zu dem Schluss, dass sich ein MVP insbesondere durch ein „minimales Set an Features“ und in Summe „minimalen Aufwand“ definieren lässt. So wird im Folgenden ein MVP als Betriebsmittel verstanden, das die Anforderungen nicht übererfüllt, sondern gerade trifft.

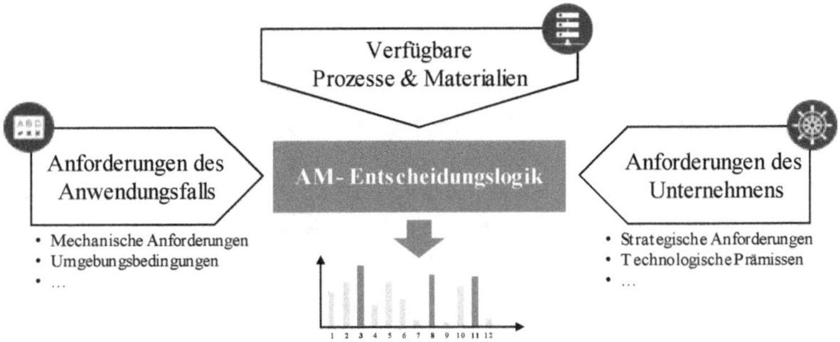

Abbildung 4-3: Entscheidungslogik zur geeigneten AM-Material/Prozesskombination Auswahl

Die Anforderungen an die Betriebsmittel dienen als Input in das Entscheidungssystem. Dieses wird von zwei Gruppen an Randbedingungen maßgeblich beeinflusst. Zum einen muss klar sein, welche Materialien und Prozesse überhaupt zum Zeitpunkt der Betriebsmittelgestaltung zur Verfügung stehen. Mit dem Blick auf die Anforderung, eine Methodik mit hohem Nutzen-Aufwand-Verhältnis zu erzeugen, erscheint eine Aufarbeitung von verfügbaren Maschinen und Anlagen in einem Datenbanksystem sinnvoll. Dieses ist so zu gestalten, dass sie nach einem Initialaufwand aufwandsarm aktualisierbar ist. Zum anderen sollte das Entscheidungssystem in einer gewissen Weise vorkalibriert sein, um mit den Unternehmenszielen übereinzustimmen und die Kriterien, die in die Entscheidung einfließen, entsprechend gewichten. Um in der Anforderungsaufnahme die richtigen Informationen zu sammeln, wird ein Softwaretool entwickelt, das die relevanten Anforderungen für den Auswahlprozess abfragt.

Auf Basis der Auswahl eines geeigneten Verfahrens können Konzepte entwickelt werden (siehe Abbildung 4-4). Als Input müssen, neben der AM-Material- und Prozessauswahl, AM-Gestaltungsregeln und die funktionalen Anforderungen an das Betriebsmittel genutzt werden.

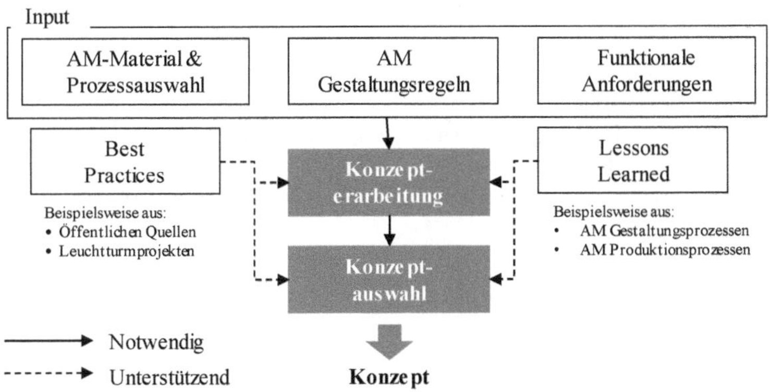

Abbildung 4-4: Werkzeuge zur Erzeugung von Betriebsmittelkonzepten

Die bisherige Projekterfahrung hat gezeigt, dass die Erarbeitung von Konzepten dringend anzuraten ist, um die Anforderungen für die Gestaltung zu präzisieren. In Anlehnung an BOOTH ET AL. wird empfohlen, auf einen sehr frühen Einsatz von CAD zu verzichten, da dies die Lösungsfindung verkompliziere und den Lösungsraum einschränke.[369] Um den Prozessplaner zu unterstützen, ist die Erarbeitung eines Leitfadens notwendig, der neben dem Ablauf der Konzepterarbeitung die Möglichkeiten von AM-Konzepten illustriert. Die Sammlung und Aufbereitung bereits durchgeführter Projekte oder die Beschreibung von Leuchtturmprojekten ist denkbar. Eine Kategorisierung innerhalb des Leitfadens nach Anwendungsgebiet, wie beispielsweise Logistikanwendungen oder Schablonen, scheint sinnvoll, um der Anforderung der Brauchbarkeit zu entsprechen. Da eine Erarbeitung detaillierter Entwürfe der Betriebsmittelkonzepte aus Aufwandsminimierungsgründen unnötig erscheint, bedarf es einer Möglichkeit, die Konzepte miteinander zu vergleichen und eine Entscheidung zu treffen, welches Betriebsmittel im nächsten Schritt auskonstruiert wird. Bei dieser Entscheidung muss der Produktionsplaner unterstützt werden, da in der Regel die Erfahrung fehlt, um Konzepte von Produkten, die mittels AM gefertigt werden, zu vergleichen. Die aus dem Konzeptionierungsprozess gewonnenen Erkenntnisse vervollständigen die Anforderungen an die Gestaltung der Betriebsmittel. Die gesammelten Anforderungen dienen als Input für die zweite Phase und bilden die Basis für die Ausgestaltung eines CAD Modells.

4.2.2 Digitale Erzeugung eines Minimal Viable Product

Auf Basis des im vorherigen Schritt ausgewählten Konzeptes folgt nun die Gestaltung des Betriebsmittels, also die Erzeugung eines digitalen Modells. Es gilt die Frage zu beantworten, wie aus dem ausgewählten Konzept in Kombination mit den gegebenen Anforderungen ein MVP erzeugt werden kann. Der Gestaltungsprozess baut auf die vier Säulen, Gestaltungsgrundregeln, Gestaltungsprinzipien, Gestaltungsrichtlinien und Best-Practices auf (siehe Abbildung 4-5).

Abbildung 4-5: Säulen des initialen Gestaltungsprozesses

Gestaltungsgrundregeln und -prinzipien sind im Folgenden nach KUMKE definiert.[370] Als Gestaltungsgrundregeln werden hiernach übergeordnete Regeln zur Gestaltung von Produkten im Allgemeinen verstanden. Diese seien generisch und kämen aus dem Bereich der allgemeinen Konstruktionsmethodik.[371]

---

[369] Vgl. Booth et al. (The Design for Additive Manufacturing Worksheet) 2017, S. 6.

[370] Vgl. Kumke (Konstruieren additiv gefertigten Bauteilen) 2018, S. 33.

[371] Das Feld der allgemeinen Konstruktionsmethodik (engl. Design Theory and Methodology kurz: DTM) ist sehr vielschichtig und keineswegs einheitlich. Im deutschen Sprachraum weit verbreitet ist beispielsweise die VDI Richtlinie 2221 und 2222 oder „Pahl/Beitz Konstruktionslehre – Methoden und Anwendungen“. Eine Kategorisierung verschiedenster DTM-Ansätze findet sich in „Design Methodologies“ (2009) von TOMIYAMA ET AL.

Gestaltungsprinzipien hingegen seien zwar übergeordnet, aber nicht bei jeder Konstruktionsaufgabe anzuwenden. Ein Beispiel hierfür seien Prinzipien zum Leichtbau oder der Ergonomie.[372] Gestaltungsrichtlinien oder engl. Design Guidelines sind definiert als spezifisch für Anwendungsfälle oder Produktionsverfahren. Diese sind konkret anzugeben und beziehen sich häufig auf einzelne Features oder Bauteilelemente. Diese Gestaltungsrichtlinien können aus wissenschaftlichen Veröffentlichungen oder eigenen Versuchen gewonnen werden. Die vierte Säule bilden aufgearbeitete Best-Practices. Diese sind spezifisch nach Anwendungsfall zu sortieren. Nur selten werden diese veröffentlicht, da diese in der Regel in Unternehmen gewonnen werden, um sich einen Marktvorteil erarbeiten zu können. Um dieses Potential im Unternehmen nutzen zu können, ist es wichtig, die im Unternehmen durchgeführten Projekte aufgearbeitet zur Verfügung zu stellen. Die Best-Practices werden bewusst nicht den Gestaltungsrichtlinien zugeordnet, da die an der Erstellung beteiligten Mitarbeiter oder Organisationsbereiche nicht dieselben sein müssen. Die Erarbeitung neuer Gestaltungsrichtlinien erfordert, im direkten Vergleich zur Dokumentation von Best-Practices, ein deutlich höheres Technologieverständnis.

Obwohl der Fokus der hier vorgestellten Vorgehensweise klar auf einer schnellen Erzeugung eines MVP liegt, hat sich herausgestellt, dass mit Abschluss der Konstruktion des Bauteils nicht direkt der Fertigungsprozess gestartet werden sollte. Um unnötige Konstruktionsschleifen zu vermeiden, sollte nach Abschluss der Gestaltung geprüft werden, ob das Produkt den geforderten Anforderungen entspricht (siehe Abbildung 4-6).

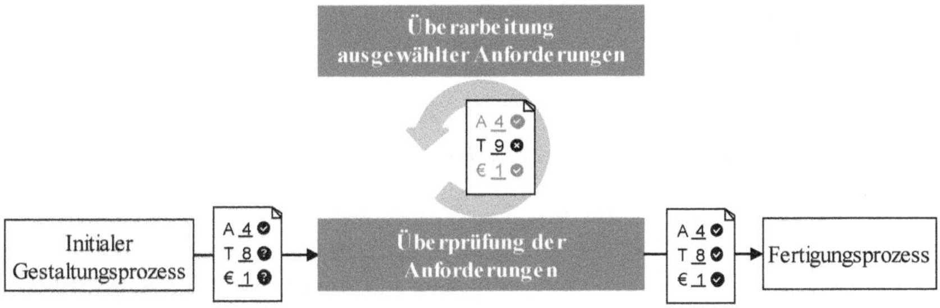

Abbildung 4-6: Optimierung ausgewählter Anforderungen

Unter der Annahme, dass das bisherige Erfahrungswissen der beteiligten Personen gering ist, sollte neben dem Vergleich der Anforderungen an die Funktion des Bauteiles auch ein Abgleich der Produktionsanforderungen vorgenommen werden. Hierbei werden drei Gruppen von Zielgrößen abgefragt und überprüft. Zum einen muss überprüft werden, ob die vorgegebenen Fertigungskosten eingehalten werden können, dies kann auf Basis eines CAD-Modells sehr gut abgebildet werden. Zum anderen müssen Beschaffungszeiten bzw. Herstellungszeiten überprüft werden, um sicherzustellen, dass die Betriebsmittel im Zeitplan zur Verfügung stehen und etwaige Wiederbeschaffungszeiten eingehalten werden können. Zudem müssen die funktionalen Kriterien geprüft und erfüllt werden. Sind Kriterien untererfüllt, ist eine Überarbeitung der Gestaltung erforderlich. Die Optimierung sollte nur im Hinblick auf die untererfüllte Zielgröße erfolgen. Daher wird ein Katalog zur Optimierung der Zielgrößen erstellt, um den Prozess der Überarbeitung möglichst kurz zu halten. Sollten funktionale Defizite dazu geführt haben, dass die allgemeinen Anforderungen nicht getroffen wurden, muss eine Neugestaltung auf Basis

[372] Vgl. Klein (Gestaltungsprinzipien im Leichtbau) 2013, S. 65–73ff.

der Gestaltungsgrundregeln, -prinzipien und –richtlinien durchgeführt werden. Für die Optimierung der Zielgröße Zeit und der Zielgröße Kosten werden jeweils Gestaltungs- und Prozessanpassungen vorgeschlagen.

4.2.3 Fertigung des Minimal Viable Product

Ziel dieses Schrittes ist die Erzeugung des Produktes bei gleichzeitig maximalem Erkenntnisgewinn, da aktuell das in Betrieben vorherrschende Erfahrungswissen in Bezug auf die Fertigung von Bauteilen mittels AM nicht mit dem von konventionell gefertigten Bauteilen mithalten kann. Die Dokumentation sollte in drei wesentlichen Schritten erfolgen (siehe Abbildung 4-7).

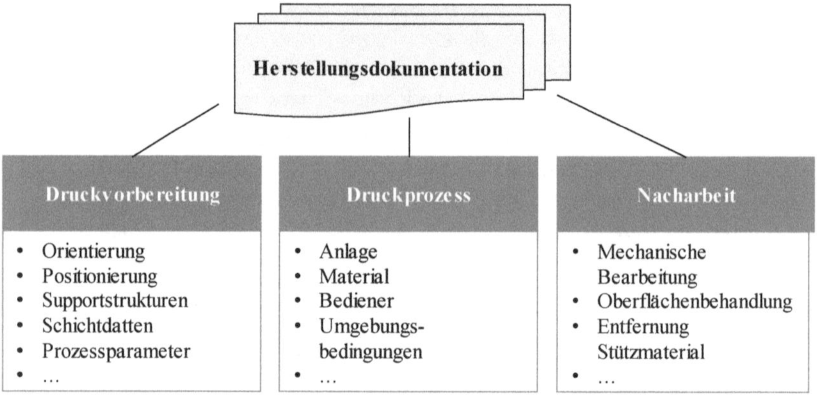

Abbildung 4-7: Erkenntnisgewinn aus Produktionsprozess

Neben den Prozessparametern und den durchgeführten Nacharbeitsschritten sollten ausgewählte Qualitätskriterien überprüft und dokumentiert werden. Die Rückführung dieser Dokumentation in Form von Best Practices und Lessons Learned dient als Basis für eine stetig wachsende Wissensbasis und kann bei der Erarbeitung neuer Gestaltungsrichtlinien Verwendung finden. Idealerweise werden zudem sämtliche Unterlagen digital im Product Lifecycle Management (PLM) des Unternehmens hinterlegt. Dies gewährleistet eine problemlose erneute Herstellung der Betriebsmittel und bildet eine zentralisierte Basis des Wissensmanagements. Um sicherzustellen, dass die Dokumentation ausgeführt wird, sollten entsprechende Vorlagen erstellt werden und der Prozess so nutzerfreundlich wie möglich gestaltet werden.

4.3 Ableitung von Teilmodellen

Die im Kapitel 4.2 beschriebenen Inhalte der Methodik erfordern die Erarbeitung von Modellen[373], die die Durchführung ermöglichen und unterstützen. Die zur Umsetzung notwendigen Teilmodelle sind

[373] Modelle sind hier nach dem Modellbegriff von STACHOWIAK zu verstehen. Diese bilden die Wirklichkeit ab und konstituieren sich insbesondere dadurch, dass sie die Wirklichkeit verkürzt, für jemanden in einem bestimmten Zeitintervall darstellen. Vgl. Stachowiak (Allgemeine Modelltheorie) 1973, S. 130–133ff.

in Abbildung 4-8 dargestellt und nach ihrem Verwendungszweck kategorisiert.[374] Zunächst wird ein Modell entwickelt, das die Auswahl einer geeigneten AM-Material / Prozesskombination ermöglicht (siehe Kapitel 5.1). Hierzu wird ein Entscheidungsmodell gewählt, mit dem Ziel, dem Anwender Handlungsalternativen aufzuzeigen. Zudem wird ein Vorgehen zur anwendungsspezifischen Entwicklung von Konstruktionsrichtlinien beschrieben (siehe Kapitel 5.2). Dieses wird genutzt, um Konstruktionsrichtlinien für Betriebsmittel zu entwickeln. Für den Gestaltungsprozess wird neben dem Entscheidungsmodell zur Auswahl von AM-Betriebsmittelkonzepten ein Beschreibungsmodell entwickelt, das die Bewertung von AM-Betriebsmittelmodellen ermöglicht (siehe Kapitel 5.3). Diese zwei Modelle liegen zwar sehr nah beieinander, unterscheiden sich aber doch stark, da zum einen die als Input dienende Produktreife variiert und zum anderen das Ziel in den jeweiligen Phasen sehr unterschiedlich ist. Die Bewertung der Konzepte erfolgt unter der Prämisse, das beste Konzept auszuwählen, wohingegen die Fragestellung bei der Bewertung der Gestaltung sich zur Bewertung des Erfüllungsgrades der Anforderungen hin wandelt. Außerdem wird ein Modell zur Beschreibung der systematischen Sammlung und Dokumentation von Prozesswissen, die sogenannte Bauteilakte, erarbeitet (siehe Kapitel 5.4). Die Verknüpfung dieser Modelle und den in Kapitel 4.2 beschriebenen Phasen erfolgt in einem Prozessmodell (siehe Kapitel 5.5). Dieses Modell ermöglicht schlussendlich die Anwendung der Methodik und integriert die Modelle in einer Folge, die im Betrieb durchlaufen werden kann.

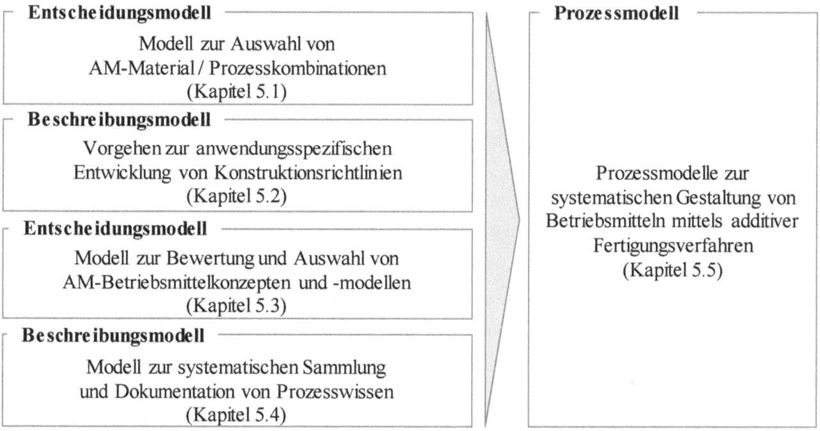

Abbildung 4-8: Ableitung von Teilmodellen zur systematischen Nutzung von AM

[374] Die Modelle in dieser Arbeit sind gemäß der (?) verrichtungsorientierten Gliederung nach PATZAK unterschieden. Diese zweckbezogene Aufteilung unterscheidet vier Modelle: das Beschreibungs-, Erklärungs-, Prognose- und Entscheidungsmodell. Vgl. Patzak (Systemtechnik) 1982, S. 311–315ff.

4.4 Zwischenfazit

Im vierten Kapitel wird das Konzept der Methodik zur systematischen Gestaltung von Betriebsmitteln mittels additiver Fertigungsverfahren adressiert. Zunächst werden aufbauend auf den Erkenntnissen von Kapiteln 1 – 3 inhaltliche und formale Anforderungen an die Methodik skizziert. Entsprechend lässt sich die Methodik in drei Phasen gliedern. In der ersten Phase müssen die Anforderungen in einer passenden Weisen formalisiert werden, sodass die Auswahl einer geeigneten Material- und Prozesskombination ermöglicht wird. In der zweiten Phase wird ein digitales Modell des Betriebsmittels erzeugt. Die Gestaltung des Betriebsmittels ist im vorgestellten Vorgehen untrennbar mit dem Konzept des MVP verbunden. Diese Fokussierung trägt dem, im Vergleich zu anderen Phasen des PEP nochmals erhöhten, Zeitdruck in der Anlaufphase Rechnung. In der dritten Phase, der physischen Herstellung des Betriebsmittels, liegt ein besonderes Augenmerk auf der Prozessdokumentation und der Erzeugung von Wissen über den additiven Fertigungsprozess. Zudem wurde beschrieben, welche Modelle zu erzeugen sind, um es dem Prozessplaner zu ermöglichen, die Methodik erfolgreich zu durchlaufen. Das nachfolgende Kapitel 5 befasst sich mit der Ausdetaillierung dieses Grobkonzeptes und dem Aufbau der notwendigen Modelle.

5 Detailierung des Lösungsansatzes

Im folgenden Kapitel wird das in Kapitel 4 erarbeitete Grobkonzept ausdetailliert. Ausgehend von den drei Phasen zur systematischen Gestaltung von Betriebsmitteln mittels additiver Fertigungsverfahren werden die in den jeweiligen Phasen unterstützenden Modelle hergeleitet und erläutert (siehe Abbildung 4-8).

5.1 Auswahl von AM-Material & Prozesskombinationen

Das Ziel des hier beschriebenen Entscheidungsmodells ist es, die Auswahl einer AM-Verfahrens- und Materialkombination zur Produktion eines konkreten Betriebsmittels zu unterstützen und dem Konstrukteur bzw. Prozessplaner die Auswahlentscheidung zu erleichtern, indem ein Ranking zwischen unterschiedlichen Material- und Prozesskombinationen erstellt wird (siehe Abbildung 5-1). Dabei sind die individuellen Anforderungen, die durch die Aufgabe des Betriebsmittels definiert werden, zu berücksichtigen. Das Modell ermöglicht es, nach initialem Durchlaufen, auf einen AM-Experten zur Auswahl einer Material-Prozesskombination zu verzichten. Es wird ein Leitfaden für die Abfrage von entscheidungsrelevanten Anforderungen geschaffen, der bei der Informationsaufnahme unterstützt.

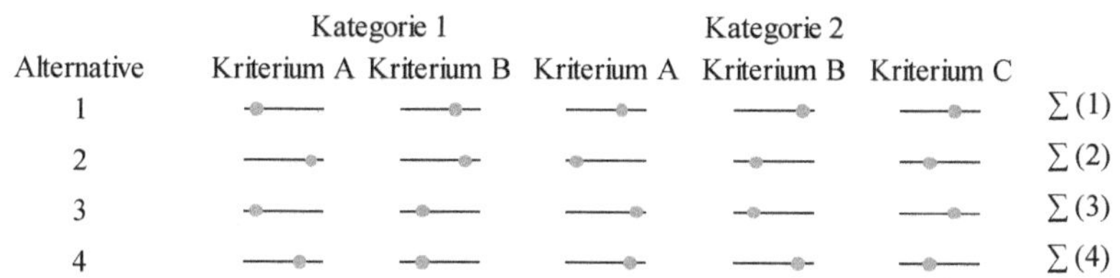

Abbildung 5-1: Schematische Darstellung des Entscheidungsmodells

Um das Modell handhabbar zu gestalten, muss die Entscheidung weitestgehend automatisiert erfolgen und so aufgearbeitet sein, dass die Ableitung eines Softwaretools ermöglicht wird. Ein besonderes Augenmerk muss zudem auf die Bewertungskriterien gelegt werden, da diese das breite Anforderungsspektrum von Betriebsmitteln abdecken müssen. Aufbauend auf den Anforderungen, muss die Frage geklärt werden, welche AM-Alternativen überhaupt in der Lage sind, das entsprechende Betriebsmittel zu fertigen, da nicht davon ausgegangen werden kann, dass jedes AM-Verfahren zur Herstellung jedes Betriebsmittels geeignet ist. Falls sich mehrere Verfahren als geeignet herausstellen, werden diese im weiteren Verlauf verglichen, sodass sich das beste Verfahren identifizieren lässt. Der Entscheidungsprozess muss beim Durchlaufen der späteren Methodik möglichst objektiv und nachvollziehbar sein, um die Akzeptanz des Anwenders zu erlangen.

Das Modell lässt sich in ein Vorbereitungs- und ein Ausführungsmodul aufteilen (siehe Abbildung 5-2). Zunächst müssen jedoch in Schritt 1 geeignete Kriterien definiert werden, anhand derer eine Bewertung der Alternativen stattfinden kann (siehe Kapitel 5.1.1). Das Vorbereitungsmodul (Schritt 2 – 9) muss bei erstmaliger Durchführung zunächst unternehmensintern aufgesetzt werden, um die spezifischen Randbedingungen des Betriebs zu berücksichtigen. Für das Durchlaufen ist spezifische Kenntnis von aktuellen AM-Verfahren, der intern sowie extern zur Verfügung stehenden Anlagen und Materialien als auch der AM-Strategie des Unternehmens notwendig. Den größten Teil dieser Vorbereitung stellt das Aufsetzen der Kategorie- und Kriteriengewichtung dar. Hierzu wird die Methode „Analytical Hierarchy Process“ (kurz: AHP) aus der Entscheidungslehre auf AM-Betriebsmittel angepasst (siehe Kapitel 5.1.2).

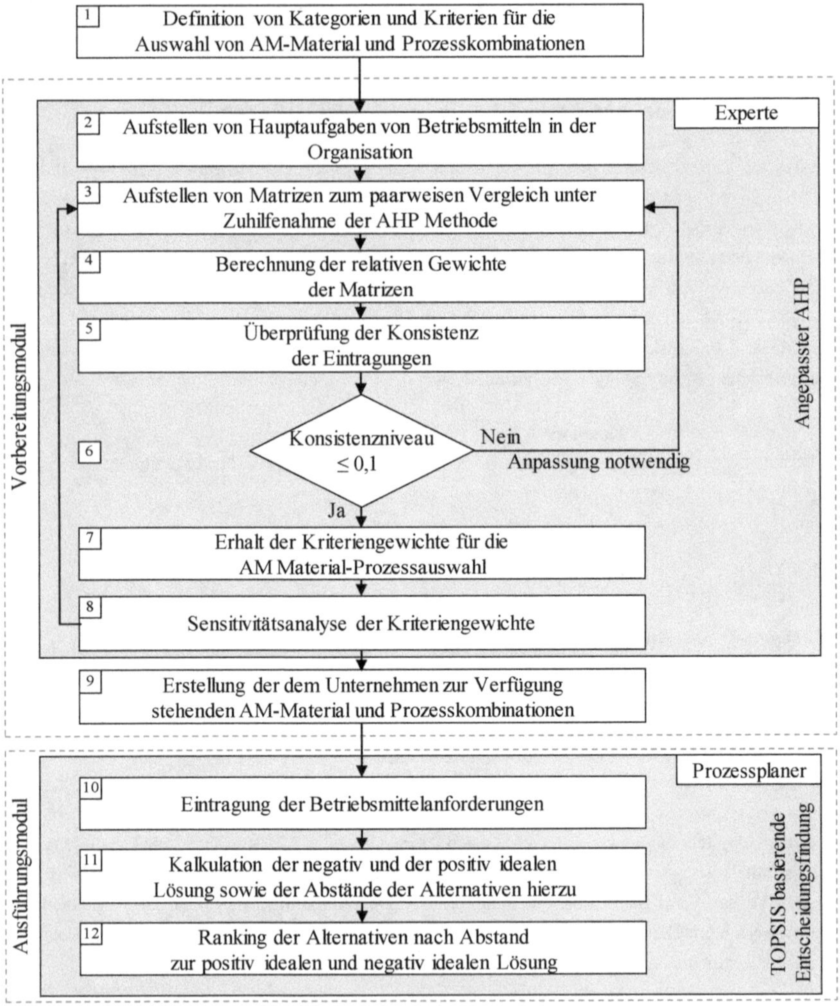

Abbildung 5-2: Beschreibung des Auswahlprozessmodells

Um die Vorbereitung abzuschließen, muss zudem noch abgebildet werden, welche AM-Alternativen dem Unternehmen zur Verfügung stehen. Diese müssen in einer Datenbankstruktur abgebildet werden, um im zweiten Modul abrufbar zu sein (siehe Kapitel 5.1.3). Im Kern muss die Datenbank flexibel genug sein, um auf veränderte Rahmenbedingungen, durch den in Kapitel 2 beschriebenen, zu erwartenden, raschen Fortschritt der additiven Fertigungsverfahren, reagieren zu können.

Das zweite Modul kann von Prozessplanern ohne weitere Kenntnis der AM-Prozesse genutzt werden, um geeignete AM-Material- und Prozesskombinationen zu identifizieren (Schritt 10 - 12). Zur Auswahl wird der Planer durch ein TOPSIS-basiertes Entscheidungsmodell geführt, das sowohl eine positiv ideale Lösung als auch eine negativ ideale Lösung berechnet (siehe Kapitel 5.1.4). Die Alternative mit dem geringsten Abstand zur positiv idealen Lösung wird ausgewählt.

5.1.1 Entwicklung geeigneter Kriterien

Die Bewertungskriterien sind für die Auswahl des richtigen Verfahrens entscheidend, da diese die Anforderungen und Aufgaben des Betriebsmittels widerspiegeln und die Fähigkeiten der Alternativen dahingehend evaluieren müssen. Die folgenden Kriterien wurden mit Montageexperten erarbeitet und sind insbesondere hinsichtlich der automobilen Endmontage zu verwenden. Aufgrund des großen Anforderungsspektrums sind unterschiedliche Kriterien notwendig, um einen zielführenden Auswahlprozess zu gewährleisten. In Anlehnung an die VDI-Richtlinie 3405 werden die Kriterien in acht Kategorien unterteilt (siehe Anhang 8.2).[375] Diese Kategorien dienen im Folgenden als Grundlage für die Kriterienfindung sowie -gliederung und werden daher als Kategorien bezeichnet.

Schritt 1: Definition von Kategorien und Kriterien für die AM-Material und Prozesskombination

Grundsätzlich lassen sich sämtliche Bauteil- und Materialeigenschaften sowie Anlagenparameter, Kennzahlen und Qualitätsmerkmale als Vergleichskriterien nutzen, wodurch sich ein enormer Pool an potenziellen Kriterien ergibt. Da mit steigender Anzahl an Kriterien auch der Aufwand in der Anwendung des Modells zunimmt, besteht die Herausforderung darin, eine kompakte Auswahl an möglichst aussagekräftigen und überschneidungsfreien Kriterien zu finden. Daher wurden zusammen mit Montageplanern die wichtigsten Kriterien für Betriebsmittel im Montageumfeld erarbeitet.[376]

Im Montageumfeld treten häufig Medien wie Öl, Fett oder Lösungsmittel auf, daher ist aus der Kategorie der *chemischen Kriterien* die Medienbeständigkeit besonders relevant. Zudem kann der Kontakt mit Wasser nicht ausgeschlossen werden. Aus diesem Grund ist auch die Wasseraufnahme des verwendeten Materials zu beachten. Der Kontakt mit UV-Licht ist an vielen Montagearbeitsplätzen nicht ausgeschlossen, folglich wird als weiteres Kriterium die Lichtstabilität genannt. Für die *elektrischen Kriterien* wird der Durchgangswiderstand des Materials herangezogen, da sich anhand dieses Wertes die elektrische Isolation beurteilen lässt. In der Kategorie der *mechanischen Kriterien* lässt sich eine Vielzahl an Materialkennwerten aufzählen. Unter Berücksichtigung der Hauptaufgaben von Betriebsmitteln und der Datenlage von AM-Werkstoffen erscheinen Zugfestigkeit und Schlagfestigkeit am geeignetsten. Zudem ist der Lastfall relevant, da beispielsweise FLM-Bauteile besonders anisotrope Eigenschaften haben. Sind die Spannungszustände im gegebenen Lastfall hingegen einachsig, lässt sich diese Schwäche durch eine geeignete Orientierung des Bauteils im Druckprozess umgehen. *Geometrische Kriterien* der Bauteile erlauben viele Rückschlüsse, insbesondere auf die verwendete AM-Technologie. So unterscheiden sich erreichbare Maßtoleranzen, erzeugbare Bauteilfeatures oder minimale Schichthöhen von Verfahren zu Verfahren teilweise erheblich. Hinsichtlich des zur Verfügung stehenden Bauraums besitzt die Bauteilgröße eine besondere Relevanz. Zwar lassen sich zu große Bauteile, aufgeteilt in mehrere Einzelteile, auch in kleineren Bauräumen fertigen, doch bedeutet dies in der Regel eine erhebliche Komplikation des Prozesses.

---

[375] Vgl. Verein Deutscher Ingenieure (3405) 2014, S. 31f.

[376] Ergebnisse aus Expertenworkshops mit OEM Montage- und Prozessplanern

Tabelle 5-1: Kriterien-Kategorien zur Material- und Verfahrensdifferenzierung (vgl. VDI3405)

Chemisch	**Elektrisch**	**Mechanisch**	**Geometrisch**
Medienbeständigkeit	*Durchgangswiderstand*	*Zugfestigkeit*	*Bauteilgröße*
Wasseraufnahme	Durchschlagfestigkeit	*Schlagfestigkeit*	*Min. Schichtstärke*
Lichtstabilität	Oberflächenwiderstand	*Lastfall*	*Maßtoleranzen*
Lebensmittelechtheit	Dielektrizität	Druckfestigkeit	*Min. Strukturen*
Brennverhalten	Kriechstromfestigkeit	Biegefestigkeit	Schwindungsverhalten
Toxizität		Torsion	Längen
Lichtdurchlässigkeit		Statisch Zeitstand	Winkelmaße
Biologische Verträglichkeit		Dynamisch Zeitstand	Schrumpfung
		Härte	Wiederholgenauigkeit
		Reibungskoeffizient	
		Abrieb	

Thermisch	**Gestalterisch**	**Verarbeitungstechnisch**	**Wirtschaftlich**
Formbeständigkeitstemp.	*Spez. Festigkeit*	*Zerspanbarkeit*	*Materialkosten*
Erweichungstemp.	*Dichtigkeit*	*Fügbarkeit*	*Anlagenkosten*
Spez. Wärmekapazität	*Transparenz*	*Lackierbarkeit*	Stückzahlen
Wärmeleitfähigkeit	*Hohlräume*	Polierbarkeit	Losgrößen
Ausdehnungskoeffizient	*Multimaterial*	Umformbarkeit	Fertigungszeiten
	Haptik	Beschichtbarkeit	Fertigungskosten
	Oberflächenstruktur		Zuverlässigkeit
	Geruch		Abfall
	Komplexität		Entsorgung
			Anlagenpreis

Für Montagebetriebsmittel
Relevant
Nicht relevant

Bei den *thermischen Kriterien* hat sich gezeigt, dass die notwendige Formbeständigkeitstemperatur der Betriebsmittel ein Differenzierungsmerkmal sein kann. Auch anhand *gestalterischer Kriterien* lassen sich Verfahren und Prozesse hinsichtlich ihrer Eignung unterscheiden. So ist beispielsweise für ergonomische Ziele die spezifische Festigkeit des Materials interessant. Weitere gestalterische Optionen, die zur Differenzierung genutzt werden können, sind notwendige Hohlräume, die Nutzung mehrerer Materialien in einem Bauteil (Multimaterial) oder erforderliche Transparenz bzw. farbliche Unterscheidung. Bei den verarbeitungstechnischen Kriterien bilden für die Anwendung im Betriebsmittelbau insbesondere die Zerspanbarkeit, die Fügbarkeit und Lackierbarkeit ein Differenzierungsmerkmal. Bei *wirtschaftlichen Kriterien* haben sich Materialkosten und Anlagenkosten als wirksame Unterscheidungsmerkmale herausgestellt.

Neben der Unterteilung der Kriterien nach Anforderungsgruppen können Kriterien auch nach der Art ihrer Merkmale unterschieden werden (siehe Abbildung 5-3). Diese Unterteilung ist insbesondere für die spätere Nutzung im Auswahltool entscheidend. Dementsprechend gibt es Kriterien, die durch eine binäre Skala dargestellt werden müssen. Ein solches Kriterium ist beispielsweise die "Multimaterialfähigkeit" eines AM-Systems. Hier kann die Frage, ob die Anlage multimaterialfähig ist, mit "Ja" oder "Nein" eindeutig beantwortet werden. Solche Kriterien eignen sich gut, um grundsätzlich ungeeignete Alternativen auszuschließen, weshalb fortan der Begriff "Ausschlusskriterien" verwendet wird. Darüber hinaus entspricht die Angabe einiger Kriterien einem konkreten Zahlenwert. Beispielsweise kann die Frage der Zugfestigkeit eines Materials nicht mit "Ja" oder "Nein" beantwortet werden, sondern entspricht einem konkreten Wert.

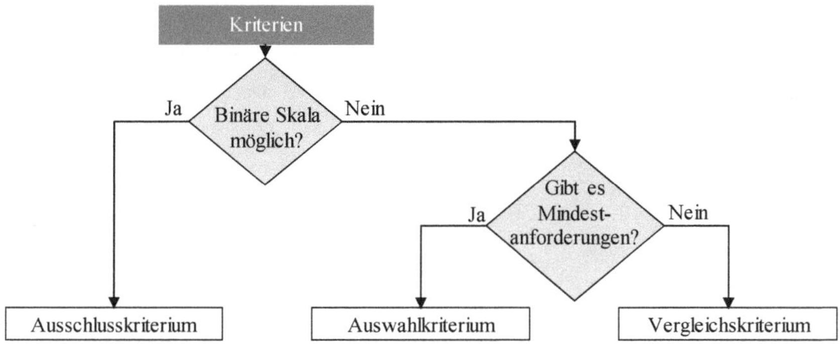

Abbildung 5-3: Kategorisierung von Kriterien

Für einige Kriterien muss die Einordnung auf eine Skala über Umwege geschehen. Ein Beispiel ist das Kriterium der "Bearbeitbarkeit". Die Beschreibung kann weder mit einer binären Einordnung noch mit einem physikalischen Wert erfolgen, sondern es gibt Materialien, die im Mittel besser oder schlechter bearbeitet werden können. Dieses Beschreibungsproblem kann durch die Nutzung einer mehrstufigen linguistischen Skala gelöst werden. Im Rahmen dieser Methodik wird eine fünfstufige Skala mit den Attributen "sehr schlecht", "schlecht", "mittel", "gut" und "sehr gut" verwendet. Bei AM-Werkstoffen sind physikalische Eigenschaften wie Zugfestigkeit häufig nicht bekannt oder nicht eindeutig beschrieben. In solchen Fällen kann auch eine linguistische Skala verwendet werden. Eine solche Skala erfordert jedoch immer Erfahrung oder Fachwissen, um die Eigenschaften der Alternativen beurteilen zu können. Sowohl für Kriterien, die sprachlich beschrieben werden können, als auch für Kriterien, die konkrete Zahlenwerte darstellen, können vom Benutzer bestimmte Mindestanforderungen verlangt werden. Wenn eine Alternative diese Anforderungen nicht erfüllt, wird sie ausgeschlossen. Kriterien dieser Art beschränken das Spektrum der Alternativen für den jeweiligen Anforderungsfall und werden daher als "Auswahlkriterien" bezeichnet. Der Unterschied zu den Ausschlusskriterien besteht darin, dass Auswahlkriterien nicht nur ungeeignete Alternativen ausschließen, sondern auch geeignete Alternativen im Hinblick auf dieses Kriterium vergleichen. Kriterien, für die im Anwendungsfall keine Mindestanforderungen festgelegt sind, die aber dennoch den Entscheidungsprozess beeinflussen, werden als "Vergleichskriterien" bezeichnet. Anhand dieser Kriterien werden grundsätzlich keine Alternativen ausgeschlossen, sondern geeignete Alternativen miteinander verglichen. Beispielsweise können die Materialkosten als Vergleichskriterium angesehen werden. Ob für ein bestimmtes Kriterium Mindestanforderungen vorgegeben werden, hängt stark vom Anwendungsfall ab. Zum Beispiel können Kriterien in einem Fall Ausschlusskriterien und im nächsten Vergleichskriterien sein. Daher wird in der Umsetzung des Modells entsprechende Flexibilität berücksichtigt.

Die zuvor ausgewählten Kriterien sind in Tabelle 5-2, nach der im Folgenden Verwendung findenden Skala, sortiert. Grundsätzlich könnten Kriterien, für die es einen konkreten Zahlenwert gibt, auch linguistisch beschrieben werden. Dies erfordert eine Bewertung, wie sich die konkreten Zahlenwerte auf der linguistischen Skala zuordnen lassen, und in der Regel die Unterstützung eines AM-Experten.

Tabelle 5-2: Einordnung der Kriterien anhand verwendeter Skalen

Binär-darstellbares Kriterium	**Zahlenwert-basiertes Kritierum**	**Linguistisch-beschriebenes Kritierum**
Dichtigkeit	Zugfestigkeit	Wasseraufnahmefähigkeit
Sichtkanten	Schlagfestigkeit	Durchgangswiderstand
Transparenz	Spezifische Festigkeit	Zerspanbarkeit
Lastfall	Formbeständigkeitstemp.	Lichtstabilität
Hohlräume	Min. Strukturen	Materialkosten
Multimaterialfähigkeit	Min. Schichtdicke	Fügbarkeit
Lackierbarkeit	Maßtoleranzen	Bauteilgröße
Medienbeständigkeit		

5.1.2 Vorbereitungsmodul: Vorgehensweise des AHP zur Kriteriengewichtung

Die im vorangegangenen Kapitel erarbeiteten Kategorien und Kriterien dienen als Eingangsgrößen für die Vorbereitungsphase zur Kriteriengewichtung mittels AHP (siehe Abbildung 5-1). Eine individuelle Gewichtung der Kriterien entsprechend der Aufgabe des Betriebsmittels ist entscheidend für eine adäquate Material- und Prozessauswahl. Die Gewichtung in jedem Anwendungsfall durch den Anwender durchführen zu lassen, würde höchstwahrscheinlich mit einer bestmöglichen Anpassung der Kriterien an den Anwendungsfall einhergehen. Der damit verbundene Aufwand steht aber der Anforderung nach Handhabbarkeit entgegen, da dieses Vorgehen nicht nur einen hohen Zeitaufwand, sondern auch eine erhöhte AM-Kompetenz des Anwenders voraussetzt. Um dies zu vermeiden, sollte bei erstmaligem Durchlaufen der Methodik die Gewichtungen (entsprechen dem Vorbereitungsmodul Abbildung 5-1) zusammen mit einem AM-Experten für die im Unternehmen vorhandenen Hauptaufgaben von Betriebsmitteln durchgeführt werden; nur so kann ein robustes Ergebnis sichergestellt werden.[377] Die so erarbeitete Datenbasis kann fortan von jedem Prozessplaner genutzt werden, um unabhängig Auswahlprozesse durchzuführen. Sollten sich im Laufe der Zeit neue Hauptaufgaben ergeben, können diese nachträglich hinzugefügt werden. Die AHP Methode bietet sich an, da diese zwar einen hohen Aufwand mit sich bringt, jedoch alle Kategorien miteinander vergleicht und der erhaltene Vergleich numerisch auf Konsistenz geprüft wird. Da die Nutzung der erzeugten Daten als langfristige Grundlage für die Bewertung dienen soll, wird zudem eine Sensitivitätsanalyse durchgeführt.

Schritt 2: Aufstellen der Hauptaufgaben von Betriebsmitteln in der Organisation

Die Aufgaben von Betriebsmitteln sind sehr divers. Daher ergibt sich, je nach Aufgabe der betrachteten Betriebsmittel, die Wichtigkeit der aufgeführten Kriterien im Anwendungszusammenhang zur Identifikation einer Prozess-Materialkombination. Beispielsweise spielen für ein Montagewerkzeug, das

[377] Vgl. Meixner et al. 2002, S. 145.

zum Einpressen eines Bauteils Verwendung findet und in Verbindung mit einem Hammer zum Eintreiben von Bolzen genutzt wird, mechanische Kriterien eine übergeordnete Rolle. Im Gegensatz dazu ist bei einer Prüflehre, zum Überprüfen eines Spaltmaßes, die Kategorie der geometrischen Kriterien, wie z.B. die Maßtoleranz, überproportional zu bewerten. Für die Automobilmontage konnten im Rahmen dieser Arbeit insbesondere fünf Hauptaufgaben für AM-Betriebsmittel identifiziert werden: Fixieren, Positionieren, Einpressen, Halten sowie Messen & Prüfen.

Schritt 3: Aufstellen von Matrizen zum paarweisen Vergleich

Das Vorgehen des AHP sieht einen Vergleich der Kriterien untereinander vor. Hierzu wird jedes Kriterium mittels paarweisen Vergleiches mit jedem anderen Kriterium verglichen. Die Anzahl der erforderlichen Paarvergleiche bei einer gegebenen Anzahl an Kriterien n berechnet sich nach (5.1) wie folgt:

$$A = \frac{n\,(n-1)}{2} \tag{5.1}$$

A = Anzahl Vergleiche

n = Anzahl Kriterien

Man erkennt, dass die Anzahl der Vergleiche exponentiell steigt und sich somit für die bislang identifizierten 21 relevanten Kriterien (siehe Anhang 8.2) 210 paarweise Vergleiche ergeben. In der Praxis hat sich gezeigt, dass eine so hohe Anzahl an Vergleichen mit Blick auf die Konsistenz der Vergleiche nicht sinnvoll ist. Die Aufstellung der Matrizen zum paarweisen Vergleich erfolgt daher zweigeteilt (siehe Abbildung 5-4), mit dem Ziel die Gesamtanzahl der Vergleiche zu reduzieren.

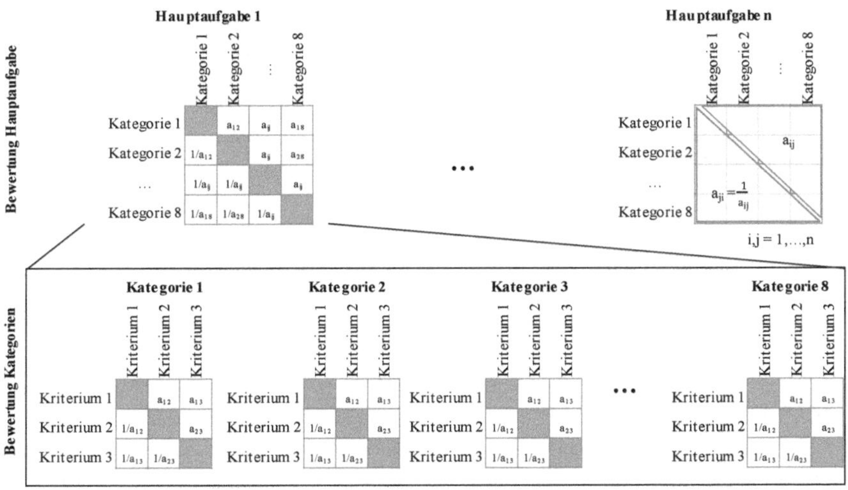

Abbildung 5-4: Aufstellung Matrizen zum paarweisen Vergleich

Zum einen werden die acht Kategorien untereinander bewertet. Zum anderen werden innerhalb der Kategorie die Kriterien gegeneinander gewichtet. So ergibt sich das Gewicht des Einzelkriteriums aus der Multiplikation des Ergebnisses der Bewertung der Kategorie sowie der Hauptaufgabe. Für die Hauptaufgaben ergeben sich aufgrund der schwanken Anzahl an Kriterien je Kategorie insgesamt 54 paarweise Vergleiche. Zum Befüllen der Matrizen wird die von SAATY vorgeschlagene „fundamentale Skala der absoluten Zahlen“ verwendet. Diese beinhaltet die Zahlen eins bis neun sowie deren Reziprokwerte (siehe auch Anhang 8.1). Durch die paarweisen Vergleiche werden die Werte für die Matrizeneinträge a_{ij} bestimmt (siehe Abbildung 5-4). Hieraus ergeben sich die entsprechenden Werte a_{ji}.

Schritt 4: Berechnung der relativen Gewichte der Matrizen

Bei Durchlaufen des AHP nach SAATY würde auf Basis der in Schritt 3 erzeugten Matrizen die relativen Gewichte für die einzelnen Kriterien durch das Aufstellen des Eigenvektors erfolgen. Die Berechnung eines Eigenvektors stellt eine mathematisch komplexe Operation dar. Im Folgenden wird die vereinfachte Methode nach MEIXNER gewählt, da keine Eigenwerte der Matrix gebildet werden müssen, sondern durch leicht nachvollziehbare Zeilenmultiplikationen die Gewichte der Kriterien gebildet werden.[378] Die Abweichungen in den erzielten Gewichten unterscheiden sich bei zunehmender Konsistenz der Matrix immer weniger. Eine komplett konsistente Matrix erreicht durch beide Berechnungsverfahren dieselben Gewichte. Daher wird in Schritt 5 die hinreichende Konsistenz der Matrix überprüft.

	Matrix				**Normalisierte Matrix**				**r_i**	**Gewichte**
	a_1	**a_2**	**...**	**a_n**	**a_1**	**a_2**	**...**	**a_n**	**r_i**	**w**
a_1	a_{11}	a_{12}	...	a_{1n}	a_{11}/c_1	a_{12}/c_2		a_{1n}/c_n	r_1	$w_1 = r_1/n$
a_2	a_{21}	a_{22}		a_{2n}	a_{21}/c_1	a_{22}/c_2		a_{2n}/c_n	r_2	$w_2 = r_2/n$
⋮	⋮	⋮		⋮	⋮	⋮		⋮	⋮	⋮
a_n	a_{n1}	a_{n2}	...	a_{nn}	a_{n1}/c_1	a_{n2}/c_2	...	a_{nn}/c_n	r_n	$w_n = r_n/n$
c_i	**c_1**	**c_2**	**...**	**c_n**	**1**	**1**	**...**	**1**	**s**	**1**

Abbildung 5-5: Vereinfachte Gewichtsberechnung nach MEIXNER[379]

Für jede in Schritt 3 aufgestellte Matrix müssen zunächst die Spaltensummen c_i gebildet werden.

$$c_i = \sum_{i=1}^{n} a_{in} \tag{5.2}$$

c_i = Spaltensumme der Spalte n
a_{in} = Matrixeintrag der Zeile i und Spalte n

Die Spaltensummen wiederum werden zur Normalisierung der Matrix verwendet (siehe Normalisierte Matrix Abbildung 5-5). Hierzu wird jeder Wert innerhalb der Matrix entsprechend seiner Spaltennummer durch die entsprechende Spaltensumme dividiert. Basierend auf der durch die Division entstandenen normalisierten Matrix werden die Zeilensummen r_i ermittelt.

[378] Vgl. Meixner et al. 2002, S. 140–147ff.
[379] Vgl. Meixner et al. 2002, S. 144.

$$r_i = \sum_{i=1}^{i} \left(\frac{a_{in}}{c_i}\right) \tag{5.3}$$

r_i = Zeilensumme der normalisierten Matrix

Die Summe aller Zeilensummen s wird verwendet, um die Zeilensummen r_n zu normalisieren.

$$s = \sum_{1}^{n} r_n \tag{5.4}$$

s = Summe der Zeilensummen

Der erzeugte Wert entspricht dem jeweiligen Gewicht des Kriteriums w_n.

$$w_n = \frac{r_n}{n} \tag{5.5}$$

w_n = Gewicht des Kriteriums der Zeile n

Für jede der zuvor erzeugten Matrizen, sowohl Kriterien als auch Kategorien, werden diese Schritte durchgeführt.

Schritt 5: Überprüfung der Konsistenz der Eintragung

Wie bereits erwähnt, ist die Überprüfung der Konsistenz der erstellten Matrizen hilfreich und insbesondere in Hinblick auf die vereinfachte Berechnung in Schritt 4 notwendig. Die paarweisen Vergleiche werden zwar von Experten ausgeführt, trotzdem kann nicht sichergestellt werden, dass die Eintragungen in sich konsistent erfolgen. Eine niedrige Konsistenz kommt einer Zufallsentscheidung gleich. Geringe Abweichungen von der Konsistenz haben aber nur geringen Einfluss auf das Endergebnis und können daher zugelassen werden.

Für die Überprüfung der Konsistenz der erzeugen Matrizen wird die Methode nach MEIXNER im Folgenden an den vorliegenden Fall angepasst.[380] Es wird der Konsistenzindex CI, in Anlehnung an SAATY'S Consistency Index, gebildet.[381] Hierzu wird zunächst eine sog. Durchschnittsmatrix erzeugt. Dies geschieht durch die spaltenweise Multiplikation der zeilenweise errechneten Kriterien-gewichteten Matrixwerten. Die so erhaltenen Produkte werden je Zeile zur Zeilensumme der Durchschnittsmatrix $\bar{r_n}$ zusammengefasst.

$$\bar{r_n} = \sum_{i=1}^{n} w_i * a_{ni} \tag{5.6}$$

$\bar{r_n}$ = Zeilensumme der Durchschnittsmatrix
w_i = Gewicht des Kriteriums der Spalte i

Aus der so erzeugten Durchschnittsmatrix wird nun der maximale Eigenwert λ_{max} abgeleitet, dabei werden mittels Matrixmultiplikation die Eigenwerte λ_i bestimmt.

$$\lambda_i = \frac{\bar{r_i}}{w_i\, a_{ii}} \quad i = 1, \ldots, n \tag{5.7}$$

[380] Vgl. Meixner et al. 2002, S. 168–172ff.
[381] Vgl. Saaty (How to make a decision) 1990, S. 12.

λ_i = Eigenwert
w_i = Gewicht des Kriteriums der Spalte i
a_{ii} = Matrixeintrag an der Stelle ii

Die erzeugten Eigenwerte werden genutzt, um zusammen mit der Anzahl der Kriterien n den Wert für den maximalen Eigenwert λ_{max} zu berechnen. Um den Konsistenzindex CI zu bilden, wird λ_{max} mit n verglichen. In einer ideal konsistenten Entscheidung sind λ_{max} und n_{Matrix} stets gleich groß. Allerdings ist zu erwarten, dass stets eine gewisse Abweichung in den getroffenen Entscheidungen enthalten ist und damit CI größer null wird.

$$CI = \frac{\lambda_{max} - n_{Matrix}}{n_{Matrix} - 1} = \frac{\frac{\sum_{i=1}^{n} \lambda_i}{n_{Matrix}} - n_{Matrix}}{n_{Matrix} - 1} \tag{5.8}$$

CI = Konsistenzindex
λ_{max} = Maximaler Eigenwert
n_{Matrix} = Matrizengröße

Schritt 6: Entscheidung: Bewertung des Konsistenzniveaus

Die Beurteilung, ob die in den Vergleichen vorgenommene Inkonsistenz noch vertretbar ist, wird mit Hilfe der Konsistenzverhältniszahl CR bestimmt. Die Matrix gilt als ausreichend konsistent, wenn (5.9) gilt.

$$CR \overset{!}{\leq} 0{,}1 \tag{5.9}$$

CR = Konsistenzwert

Die Berechnung der Konsistenzverhältniszahl (5.10) berücksichtigt, dass mit steigender Matrizengröße, also steigender Alternativenanzahl, die Konsistenz stets kleiner wird und berücksichtigt daher die sogenannte „Zufallskonsistenz" R (siehe Tabelle 5-3).[382]

$$CR = \frac{CI}{R} \tag{5.10}$$

CR = Konsistenzverhältniszahl
R = Zufallskonsistenz.

Tabelle 5-3: Zufallskonsistenz R in Abhängigkeit der Matrix-Größe[383]

Größe der Matrix	1	2	3	4	5	6	7	8	9	10	11	12
R	0	0	0,52	0,89	1,11	1,25	1,35	1,40	1,45	1,49	1,52	1,54

Diese Konsistenzprüfung muss für jede Paarvergleichsmatrix durchgeführt werden. Sollte keine ausreichende Konsistenz vorliegen, muss der betroffene Paarvergleich wiederholt werden. Sobald die Konsistenzverhältniszahl ausreichende Konsistenz für alle Paarvergleichsmatrizen bescheinigt, kann mit der Berechnung der globalen Kriteriengewichte fortgefahren werden.

---

[382] Vgl. Saaty et al. (Making decisions in hierarchic and network systems) 2008, S. 32.
[383] Vgl. Saaty et al. (Making decisions in hierarchic and network systems) 2008, S. 33.

Schritt 7: Erhalt der Kriteriengewichte für die AM-Materialprozessauswahl

Nach Abschluss der Konsistenzprüfung können entsprechend der erzeugten Hierarchie die globalen Gewichte w_{GL} der einzelnen Kriterien ermittelt werden. Im hier vorgestellten Fall bilden die Kategorien die übergeordnete Einheit. Die Multiplikation des Kategoriegewichts mit dem jeweiligen Kriteriumgewicht erfolgt also je Kriterium. Somit wird sichergestellt, dass die Summe der Kriteriengewichte über alle Kategorien hinweg zusammen zu eins bzw. 100-Prozent addiert.

$$w_{Gl} = w_{Kat} * w_n \quad (5.11)$$

w_{Gl} = Globales Gewicht des Kriteriums

w_{Kat} = Gewicht der Kategorie in dem das Kriterium verortet ist

w_n = Gewicht des Kriteriums der Zeile n

Schritt 8: Sensitivitätsanalyse der Kriteriengewichtung

Die Prioritäten innerhalb der Paarvergleiche hängen naturgemäß von der Einschätzung der Entscheidungsträger ab und sollten daher vor der Etablierung eines Standards genau geprüft werden. Um eine solche Entscheidung abzusichern, wird, wie von BÜYÜKÖZKAN und ÇIFÇI für solche Fälle vorgeschlagen, eine Szenarien-basierte Sensitivitätsanalyse durchgeführt.[384] Da die Anzahl der Kategorien deutlich höher ist im Vergleich zur Anzahl der Kriterien je Kategorie, wird empfohlen die Szenarienerstellung insbesondere in Bezug auf die Kategoriengewichtung durchzuführen. Hierdurch kann überprüft werden, ob die erzeugten Rankings stabil sind und ob bzw. unter welcher Zusammenstellung ein Rankreversal auftritt. Die Durchführung erfolgt durch Anpassung der Bewertung einzelner Kriterien und den Vergleich der relativen Änderungen.

5.1.3 Vorbereitungsmodul: Datenbank zur Verfügung stehender AM-Material und Prozesskombinationen

Der letzte Schritt der Vorbereitungsphase umfasst das Aufstellen einer geeigneten Datenbank zur Sammlung von Prozess- und Materialalternativen. Es sind insbesondere drei Anforderungen zu beachten. Zum einen muss aus den Daten eine Differenzierung der Alternativen entsprechend der entwickelten Kriterien sichergestellt werden. Zum anderen muss die Datenbank einfach zu pflegen sein und in der Lage sein, Änderungen der Prozess- und Materialalternativen auf Basis von Technologieentwicklungen oder unternehmensseitiger Beschaffungsprozesse abzubilden. Zudem muss die Datenbank so aufgebaut sein, dass eine Übersicht über die zur Verfügung stehenden Anlagen und Prozesse gegeben wird. Diese Aufbereitung ermöglicht eine Nutzung der gesammelten Daten über die Grenzen des Prozess-/Materialauswahlmodells hinaus.

Die in Tabelle 5-2 beschriebenen Kriterien müssen entsprechenden Eigenschaften des Materials und Prozesses zugeordnet werden. Zu jedem Kriterium gibt es einen korrespondierenden Wert in der Datenbank. Die Befüllung der Datenbank ist, insbesondere im Hinblick auf die verschiedenen Skalentypen, durch einen Experten vorzunehmen. Auch hier lässt sich eine gewisse Subjektivität nicht vermeiden.

Die Datenbank wird so aufgebaut, dass die in Abbildung 5-6 dargestellten Hierarchien abbildbar sind. Der Baum der Anlagen dient dazu, einen Zusammenhang zwischen den verfügbaren Anlagen und

[384] Vgl. Büyüközkan et al. 2012, S. 2346.

den Materialien übersichtlich darzustellen. Einer Anlage können mehrere Materialien zugeordnet werden. Ein Material kann aber gleichzeitig mehreren Anlagen zugeordnet werden. Es lassen sich je Material die entsprechenden Anlagen zuordnen sowie die Eigenschaften des Materials. Das Ordnungselement Eigenschaften bezeichnet die in den Kategorien abgebildeten und in den 22 Kriterien weiter differenzierten Materialeigenschaften. Die Hierarchie der Materialgruppen dient insbesondere der Übersicht für mögliche Optimierungsmöglichkeiten im späteren Gestaltungsprozess.

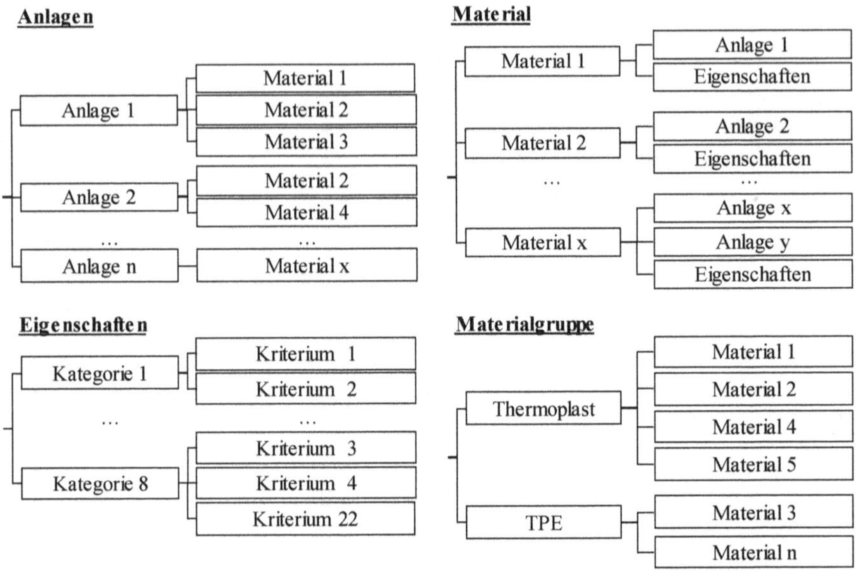

Abbildung 5-6: Anforderung an Prozess-/Materialdatenbankhierarchie

Vor dem Befüllen der Datenbank ist zu klären, welche AM-Strategie das Unternehmen verfolgt. Insbesondere die Frage, ob auf vorhandene Anlagen oder externe Ressourcen zugegriffen werden soll, muss bestimmt werden. Die Praxis hat gezeigt, dass in mittleren und größeren Unternehmen häufig gewisse Kapazitäten für additive Fertigung vorhanden sind. Diese sind oftmals aber kaum über Abteilungsgrenzen hinweg bekannt. So kann die Zusammenstellung dieser Datenbank insbesondere mit internen Ressourcen auch genutzt werden, um die Vernetzung innerhalb des Unternehmens zu erhöhen.

Die Aufnahme von externen Fertigungsressourcen kann eine Herausforderung darstellen. Bestehen bereits Beziehungen zu AM-Bauteillieferanten, sollten diese genutzt werden, um die Datenbank zu füllen. Müssen diese Beziehungen erst aufgebaut werden, kann es schwierig werden, an die benötigten Informationen zu gelangen, da die Dienstleister häufig nur Prozesskategorien veröffentlichen und die benötigten Informationen einzeln erfragt werden müssen. Die Datenbank bildet das Fundament der getroffenen Entscheidungen und sollte daher mit hoher Sorgfalt erstellt und aktualisiert werden.

5.1.4 Ausführungsmodul: TOPSIS-basierte Entscheidungsfindung

Auf Basis der vorangegangenen Kapitel 5.1.1 bis 5.1.2 wurde das Vorbereitungsmodul des Entscheidungsmodells erstellt. Dieses bildet die Basis für die im Tagesgeschäft anfallenden Entscheidungen. Die fortlaufende Nutzung von AHP zur Lösung der aufkommenden Entscheidungsprobleme würde abhängig von der Anzahl der gegebenen Alternativen eine nicht handhabbare Anzahl an Paarvergleichen mit sich bringen (siehe Formel 5.1). Daher wird im Folgenden beschrieben, wie die TOPSIS Methode genutzt werden kann, um eine wertige Entscheidungsgrundlage für Prozess- und Betriebsmittelplaner zu erstellen (siehe Schritte 10 – 12 Abbildung 5-1). Dazu wird zunächst in Kapitel 5.1.4.1 erläutert, in welcher Form Betriebsmittelanforderungen aufgenommen werden können. In Kapitel 5.1.4.2 wird die angepasste Berechnung der negativ sowie der positiv idealen Lösung vorgestellt. Abschließend wird in Kapitel 5.1.4.2 dargestellt, wie das Ranking zwischen den Alternativen erfolgt und wie die Ergebnisse zu interpretieren sind.

5.1.4.1 Eintragung der Betriebsmittelanforderungen

Um eine geeignete Auswahl treffen zu können, müssen die Anforderungen aufgenommen werden. Die Erfahrung mit Anwendern hat gezeigt, dass eine leicht verständliche Abfrage essentiell für eine erfolgreiche Auswahl ist. Die zuvor in Kapitel 5.1.1 identifizierten Kriterien müssen also mithilfe von geeigneten Fragen hinsichtlich der im Anwendungsfall vorliegenden Anforderungen abgeschätzt werden.

Dies wird durch einen dreistufigen Fragebogen erreicht, der somit Input für die eigentliche Auswahlmethode liefert und dem Anwender zudem aufzeigt, welche Anforderungen in dieser frühen Phase überhaupt relevant sind. Die Anforderungen werden in vier Schritten abgefragt. Der erste Schritt ist die Auswahl der Hauptaufgabe der Ausrüstung. Es kann zwischen "Fixieren", "Positionieren", "Halten", "Einpressen" und "Messen / Testen" gewählt werden. Anhand dieser Informationen werden die entsprechenden Gewichte der Kriterienkategorien vorausgewählt. Anschließend werden in Schritt 2 die Ausschlusskriterien in Form von Ja / Nein-Fragen abgefragt. In Schritt 3 werden Kriterien auf Basis linguistischer Variablen abgefragt. Die Bewertung erfolgt auf Basis einer Likert-Skala.[385] Schließlich können optionale Mindestanforderungen für die anderen Kriterien angegeben werden. Hierdurch wird, implizit durch den Anwender, entschieden, welches Kriterium als Auswahlkriterium und welches als Vergleichskriterium dient. Je genauer und umfassender die Anforderungen in der Aufnahme definiert werden, desto besser kann der geeignete Fertigungsprozess ausgewählt werden.

[385] Im Gegensatz zu Binärfragen ermöglicht eine Likert-Skala ein differenziertes Feedback und damit feinere Auswertungsmöglichkeiten. Der Befragte bewertet Aussagen, indem er einen quantitativen Wert zu jeder Art von subjektiver oder objektiver Dimension angibt. Häufig ist die Skala sowohl ins Positive als auch Negative symmetrisch.

Tabelle 5-4: Aufbau des Fragebogens zur Ermittlung der Betriebsmittelanforderungen

Frage	Antwortmöglichkeiten
Schritt 1: Welche Hauptaufgabe hat das Betriebsmittel?	
Wählen Sie eine Hauptaufgabe aus.	Fixieren / Positionieren / Halten / Einpressen / Messen / Testen
Schritt 2: Ist es erforderlich, dass das Betriebsmittel…	
dicht gegenüber Flüssigkeiten ist? transparent hergestellt wird? Hohlräume ohne Öffnungen nach außen besitzt? …	Ja / Nein
Schritt 3: Bitte ordnen Sie ein, in welcher Weise, das Betriebsmittel die folgenden Eigenschaften besitzen muss. Das Betriebsmittel muss…	
in einer Feuchten Umgebung gut benutzbar sein. gut zerspanbar sein. ist UV Licht unmittelbar ausgesetzt. ….	trifft zu / trifft eher zu / teils-teils / trifft eher nicht zu / trifft nicht zu
Schritt 4: Sollten spezifische Anforderungen hinsichtlich der folgenden Kriterien bekannt sein, wie lauten diese?	
Zugfestigkeit Formbeständigkeitstemperatur Maßtoleranz …	Kardinalskala des jeweiligen Wertes

5.1.4.2 Kalkulation der Lösungen nach erweiterter TOPSIS Methode

Auf Basis der aufgenommenen Anforderungen (siehe Kapitel 5.1.4.1) müssen die in der Datenbank enthaltenen Alternativen bewertet werden. Hierzu werden die Anforderungen mit den jeweiligen Alternativen mittels des TOPSIS Ansatzes verglichen.

In den klassischen TOPSIS-Beschreibungen nach CHEN, HWANG und YOON wird davon ausgegangen, dass grundsätzlich alle Alternativen geeignet sind.[386] Diese Annahme kann im betrachteten Kontext nicht übernommen werden, da es bei dem breiten Aufgabenspektrum von Betriebsmitteln dazu kommen kann, dass einzelne AM-Material- und Prozesskombinationen die Anforderungen nicht erfüllen. Daher werden die Kriterien in Ausschluss-, Auswahl- und Vergleichskriterien unterteilt (siehe Kap. 5.1.1). Der TOPSIS-Ansatz muss also dahingehend erweitert werden, dass ungeeignete Alternativen identifiziert und ausgeschlossen werden. Um das zu erreichen, werden die durch den Fragebogen erhobenen Mindestanforderungen zunächst mit den in der Datenbank hinterlegten Alternativen beziehungsweise deren Ausprägungen abgeglichen. Die hinterlegten Daten entsprechen dabei dem Typ der jeweiligen Kriterien-Ausprägung (ja/nein, linguistische Variable, Zahlenwert). Anhand der Ausschluss- und Auswahlkriterien werden somit ungeeignete Alternativen ausgeschlossen (vgl. Abbildung 5-3).

[386] Vgl. Hwang et al. (Multiple Attribute Decision Making) 1981b, S. 128–140ff; Vgl. Hwang et al. (Multiple Attribute Decision Making) 1981a, 4-6. Vgl. Chen et al. 1992, S. 38f.

Basierend auf dieser Auswahl können die Alternativen nach dem von CHEN und YOON vorgeschlagenen Vorgehen, anhand der definierten Auswahl- und Vergleichskriterien, bewertet werden. Dafür werden zunächst alle linguistischen Variablen in der Entscheidungsmatrix anhand einer entsprechenden Übersetzungstabelle in konkrete Zahlenwerte übersetzt. Dies ist auf Basis der Bewertung mittels LIKERT Skala ohne weiteres möglich. Hierbei muss berücksichtigt werden, ob es sich um ein zu maximierendes oder zu minimierendes Kriterium handelt (siehe Kapitel 5.1.4.1). Bei einem zu maximierenden Kriterium muss eine gute Ausprägung in einen großen Zahlenwert übersetzt werden, bei einem zu minimierenden Kriterium entsprechend in einen kleinen Zahlenwert. Anschließend wird die Entscheidungsmatrix normiert und gewichtet.

Ferner wird eine Entscheidungsmatrix in Anlehnung an BYUN und LEE nach der folgenden Ordnung gebildet (siehe Abbildung 5-7).[387] Die in Kapitel 5.1.1 beschriebenen Kriterien bilden die Spalten, wohingegen die aus der Datenbank stammenden Alternativen 5.1.3 die Zeilen der Matrix stellen.

$$\begin{array}{l} \\ \text{Alternative 1} \\ \text{Alternative 2} \\ \dots \\ \text{Alternative i} \end{array} \begin{array}{c} \begin{matrix} \text{Kriterium 1} & \text{Kriterium 2} & \dots & \text{Kriterium j} \end{matrix} \\ \begin{pmatrix} x_{11} & x_{12} & \dots & x_{1j} \\ x_{21} & x_{22} & \dots & x_{2j} \\ \vdots & \vdots & \ddots & \vdots \\ x_{i1} & x_{i2} & \dots & x_{ij} \end{pmatrix} \end{array}$$

i : AM-Prozess- und Materialkombination
j : Bewertungskriterien
x_{ij}: Ausprägung des Kriteriums j der Alternative i

Abbildung 5-7: Entscheidungsmatrix als Grundlage der TOPSIS Berechnung

Im nächsten Schritt werden alle Ausprägungen x_{ij} normiert. Hierdurch werden Einheiten eliminiert und die Vergleichbarkeit weiter erhöht.

$$r_{ij} = \frac{x_{ij}}{\sqrt{\sum_{i=1}^{m} x_{ij}^2}} \tag{5.12}$$

r_{ij} : Normierter Wert an der Stelle ij
x_{ij} : Matrixeintrag an der Stelle ij

Anschließend folgt die Gewichtung mittels der durch die AHP Bewertung vorgegebenen Gewichtung der Kriterien (siehe Kapitel 5.1.2).

$$v_{ij} = r_{ij} * w_{Gl\,i} \tag{5.13}$$

v_{ij} : Normierter, gewichteter Wert an der Stelle ij
$w_{Gl\,i}$: Globale Gewichte des Kriteriums i (vgl. (5.11))

Die so gebildeten gewichteten und normierten Matrixeintragungen werden im nächsten Schritt benötigt, um die jeweils positiv ideale Lösung r_j^+ und negativ ideale Lösung r_j^- des jeweiligen Kriteriums zu ermitteln. Auf der Skala zwischen r_j^- und r_j^+ ordnen sich die einzelnen Alternativen je Kriterium ein. Wurde eine Mindestanforderung durch den Anwender vorgesehen, entspricht diese der negativ-idealen Lösung des entsprechenden Kriteriums. Ansonsten wird, wie bei TOPSIS üblich, die geringste Ausprägung dieses Kriteriums aus der Datenbank der Alternativen herangezogen. Die positiv ideale Lösung

[387] Vgl. Byun et al. (A decision support system for the selection of a rapid prototyping process) 2005, S. 1340.

entspricht der besten Ausprägung des Kriteriums. Bei n-Kriterien ergibt sich ein n-dimensionaler Lösungsraum, der in seiner Ausdehnung durch die ideale bzw. negativ-ideale Lösung begrenzt ist. Für ein beliebiges Entscheidungsproblem lässt sich auf dieser Grundlage, auch bei grafischer Aufarbeitung, noch keine Entscheidung treffen (vgl. Abbildung 5-8).

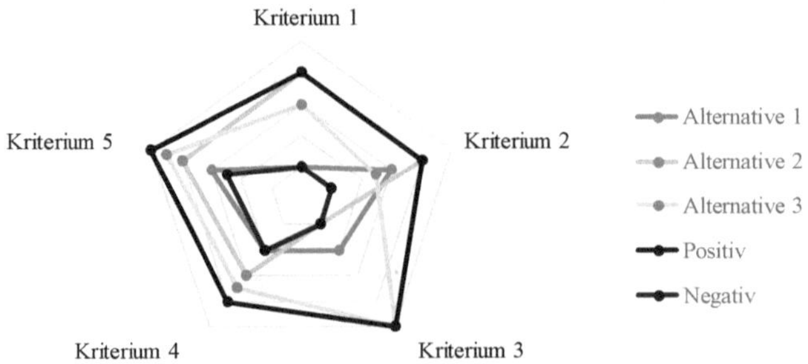

Abbildung 5-8: Darstellung des Lösungsraums einer 3x5 Entscheidungsmatrix

Zur Lösungsfindung wird der euklidische Abstand S_i^* einer jeden Alternative i zur positiv-idealen Lösung und der euklidische Abstand S_i^- zur negativ-idealen Lösung berechnet.

$$S_i^+ = \sqrt{\sum_{j=1}^{n} (r_{ij} - r_j^+)^2} \tag{5.14}$$

$$S_i^- = \sqrt{\sum_{j=1}^{n} (r_{ij} - r_j^-)^2} \tag{5.15}$$

S_i^* : euklidischer Abstand der Alternative i zur positiv idealen Lösung

S_i^- : euklidischer Abstand der Alternative i zur negativ idealen Lösung

r_j^+: positiv ideale Ausprägung des j-ten Kriteriums

r_j^-: negativ ideale Ausprägung des j-ten Kriteriums

Die euklidischen Abstände werden verwendet, um die „relative Nähe" jeder Alternative zur idealen Lösung jedes Kriteriums zu bestimmen und ein Ranking der Alternativen zu erstellen (vgl. Abbildung 5-2 Schritt 12).

$$C_i^* = \frac{S_i^-}{S_i^* + S_i^-} \tag{5.16}$$

C_i^*: relative Nähe der Alternative i zur idealen Lösung

Die Größe C_i^* kann als Eignungskennzahl betrachtet werden, die sich im Intervall zwischen null und eins bewegt. Der Wert eins spiegelt dabei die virtuelle, positiv ideale Lösung wider. Dies entspricht dem äußeren Ring des Spinnennetzdiagrams (Abbildung 5-8). Ein C_i^* Wert null bildet entsprechend die virtuelle, negativ-ideale Lösung. Dementsprechend ist eine Alternative umso geeigneter, je größer der Wert der „relativen Nähe" ist.

5.2 Entwicklung anwendungsspezifischer Konstruktionsrichtlinien

Komplexe Bauteile setzen sich aus Basiselementen und Features zusammen. Diese müssen in geeigneter Weise miteinander verbunden werden, um die gewünschte Bauteilfunktionalität zu erreichen. Die Basis dieses Gestaltungsprozesses bilden, auch bei Betriebsmitteln, Konstruktionsgrundregeln, -prinzipien und -richtlinien (siehe Abbildung 4-5). In der Praxis hat sich gezeigt, dass die Anforderungen an Betriebsmittel so divers sind, dass das Aufstellen spezifischer Konstruktionsrichtlinien sinnvoll ist, um das volle Potential additiver Fertigungsverfahren zu nutzen. Im Folgenden wird das Beschreibungsmodell zur Erarbeitung anwendungsspezifischer Gestaltungsrichtlinien erläutert (siehe Abbildung 5-9).

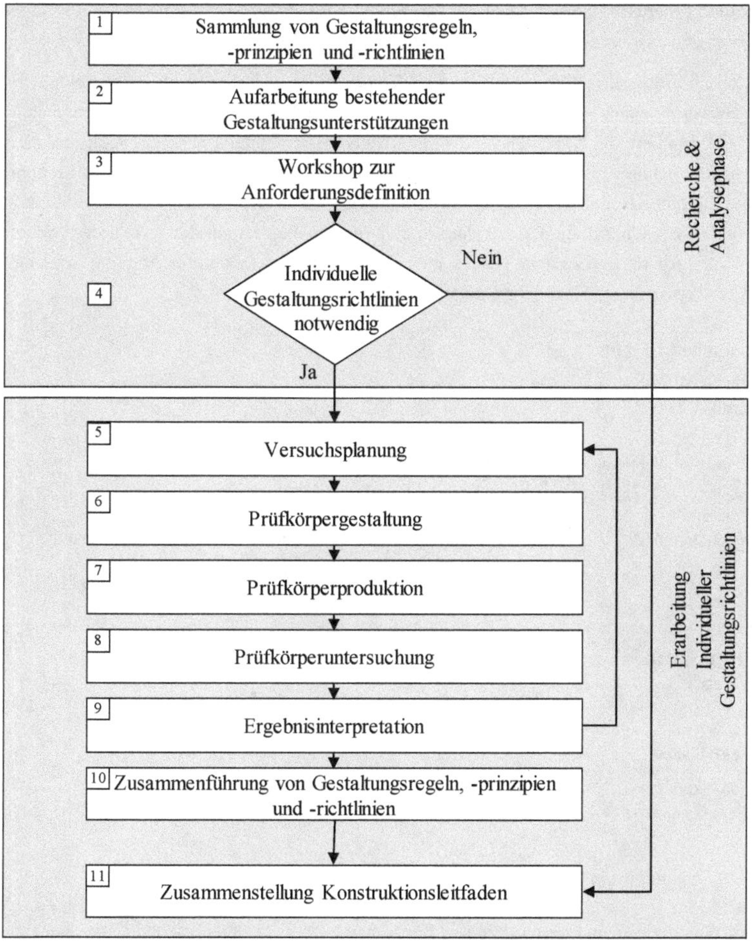

Abbildung 5-9: Beschreibungsmodell Erarbeitung anwendungsspezifischer Gestaltungsrichtlinien

Das vorgestellte Modell beinhaltet in einer Recherchephase die Sammlung und Aufarbeitung von relevanten Konstruktionsgrundregeln und -prinzipien, jedoch liegt die Erarbeitung solcher generellen

Regeln nicht im Fokus. Vielmehr zielt das Beschreibungsmodell auf die Erarbeitung der Gestaltungsrichtlinien. Das Ziel der Recherchephase ist die Identifikation relevanter, bereits veröffentlichter oder erarbeiteter, recherchierbarer Informationen und der darauf basierenden Ableitung von Handlungsbedarfen (siehe Kapitel 5.2.1). Die zweite Phase beschreibt dann die Erarbeitung individueller Gestaltungsrichtlinien auf Basis der erarbeiten Handlungsbedarfe (siehe Kapitel 5.2.2).

5.2.1 Recherche- und Analysephase

Die Recherche- bzw. Analysephase dient im Modell „Erarbeitung anwendungsspezifischer Gestaltungsrichtlinien" der Beantwortung der Frage, ob es überhaupt notwendig ist, individuelle Gestaltungsrichtlinien für die avisierten Handlungsfelder zu entwickeln oder ob die Nutzung bereits vorhandener Regeln und Prinzipien ausreicht (siehe Schritt 1 – 4 in Abbildung 5-9).

Schritt 1: Zunächst muss aus allen verfügbaren Quellen Material zur Unterstützung des späteren AM-Betriebsmittelentwurfs gesammelt werden (siehe Abbildung 5-10). Den Rahmen für die Recherche bildet, falls explizit formuliert, die AM-Strategie des Unternehmens, andernfalls sollte der Fokus auf zwei bis drei für das Unternehmen relevante Verfahrensalternativen gelegt werden. Die gewonnen Erkenntnisse werden in die drei Kategorien Konstruktionsgrundregeln, -prinzipien, und -richtlinien aufgeteilt. Die Quellen sind sehr vielfältig, da insbesondere in den vergangenen Jahren die Anzahl der wissenschaftlichen Veröffentlichungen zu dem Thema unter dem Schlagwort Design for Additive Manufacturing (DfMA) stark angestiegen ist (siehe Kapitel 3.3.4).

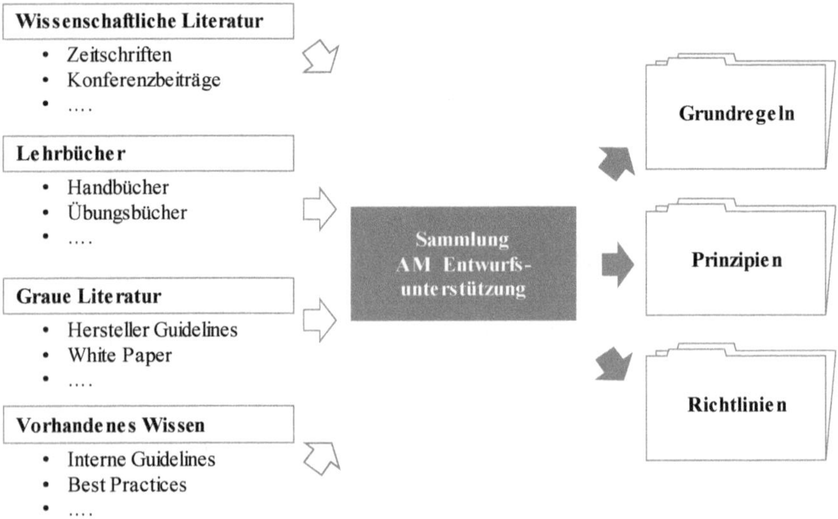

Abbildung 5-10: Sammlung von Gestaltungsregeln, -prinzipien und -richtlinien

Neben Veröffentlichungen in Zeitschriften und Büchern werden viele Vorhaben und Testreihen auch auf Konferenzen vorgestellt und können entsprechenden Berichten entnommen werden. Vereinzelt gibt es auch Lehrbücher, die sich mit dem Thema Gestaltung für AM auseinandersetzen. Diese befassen sich häufig mit grundlegenden Themen, sollten aber nicht außer Acht gelassen werden, da hier grundlegende

Hinweise übersichtlich aufgearbeitet werden. Übungsbücher können einen wertvollen Beitrag zur Schulung von Mitarbeitern liefern, die sich neu mit dem Thema additive Fertigung befassen. Auch Anlagenhersteller und insbesondere 3D-Druckdienstleister bemühen sich um das Wissen, um Konstruktion für additive Fertigungsverfahren aufzubereiten und ihren Kunden zur Verfügung zu stellen. Neben Guidelines finden sich zahlreiche Whitepaper zur Gestaltung von AM-Bauteilen mittels verschiedenster Verfahren. Eine weitere, nicht zu unterschätzende Quelle ist das bereits vorhandene Wissen innerhalb eines Unternehmens. Die Erfahrung hat gezeigt, dass insbesondere innerhalb mittlerer und großer Unternehmen erlangte Kenntnisse häufig nicht über die Abteilungsgrenzen hinaus bekannt sind. Diese wertvolle Quelle an Knowhow sollte aber keineswegs ungeachtet bleiben.

Schritt 2: Aufarbeitung bestehender Richtlinien

In Summe können in der Regel zahlreiche Wissensbausteine identifiziert werden. Zur weiteren Verarbeitung lohnt es sich, diese auf die drei genannten Kategorien aufzuteilen (vgl. Abbildung 5-10). Konstruktionsgrundregeln und -prinzipien für Betriebsmittel sind häufig wenig spezifisch und im Unternehmen verbreitet, wenn das Thema nicht neu erschlossen wird. Nichtsdestotrotz lohnt sich die Sammlung und Aufarbeitung, denn diese kann als Initial zur Sortierung und Selektion von gewachsenen Strukturen und Wissen dienen. Hier liegt der Fokus meist weniger auf AM spezifischem als auf der Art und Weise, wie im Unternehmen Betriebsmittel gebaut werden und ob die Verwendung findenden Dogmen vor dem Hintergrund sich schnell wandelnder Anforderungen und verkürzender Produktlebenszyklen noch zeitgemäß sind.

Konstruktionsrichtlinien hingegen sind in der Regel verfahrens- und teilweise auch materialspezifisch. Innerhalb der Konstruktionsrichtlinien lassen sich nach KUMKE drei Arten von Ansätzen unterscheiden (siehe auch Kapitel 3.3).[388] Restriktive Konstruktionsrichtlinien zeigen auf, was mit dem jeweiligen Verfahren unter gegebenen Randbedingungen möglich ist. Betrachtungsobjekte sind beispielsweise erreichbare Aspektverhältnisse oder minimal erreichbare Wandstärken. Opportunistische Konstruktionsrichtlinien fokussieren sich auf exklusiv durch AM erreichbare Bauteilgeometrien und –eigenschaften. Dargestellt werden häufig Topologie-optimierte, mittels bionischer Konstruktion verbesserte, Bauteile in Form von Case-Studies oder die Personalisierung von Bauteilen. Kombinierte Konstruktionsrichtlinien versuchen restriktive und opportunistische Ansätze zu kombinieren. Diese Kombination kommt beispielsweise in Form von Checklisten oder methodischem Vorgehen vor. Alle gesammelten Daten werden einer dieser Gruppen zugeordnet und sollten fortan als Basis der folgenden Diskussion dienen.

Schritt 3: Workshop zur Anforderungsdefinition

Nach Abschluss der Aufarbeitung bestehender Richtlinien sollte ein Workshop genutzt werden, um zu überprüfen, ob die gesammelten Konstruktionshilfen ausreichend sind oder ob es ratsam ist, weitere spezifische Richtlinien zu entwickeln. Abhängig von der Organisations- und Projektstruktur ist die Zusammensetzung der Teilnehmer zu bestimmen.

In kleineren und mittleren Unternehmen ist es üblich, dass eine Person diverse Aufgaben übernimmt und somit z.B. Produktionsplanung, Betriebsmittelplanung und Betriebsmittelentwurf bearbeitet. In solchen Fällen reduziert sich der Workshop auf eine Abschätzung des Mitarbeiters. Häufig liegen diese

[388] Vgl. Kumke et al. (New Framework for DfAM) 2015, S. 4–6ff.

Aufgaben aber bei mehreren Personen. In der Automobilindustrie ist es gängig, spezialisierte Betriebsmittelplaner und Betriebsmittelkonstrukteure zu beschäftigen. Insbesondere das Wissen möglichst vieler Betriebsmittelkonstrukteure sollte genutzt werden. Die Moderation sollte durch einen AM-Experten erfolgen, um Fragen direkt klären zu können.

Im Workshop sollten die drei Arten relevanter Features Basiselemente, Bauteilfeatures und Optimierungskriterien identifiziert werden (vgl. Abbildung 5-11). Basiselemente, die Bauteilfeatures verbinden, bestimmen den Großteil des Volumens der Betriebsmittel. Im Workshop sollte überprüft werden, ob die identifizierten Konstruktionsrichtlinien ausreichende Informationen zur Gestaltung von Basiselementen liefern. Zudem sollte geklärt werden, welche Attribute die Qualität der Basiselemente bestimmen. Beispielsweise könnte bei großflächigen, flachen Basiselemente ein möglichst verzugsfreier Aufbau das Ziel sein. Entsprechend muss dann geprüft werden, ob ausreichend beschrieben ist, in welcher Form dieser konstruktiv vermieden werden kann. Ähnlich wird mit Bauteilfeatures und Optimierungskriterien verfahren. Nach der Identifikation ist es notwendig, die Qualitätsmerkmale der Funktionsflächen und Volumen zu bestimmen und mit den gesammelten Informationen abzugleichen. Die vorgestellte Systematik zur Nutzung additiver Fertigungsverfahren für die Bereitstellung von Betriebsmitteln priorisiert insbesondere eine möglichst reduzierte Abwicklung der Bauteilgestaltung (vgl. Kapitel 3.4). Aufgrund dieser starken Verschlankung wird nach Erstellung des MVP überprüft, ob alle Anforderungen getroffen wurden. Einige Anforderungen sind im Konstruktionsprozess schwer zu übersehen und am besten bei vorhandenem Design zu überprüfen. Diese Anforderungen werden fortan als Optimierungskriterien bezeichnet und können beispielsweise Produktionszeit oder ergonomische Anforderungen sein. Sind diese identifiziert, ist eine Aufteilung in Produkt- und Prozessoptimierung sinnvoll, da im Ablauf der Methode überprüft wird, ob die Anforderungen durch Prozessoptimierungen erreicht werden können.

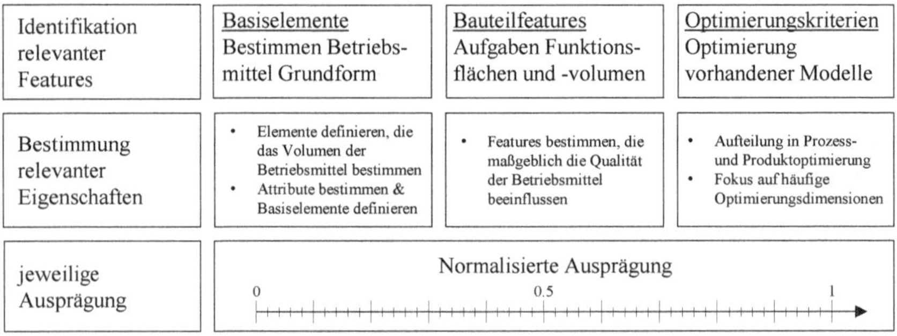

Abbildung 5-11: Workshop zur Anforderungsdefinition [in Anlehnung an ADAM[389]]

Abschließend sollte für alle gesammelten Features das jeweilige Intervall möglicher Ausprägungen bestimmt werden. Beispielsweise könnte für das Basiselement „Plane Verbindung zwischen Bauteilfeatures“ das Intervall von Bereich 0,1 mm bis 1 cm oder auch 10 cm bis 100 cm relevant sein.

[389] Vgl. Adam (Systematische Erarbeitung von Konstruktionsregeln) 2015, S. 28.

Schritt 4: Entscheidung individuelle Gestaltungsrichtlinien

Aus dem Workshop heraus ist nun bekannt, welche Gestaltungsunterstützungen in welcher Beschreibungsgranularität notwendig sind. Diese Informationen bilden die Basis für die Entscheidung, ob individuelle Gestaltungsrichtlinien zu erstellen sind. Wichtig ist in diesem Zusammenhang, dass ein identifizierter Mangel nicht zwangsläufig zu einer individuellen Gestaltungsrichtlinie führen muss.

5.2.2 Erarbeitung individueller Gestaltungsrichtlinien

Im vorangegangenen Kapitel wurde in der Recherche- und Analysephase überprüft, ob die Erstellung von individuellen Gestaltungsrichtlinien notwendig ist. Im Folgenden wird erläutert, wie zu verfahren ist, wenn individuelle Gestaltungsrichtlinien gefordert sind (siehe Schritt 5-10 Abbildung 5-9) und wie schlussendlich eine Unterlage zur AM-Betriebsmittelgestaltung (siehe Schritt 11 Abbildung 5-9) zu erstellen ist.

5.2.2.1 Beschreibung der Versuchsvorbereitung

Die Versuchsvorbereitung umfasst die Schritte 5 und 6 des Beschreibungsmodells zur Erarbeitung anwendungsspezifischer Gestaltungsrichtlinien (siehe Abbildung 5-9).

Schritt 5: Es lassen sich fünf Gruppen von Einflussfaktoren identifizieren

Die wichtigsten Faktoren je Kategorie sind in Abbildung 5-12 zusammengefasst. Zunächst muss auf Basis der identifizierten Bedarfe aus Schritt 3 die Art der Versuche bestimmt werden. Es ist ratsam, zunächst zu klären, ob die Versuche physisch oder virtuell durchführbar sind. Beispielsweise lassen sich Gestaltungsrichtlinien für eine möglichst geringe Druckzeit hervorragend unter Zuhilfenahme eines Slicer-Programms validieren, wohingegen beispielsweise Richtlinien zur Erzeugung von Passungen einer physikalischen Überprüfung bedürfen. Zudem sollte bestimmt werden, welche Messmittel und -methoden Anwendung finden sollen. Dies ist ein notwendiger Input zur in Schritt 6 folgenden Prüfkörpergestaltung.

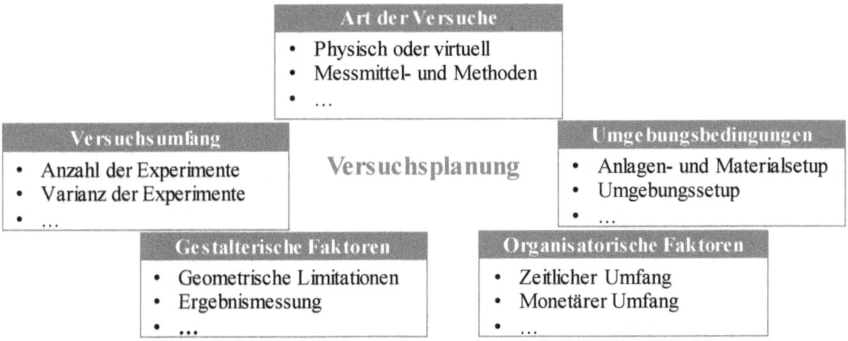

Abbildung 5-12: Einflussfaktoren auf die Versuchsplanung

Bei der Bestimmung des Versuchsumfangs ist die Bestimmung der minimal notwendigen Anzahl an Experimenten in Kombination mit der Anzahl der notwendigen Szenarien entscheidend, um Zeit- und Kostenziele einzuhalten und gleichzeitig verwertbare Ergebnisse zu erzielen. Verschiedene Untersuchungen zeigen, dass neben der Materialauswahl auch die Lage im Bauraum und die Orientierung des

Bauteils einen Einfluss auf die Bauteileigenschaften haben können. Es ist also notwendig zu entscheiden, welche Parameter als fix angesehen werden müssen, da sonst selbst unter Zuhilfenahme von aufwandsminimierenden Ansätzen wie der Design-of-Experiments (DoE) Methode die Anzahl der notwendigen Experimente unbeherrschbar wird. Ein weiterer zu definierender Einflussfaktor sind die Umgebungsbedingungen. Zu nennen ist hier neben dem Anlagen- und Materialsetup das Umgebungssetup. Insbesondere in Forschungseinrichtungen werden Untersuchungen häufig mit modifizierten Anlagen und unter idealen Bedingungen durchgeführt. Dies kann dazu führen, dass erarbeitete Richtlinien übermäßig optimistisch hinsichtlich erreichbarer Werte sind. Auch zu welchen Bedingungen das verwendete Material gelagert und verbraucht wird, sollte festgeschrieben werden. Die organisatorischen Faktoren in Bezug auf die Versuchsdurchführung, wie verfügbare Zeit und verwendbares Budget, sind essenzielle Einflussfaktoren für die Versuchsplanung. Die verfügbare Zeit für die Erarbeitung der Ergebnisse kann, wenn voluminöse oder viele Proben hergestellt werden müssen und nur eine AM-Anlage zur Verfügung steht, schnell den Projekterfolg gefährden. Gestalterisch sollte insbesondere darauf geachtet werden, dass jedes erzeugte Volumen auch hergestellt werden muss. Diese Aussage klingt zunächst trivial, ist aber ein wichtiger Hinweis für Konstrukteure, die gewohnt sind, Bauteile zu gestalten, die aus einem Halbzeug, beispielsweise durch Fräsen, hergestellt werden. Die beschriebenen Einflussfaktoren stehen untereinander im Wechselspiel. Beispielsweise steigt mit steigender Anzahl an Versuchen das notwendige Budget. Überschreitet die Anzahl der Versuche das Budget, kann geprüft werden, ob durch gestalterische Anpassungen die Kosten insgesamt wieder reduziert werden können.

Schritt 6: Die Versuchsplanung bildet die Basis für die Prüfkörpergestaltung

In diesem Schritt wird der Prüfkörper digital erzeugt und die Fertigung vorbereitet (siehe Abbildung 5-13). Die eigentliche Gestaltung findet auf Basis des Versuchsplans in einem CAD-System statt. Die dargestellte Prozesskette orientiert sich am weit verbreiteten STL-Dateiformat (siehe auch Kapitel 2.2.2).

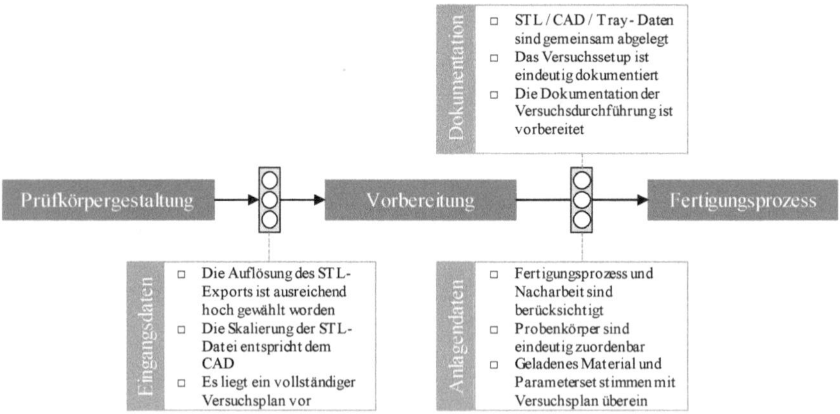

Abbildung 5-13: Checkliste zur Versuchsvorbereitung

Das CAD-Modell muss in ausreichender Schärfe exportiert werden, damit keine Defekte am Bauteil auftreten. Es ist anzuraten, die Maße des Bauteils zu überprüfen, da es vorkommen kann, dass ein achtloser Export zu einer Skalierung der Bauteilabmaße führt. Die Prüfkörper-Dateien sollten analog zum Versuchsplan eindeutig benannt und abgelegt werden.

Auf Basis der Exporte kann die Fertigungsvorbereitung gestartet werden. In diesem Schritt werden die Prüfkörper virtuell im Bauraum der Fertigungsanlage angeordnet, die Materialien ausgewählt und so der Datensatz zur Steuerung des Druckers angelegt. Der Output ist zum einen die lückenlose Dokumentation der digitalen Basisdaten und zum anderen der Datensatz, der in die Fertigungsanlage eingespielt wird. Bei der Dokumentation sollte darauf geachtet werden, dass CAD-Modell, STL-Export und auch die Tray-Daten gemeinsam abgelegt und sinnvoll benannt werden (vergleiche hier auch Kapitel 5.4). Im Idealfall dient der Versuchsplan als übergeordnete Übersicht über die Daten. Zudem sollte das Versuchssetup, die Anlage, das Material und die Umgebungsbedingungen dokumentiert werden. Als vorbereitenden Schritt zur Begleitung des kommenden Prozesses ist die Dokumentation der Versuchsdurchführung vorzubereiten. Die Anlagendaten können als final betrachtet werden, wenn überprüft wurde, ob bei der Zusammenstellung des Trays sowohl der Fertigungsprozess als auch ggf. notwendige Nacharbeitsschritte berücksichtigt wurden. Es muss sichergestellt werden, dass die Probenkörper auch nach der Entnahme aus dem Bauraum noch eindeutig zuordenbar sind. Bevor der Fertigungsprozess gestartet wird, sollte zudem noch einmal abschließend überprüft werden, ob das geladene Material und das Parameterset des Druckprozesses mit den Vorgaben aus dem Versuchsplan übereinstimmen. Sind alle diese Punkte überprüft und erfüllt, kann der Fertigungsprozess gestartet werden.

5.2.2.2 Versuchsdurchführung

In der Versuchsdurchführung werden die Fertigung der Proben sowie die Probenvermessung behandelt. Dies entspricht den Schritten 7 und 8 des Beschreibungsmodels zur Erarbeitung anwendungsspezifischer Gestaltungsrichtlinien (siehe Abbildung 5-9).

Schritt 7: Die Prüfkörperproduktion

Zur Prüfkörperproduktion gehört neben der Fertigung die Nacharbeit und das Vorbereiten der Proben auf die Untersuchung (siehe Abbildung 5-14). Sobald der Fertigungsprozess beendet ist, sollte, bevor die Anlage entladen wird, der Tray dokumentiert werden. Dies kann bei der später folgenden Versuchsauswertung von Vorteil sein. Anschließend kann der Tray entleert und bestimmt werden, welche Nacharbeitsschritte je Probenkörper notwendig sind. Die Nacharbeit umfasst in der Regel das Entfernen von Stützstrukturen oder von Pulverresten. Als Vorbereitung auf die folgenden Untersuchungen werden die Probenkörper anschließend entsprechend der Versuchsplanung sortiert. Zudem werden entsprechend des Versuchsplan-Templates zur Erfassung der Versuchsergebnisse bereitgestellt.

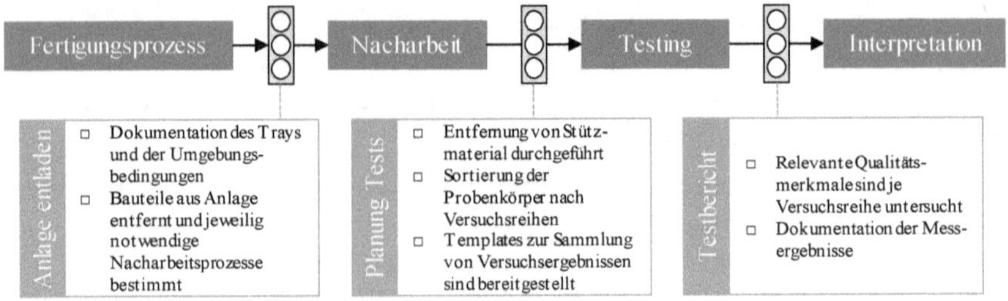

Abbildung 5-14: Checkliste zur Versuchsdurchführung

Schritt 8: Prüfkörperuntersuchung

Die sortierten Proben werden in diesem Schritt entsprechend des Versuchsplans untersucht. Die reproduzierbare und eindeutige Überprüfung von relevanten Qualitätsmerkmalen muss sichergestellt werden. Zudem sollten sämtliche Beobachtungen von Abweichungen, sowohl an den Proben als auch an den Messbedingungen, festgehalten werden. Die Ergebnisse werden, ohne Wertung, in den vorbereiteten Templates dokumentiert und können so im Anschluss systematisch interpretiert und gedeutet werden.

5.2.2.3 Erarbeitung Konstruktionsrichtlinie

Die Erarbeitung der individuellen Konstruktionsrichtlinien erfolgt auf Basis der zuvor erzeugten Versuchsdaten. Die Ergebnisse der Versuche müssen interpretiert, kondensiert und in geeigneter Form dargestellt werden. Dies geschieht in den Schritten 9 und 10 des Beschreibungsmodells (siehe Abbildung 5-9).

Schritt 9: Ergebnisinterpretation

Die Interpretation der Ergebnisse ist der wichtigste Schritt zur Erstellung individueller Gestaltungsrichtlinien. Abhängig von den dokumentierten Ergebnissen muss entschieden werden, welche Handlungsempfehlung sich für den Konstrukteur aus den Versuchen ableiten lässt. Dies kann insbesondere vor dem Hintergrund der Limitationen in der Versuchsplanung (siehe Schritt 5) eine große Herausforderung darstellen. Auf Basis der Interpretation der Versuchsdaten muss entschieden werden, ob weitere Versuche notwendig sind, um valide Ergebnisse zu erzeugen.

Schritt 10: Zusammenführung von Gestaltungsregeln, -prinzipien und -richtlinien

Es hat sich gezeigt, dass eine einheitliche Darstellung die spätere Verwendung stark vereinfacht (siehe Abbildung 5-15). Das hier vorgestellte Template orientiert sich an der VDI-Richtlinie 2222 Blatt 2.[390] Es lassen sich drei Bereiche unterscheiden. Die Gliederungsebene kann genutzt werden, um Richtlinien zu kategorisieren und zu sortieren. Die Anzahl der Ebenen ist grundsätzlich frei wählbar, die unterste Gliederungsebene sollte aber mindestens zwei Gliederungspunkte enthalten. Mehr als drei Ebenen sind nur in Ausnahmefällen notwendig, wenn die dargestellten Konstruktionsrichtlinien sehr umfangreich sind.

[390] Vgl. Verein Deutscher Ingenieure (2222, Blatt 2) 1982, S. 10–13ff.

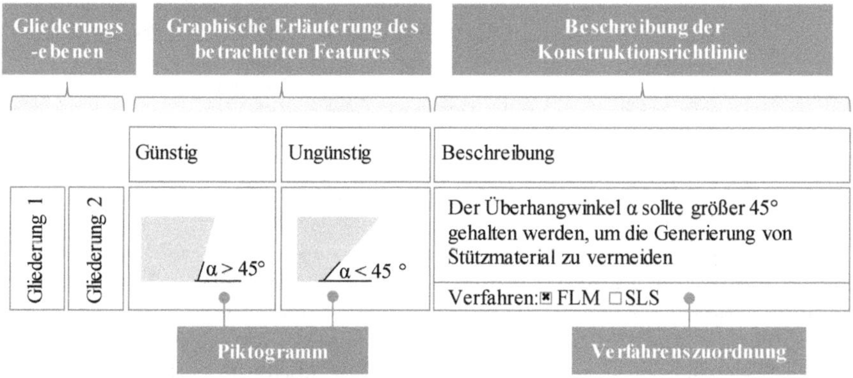

Abbildung 5-15: Template zur Darstellung von Designrichtlinien

Der zweite Bereich bildet die graphische Erläuterung des betrachteten Features. Dieser ist in zwei Darstellungen, „günstig“ und „ungünstig“, unterteilt. Eine aussagekräftige grafische Gegenüberstellung ist wünschenswert. Bei der Abbildung sollte darauf geachtet werden, dass Qualitätsmerkmale eindeutig dargestellt sind sowie eine einfach erkennbare sowie klare Unterscheidung zwischen „günstig“ und „ungünstig“ gewährleistet ist. Im dritten Bereich folgt die textuelle Beschreibung der Richtlinie. Dieses Feld kann genutzt werden, um die Problemstellung zu detaillieren und die Piktogramme zu erläutern. Zudem sollte, wenn die Richtlinie nicht exklusiv ein Verfahren betrachtet, darauf geachtet werden, dass eine Verfahrenszuordnung gegeben wird.

5.2.2.4 Erstellung Konstruktionsleitfaden

Schritt 11: Zusammenstellung Konstruktionsleitfaden

Zuletzt werden Konstruktionsgrundregeln, -prinzipien und -richtlinien in geeigneter Form zusammengeführt, um einen Konstruktionsleitfaden für die Gestaltung von Betriebsmitteln für additive Fertigungsprozesse zu erzeugen. Das Ziel ist eine Unterlage zu erstellen, die eine AM-Betriebsmittelgestaltung ermöglicht. Insbesondere bei den Konstruktionsgrundregeln und -prinzipien muss abgewogen werden, welche Inhalte als Unternehmensstandard betrachtet werden können und somit nicht mehr einfließen müssen. Nach THOMAS muss es das Ziel sein, eine Unterlage zu schaffen, die kurz genug ist, um nicht abzuschrecken und gleichzeitig alle wichtigen Informationen liefert, um einen Konstrukteur ohne AM-Erfahrung zu befähigen, Betriebsmittel zu entwerfen, die additiv hergestellt werden können.[391] Entsprechend empfiehlt es sich, die Gliederung des Konstruktionsleitfadens analog der im Unternehmen angewendeten Konstruktionssystematik zu gestalten. Eine generische Gliederung ist analog zu Abbildung 5-16 möglich. Hierbei wird in die drei Phasen Planung, Konzeptphase und Gestaltung unterschieden.

---

[391] Vgl. Thomas (The Development of Design Rules for Selective Laser Melting) 2009, S. 253–257ff.

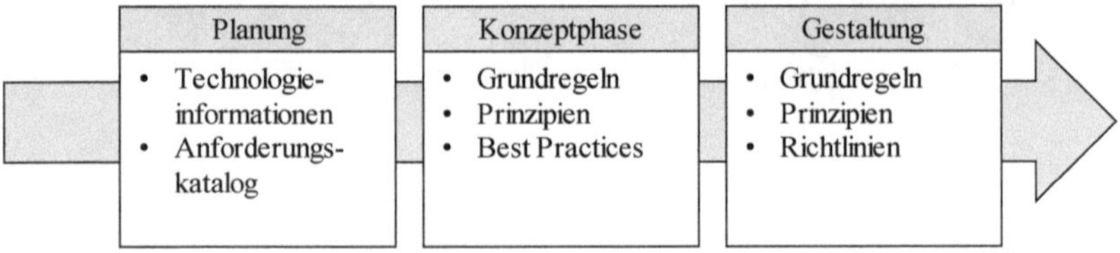

Abbildung 5-16: Generische Gliederung eines Konstruktionsleitfadens

In der Planungsphase werden Technologieinformationen zur Verfügung gestellt. Der Konstrukteur benötigt tendenziell grundsätzliches Wissen über Verfahren und Möglichkeiten der additiven Fertigung im Allgemeinen und der Verfügbarkeiten im Unternehmen im Speziellen. In der Konzeptphase müssen grundsätzliche Prinzipen, wie z.B. ob hohle Bauteile oder Stützstrukturen notwendig sind, etc., dargelegt werden. Best Practices eignen sich besonders gut zur schnellen Adaption. In der Gestaltung ist das Abstraktionsniveau noch etwas niedriger und es werden Grundregeln und Prinzipien auf Feature-Ebene dargestellt, die bei der konkreten Umsetzung der Konstruktion unterstützen.

5.3 Bewertung von AM-Bauteilen im Gestaltungsprozess

Der Entwurf von AM-Bauteilen ist nicht, wie oft postuliert, keinen Beschränkungen unterworfen und so lassen sich durchaus verschiedene Entwürfe gegeneinander bewerten. Im Hinblick auf die möglichst zeiteffiziente Erstellung eines MVP Betriebsmittels ergeben sich im Gestaltungsprozess für die Bewertung von Konzepten neue Herausforderungen. Daher wird zunächst ein Modell zur Auswahl von AM-Betriebsmittelkonzepten vorgestellt. Die Herausforderung liegt in der Bewertung eines sehr frühen Produktstandes. Anschließend wird ein Modell zur Bewertung von digitalen Modellen erarbeitet. Das Hauptaugenmerk liegt hierbei auf dem Erreichen der Anforderungen, ohne diese zu übererfüllen.

5.3.1 Modell zur Auswahl von AM-Betriebsmittelkonzepten

Im Rahmen der Erarbeitung von AM-Betriebsmitteln werden mehrere Konzepte erzeugt. Im Folgenden wird beschrieben, wie entschieden werden kann, welches der Konzepte auf dem bestehenden Datenstand das vielversprechendste ist (siehe Abbildung 5-18). Der Filter, der diese Arbeitsschritt ermöglicht, wird von drei maßgeblichen Teilen beeinflusst. Die Bewertung basiert auf wirtschaftlichen und funktionalen Kriterien, deren Ausprägung in Bezug auf ein ideales Konzept, je nach gewählten additiven Verfahren, variiert. Beispielsweise besteht die Notwendigkeit, Überhänge zu vermeiden bei FLM Verfahren wesentlich stärker als bei LS basierten Verfahren. Die verfahrensspezifischen Charakteristika können entsprechend der für den Anwender in Frage kommenden Technologien vorbereitet werden.

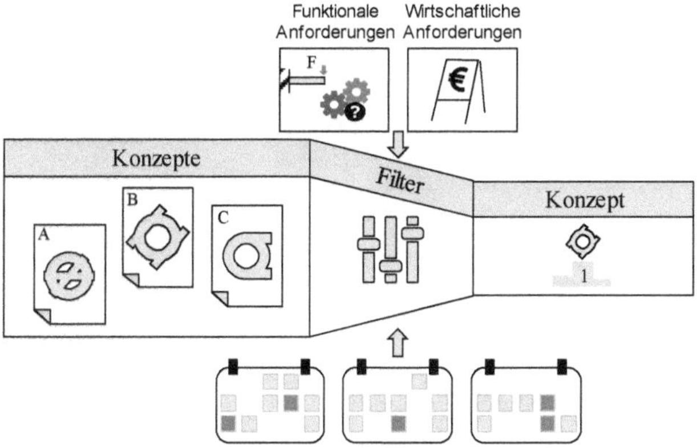

Abbildung 5-17: Filter zur Identifikation des weiter zu verfolgenden Konzeptes

Die Funktion des in Abbildung 5-17 dargestellten Filters wird durch ein sogenanntes Konzeptbewertungssheet ermöglicht. Dieses Blatt ermöglicht es, mehrere Konzepte systematisch gegenüberzustellen, zu vergleichen und eine Entscheidung hinsichtlich des fortzuführenden Konzeptes zu treffen. Ein Hauptgrund für die Umstellung bei der Herstellung von Betriebsmitteln auf additive Fertigungsverfahren ist die Zeitersparnis vom Zeitpunkt der Auftragsstellung bis zum fertigen Betriebsmittel. Diese Anforderung wird durch eine möglichst kurze Konzeptphase begünstigt. Das Modell zur Auswahl des geeignetsten Betriebsmittelkonzeptes wird vor diesem Hintergrund in zwei vorbereitende und ein durchführendes Modul unterteilt (siehe Abbildung 5-18). Das Vorbereitungsmodul I dient hierbei der grundsätzlichen Erstellung des Konzeptbewertungssheets je AM-Verfahren. Im Vorbereitungsmodul II werden unternehmens- und anwendungsspezifische Randbedingungen aufgenommen und so aufgearbeitet, dass im Durchführungsmodul ohne Expertenwissen eine Entscheidung herbeigeführt werden kann. Entsprechend der geringen Produktreife, die Konzepte in der Regel aufweisen, muss auf die Verhältnismäßigkeit hinsichtlich des Aufwands der Bewertungslogik zum Erstellen der Konzepte geachtet werden.

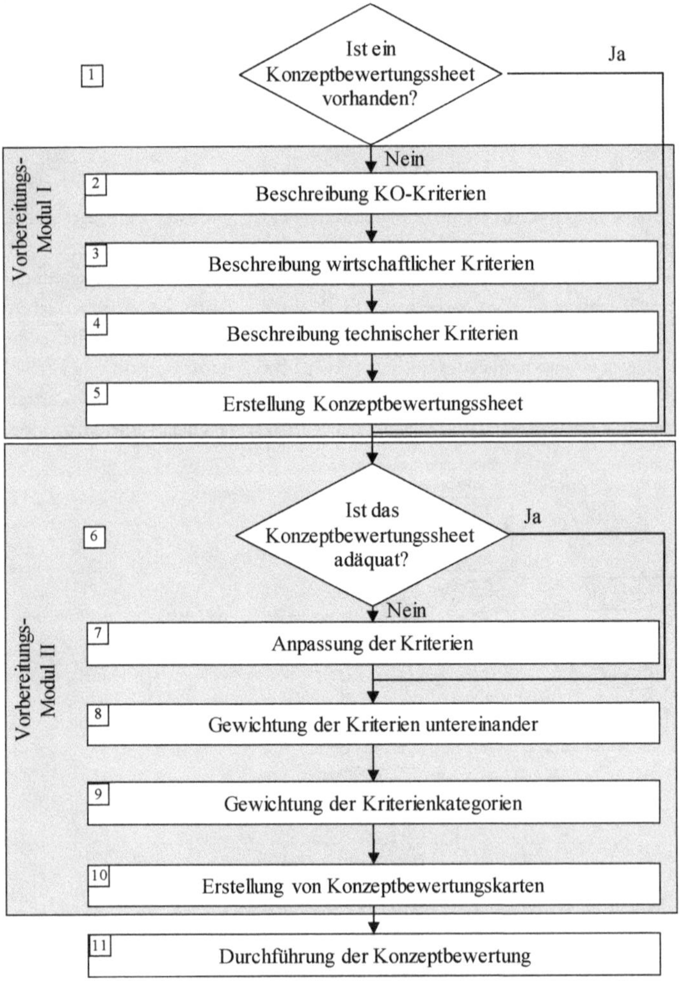

Abbildung 5-18: Modell zur Bewertung von Betriebsmittelkonzepten

Zum Start des Modells zur Bewertung von Betriebsmittelkonzepten wird in Schritt 1 geklärt, ob für das zur Fertigung des Betriebsmittels ausgewählte AM-Verfahren bereits aus vorangegangenen Projekten ein Konzeptbewertungssheet vorhanden ist. Ist dies nicht der Fall, wird das Vorbereitungsmodul I durchlaufen. Sollte bereits ein Konzeptbewertungssheet erstellt worden sein, wird direkt mit Konzeptbewertungsmodul II fortgefahren.

Im Vorbereitungsmodul I werden zunächst die Kriterien definiert, anhand derer eine Entscheidung herbeigeführt werden soll. Obwohl es sich analog zum Modell der Auswahl einer AM-Material und Prozesskombination um ein multifaktorielles Entscheidungsproblem handelt, wird für die Auswahl der Konzepte kein auf komplexen Rechnungen basiertes Verfahren verwendet. Dies scheint vor dem Hintergrund der Durchführung der Konzeptfindung (vgl. Kapitel 5.4) nicht sinnvoll, da der Aufwand für den Bediener zu hoch ist.

Die Kriterien zur Bewertung werden im Optimalfall direkt aus der Anforderungsliste des Produktprojektes abgeleitet. Da die in dieser Arbeit betrachteten Betriebsmittel für die automobile Endmontage ein beschränktes Aufgabenspektrum besitzen, lassen sich eine Reihe von allgemeinen Kriterien aufstellen, die dann für den Einzelfall modifiziert werden (siehe Vorbereitungsmodul II). Ziel des Vorbereitungsmodul I ist es, ein Konzeptbewertungssheet mit, für das jeweils betrachtete AM-Verfahren, gültigen Bewertungskriterien zur Verfügung zu stellen, das bei Bedarf durch eine Auswahl von spezifischen Kriterien ergänzt werden kann. Die Sheets unterscheiden sich je nach verwendetem AM-Verfahren. In den Schritten 2 bis 4 des Modells zur Bewertung von Betriebsmittelkonzepten werden zunächst technische und wirtschaftliche Kriterien sowie K.O.-Kriterien definiert und so beschrieben, dass es einem Anwender ohne AM-Kenntnisse möglich ist, Konzepte hinsichtlich dieses Kriteriums zu bewerten. (siehe Abbildung 5-19).

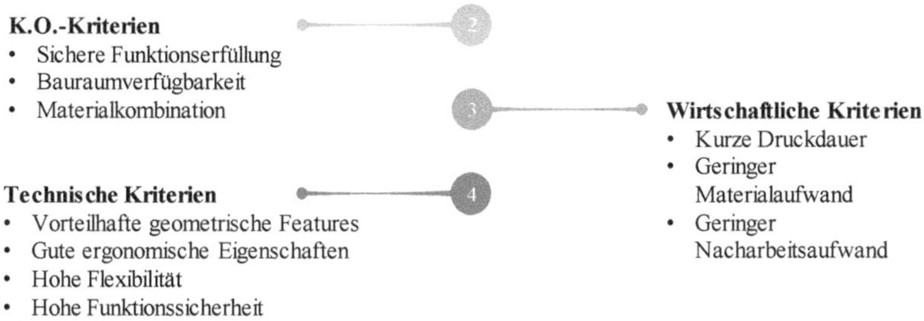

Abbildung 5-19: Je Verfahren zu beschreibende Kriterien

Workshops mit Experten haben gezeigt, dass sich als grundsätzliches K.O.-Kriterium die sichere Funktionserfüllung eignet. Da es sich um Montagewerkzeuge handelt, muss stets sichergestellt werden, dass bei der Benutzung keine Verletzungsgefahr besteht. Ein weiteres Kriterium ist der verfügbare Bauraum. Dieser wird, obwohl meistens bekannt, beim Skizzieren von Konzepten schnell bis aufs äußerste ausgereizt oder auch überschritten. Zudem sollte geprüft werden, ob die erdachten Materialkombinationen unterschiedlicher Bauteilfeatures miteinander kombinierbar sind.

In Schritt 3 werden die wirtschaftlichen Kriterien für das jeweilige Verfahren beschrieben. Um Konzepte effizient bewerten zu können, eignet sich insbesondere der Vergleich der Druckdauer, des Materialbedarfs und des Nacharbeitsaufwands. Für unterschiedliche Verfahren müssen Beschreibungen erstellt werden, wie beispielsweise die Druckdauer bewertet werden kann. Hängt beim Pulverbettverfahren die Druckdauer maßgeblich von der Höhe des Bauteils in z-Richtung ab, so ist die Druckdauer für FLM-Verfahren durch das gedruckte Volumen bestimmt. Auch die Bewertung des notwendigen Materialaufwands unterscheidet sich nach dem gewählten AM-Verfahren. Der Materialbedarf des MJM-Verfahrens ist bei Bauteilen mit Überhängen in der Regel deutlich höher im Vergleich zum FLM-

Verfahren. Ähnlich verhält es sich mit dem Nacharbeitsaufwand, der häufig stark durch die Notwendigkeit der Entfernung von Stützmaterial bestimmt wird.

Im vierten Schritt werden die technischen Kriterien beschrieben. Verfahrensspezifisch müssen hier insbesondere die geometrischen Features erarbeitet werden, aufgrund derer sich Konzepte untereinander differenzieren lassen. Für AM-Betriebsmittel lässt sich zudem festhalten, dass, neben der Bewertung der Ergonomie, die Flexibilität hinsichtlich der Fertigung verschiedener Varianten und die Funktionssicherheit, also die Vermeidung von Fehlbedienung, integrale technische Vergleichskriterien sind.

Im fünften Schritt findet die Aggregation der bisherigen Schritte, mit dem Ziel ein Konzeptbewertungssheet zu erstellen, statt. Die Inhalte müssen in einer leicht verständlichen Form zusammengefasst werden und bestenfalls auf einem Übersichtsblatt zusammengestellt werden. Dieses dient als Orientierung im weiteren Ablauf und als Hilfestellung im Konzeptbewertungsworkshop (vgl. Schritt 11). Das finalisierte Konzeptbewertungssheet beendet das Vorbereitungsmodul I.

Die Schritte 6 bis 10 des Modells zur Bewertung von Betriebsmittelkonzepten beschreiben das Vorbereitungsmodul II. Dieses bezieht sich insbesondere auf die Anforderungen, die sich aus dem jeweiligen Anwendungsfall ergeben und die daraus resultierenden Anpassungen des Konzeptbewertungssheets sowie die abgeleitete Gewichtung der Kriterien. Die Durchführung Bedarf keines AM-Experten, da die verfahrensspezifischen Kriterien gegenüber den Anforderungen des konkreten Betriebsmittels zu spiegeln sind.

Folglich muss zunächst in Schritt 6 überprüft werden, ob das für das gewählte Verfahren erstellte Sheet adäquat für den Anwendungsfall ist. Dies betrifft insbesondere die technischen Kriterien, da diese die Anforderungen spezifisch widerspiegeln. Wurden bereits bei einem früheren Durchlaufen des Modells Kriterien hinzugefügt, müssen diese hinsichtlich ihrer Tauglichkeit für den Anwendungsfall überprüft werden. Fehlt es an adäquaten Kriterien oder wurden alte Kriterien für nicht tauglich befunden, müssen diese im darauffolgenden Schritt 7 angepasst werden.

Falls in Schritt 6 untaugliche Kriterien identifiziert werden, werden diese vom Konzeptbewertungssheet entfernt. Ist es notwendig, weitere Kriterien hinzuzufügen, so werden diese zunächst analog zu den Schritten 3 und 4 beschrieben und dann auf dem Konzeptbewertungssheet vermerkt. Hier ist es häufig sinnvoll, Kriterien hinzuzufügen, die eine Differenzierung der erarbeiteten Konzepte ermöglichen. Gängige Beispiele sind der Erfüllungsgrad einer spezifischen Funktion des späteren Betriebsmittels, wie Justagefähigkeit, Wartbarkeit oder die Verschleißresistenz. Zu beachten ist, dass die Anzahl der Kriterien überschaubar bleiben sollten. Je Kategorie sollte eine Anzahl an sechs Kriterien nicht überschritten werden, um die Bewertung nicht zu überladen.

Die nun vollständigen und adäquat beschriebenen Kriterien müssen zur zielgerichteten Verwendung gegeneinander gewichtet werden. Dies erfolgt im Hinblick auf den Anwendungsfall und das gewählte AM-Verfahren. In einem durch die KO-Kriterien eingegrenzten Lösungsraum soll das Konzept mit der bestmöglichen Kombination aus technischen und wirtschaftlichen Anforderungen gefunden werden (siehe Abbildung 5-20). Die beste Lösung verfügt über den zahlenmäßig längsten Vektor. Die Gewichtung der Kategorien untereinander sorgt für die Skalierung der Achsen der technischen und wirtschaftlichen Zielerreichung.

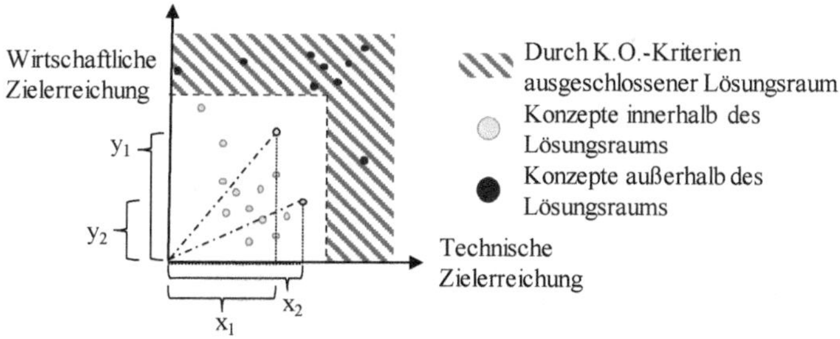

Abbildung 5-20: Konzeptalternativen im Lösungsraum technisch, wirtschaftlicher Zielerreichung

In Schritt 8 werden innerhalb der jeweiligen Kategorie liegende Kriterien gegeneinander gewichtet. Die Einflussgrößen auf diese Gewichtung sind vielfältig und reichen von verfahrensseitigen Rahmenbedingungen über unternehmensinterne Vorgaben hin zu Anforderungen an das eigentliche Betriebsmittel. Innerhalb der Kategorie muss die Summe der Kriteriengewichte 1 ergeben. Der Grad der Zielerreichung errechnet sich folglich nach Formel (5.17) für die Kategorie der technischen Kriterien und nach Formel (5.18) für die wirtschaftlichen Kriterien.

$$K_{\alpha,t} = \sum_{i=1}^{n} (t_i * k_{\alpha,i}) \tag{5.17}$$

$K_{\alpha,t}$ = Summe der erreichten technischen Punkte der Konzeptalternative α

t_i = Gewichtung des technischen Kriteriums i

$k_{\alpha,i}$ = Ausprägung des Kriteriums i der Konzeptalternative α

$$K_{\alpha,w} = \sum_{j=1}^{n} (w_j * k_{\alpha,j}) \tag{5.18}$$

$K_{\alpha,w}$ = Summe der erreichten wirtschaftlichen Punkte der Konzeptalternative α

w_j = Gewichtung des wirtschaftlichen Kriteriums j

$k_{\alpha,i}$ = Ausprägung des Kriteriums j der Konzeptalternative α

Es muss nun also je technischem sowie je wirtschaftlichem Kriterium die Gewichtung t_i beziehungsweise $w_j$bestimmt werden. Diese kann entweder abgeschätzt oder durch einen paarweisen Vergleich ermittelt werden.

In Schritt 9 werden die Kategorien technischer Kriterien gegenüber den wirtschaftlichen Kriterien gewichtet. Technische Kriterien treten in den Vordergrund, wenn die zu erwartenden Produktionskosten in jedem Fall gering sind. Wird beispielsweise ein Betriebsmittel entworfen, das im Produktionsprozess zweimal benötigt wird und zudem noch auf einer Anlage gefertigt wird, die per se geringe Betriebs- und Materialkosten hat, z.B. eine Desktop SLS Anlage, kann davon ausgegangen werden, dass ein Übergewicht auf den technischen Kriterien das geeignetste Konzept identifiziert. Entsprechend der Platzierung der Konzeptalternativen im Lösungsraum kann die beste Konzeptalternative bestimmt werden, indem die Länge des Vektors berechnet wird (siehe Formel (5.19)).

$$K_{\propto} = \sqrt{\varepsilon_t \sum_{i=1}^{n} (t_i * k_{\alpha,i}) + \varepsilon_w \sum_{j=1}^{n} (w_j * k_{\alpha,j})} \tag{5.19}$$

$K_{\propto}$ = Länge des Zielerfüllungsvektors

ε_t = Gewichtung der technischen Kriterien

ε_w = Gewichtung der wirtschaftlichen Kriterien

Die genannte Berechnung dient im Vorbereitungsmodul II der Veranschaulichung und wird schließlich in Schritt 11 angewendet.

Als Abschluss der Vorbereitungsphase II werden Konzeptbewertungskarten auf Basis der Ergebnisse der vorangegangenen Schritte erstellt. Jedes Konzept erhält später eine Karte. Diese Karten enthalten alle bestimmten Kriterien und die Möglichkeit, die jeweiligen Erfüllungsgrade je Konzept zu notieren.

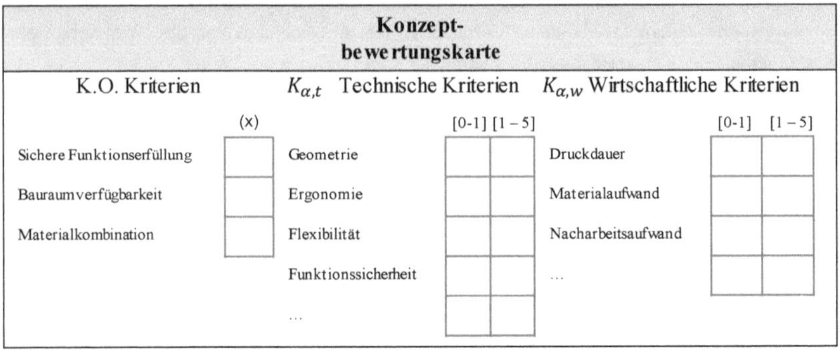

Abbildung 5-21: Entwurf Konzeptbewertungskarte

In Schritt 11 erfolgt die Konzeptbewertung mit Hilfe der entwickelten Konzeptbewertungskarten und der auf der vorgestellten Berechnung basierenden Bewertung. Alle erzeugten Konzepte durchlaufen diese Bewertung zugleich. Es bietet sich ein Workshop Termin an, in dem die am Entwurf Beteiligten detailliert einzelne Parameter betrachten und die jeweiligen Bewertungen vornehmen. Sind die Konzeptbewertungskarten computergestützt erstellt worden, bietet sich eine grafische Gegenüberstellung der jeweiligen Konzepte an. Diese kann anhand einer Vektordarstellung (vgl. Abbildung 5-20) oder alternativ als Spinnennetzdiagramm ausgeführt werden.

5.3.2 Bewertung von AM-Betriebsmittelmodellen

Auf Basis des ausgewählten Konzeptes wird die Konstruktion des Betriebsmittels unter Zuhilfenahme der anwendungsspezifischen Konstruktionsrichtlinien durchgeführt. Das Ergebnis ist eine CAD Konstruktion, die vor dem Druck überprüft werden muss, um sicherzustellen, dass technische und wirtschaftliche Randbedingungen erfüllt sind. Zudem können durch diesen Schritt Druckfehler reduziert werden. Diese Kritizität dieser Überprüfung nimmt mit steigender Druckdauer, also Bauteilgröße und Stückzahl, zu, da in der Regel keine Nacharbeit bei einem fehlerhaften Druckauftrag möglich ist. Das in Abbildung 5-22 dargestellte Modell beschreibt das Prüfungsvorgehen in insgesamt elf Schritten.

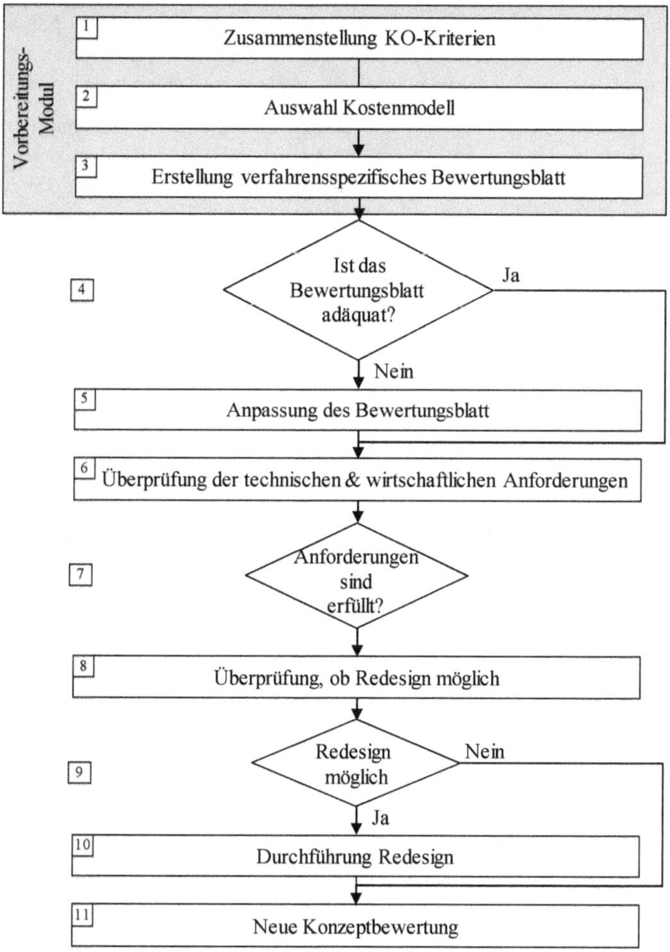

Abbildung 5-22: Modell zur Modellbewertung von AM-Betriebsmittelkonstruktionen

Die Bewertung wird in Anlehnung an BOOTH ET AL. mit Hilfe eines einseitigen Bewertungsblatts durchgeführt.[392] Das hier verwendete Blatt wird im Gegensatz zu BOOTH ET AL. verfahrensspezifisch angelegt, sodass ein Vorbereitungsmodul die ersten drei Schritte des Modells darstellt. Zudem wird es um KO-Kriterien erweitert. Diese werden im ersten Schritt auf Basis von verfahrensspezifischen Konstruktionsrichtlinien ausgewählt. Zwar handelt es sich mit der wiederholten Aufnahme um eine Redundanz, allerdings hat sich gezeigt, dass Konstruktionsrichtlinien und –vorgaben nicht immer eingehalten werden. Das Überprüfen vor der Herstellung erspart somit Fertigungszeit und Kosten. Wie bereits beschrieben, unterscheiden sich die Kosten je Verfahren mitunter erheblich. Daher ist ein verfahrensspezifisches

[392] Vgl. Booth et al. (The Design for Additive Manufacturing Worksheet) 2017.

Kostenmodell auszuwählen. Im Folgenden werden alle Elemente eines Kostenmodells aufgeführt, die für additive Fertigungsverfahren relevant sind. Um den Nutzer des Bewertungsblattes nicht zu überfordern, sollten nur die für das Verfahren relevanten Kostenpositionen übernommen werden.

Grundsätzlich gliedern sich die Kosten in zwei Hauptkostenpositionen (siehe Formel (5.20)). Die erste sind direkte Bauteilkosten k_{bau}, die sich aus den Material-, Vor- und Nacharbeitskosten je Bauteil zusammensetzen. Diese können eindeutig einem einzelnen Bauteil zugeordnet werden. Die zweite Position sind die Kosten je Baujob k_{job}, diese müssen analog zu Gemeinkosten aus der Betriebswirtschaft den einzelnen Bauteilen eines Baujobs zugeordnet werden.

$$K_B = k_{bau} + k_{job} \tag{5.20}$$

K_B = Kosten des entworfenen Betriebsmittels

k_{bau} = Bauteilkosten

k_{job} = Baujobkosten

Die Bauteilkosten setzen sich zusammen aus den Materialkosten k_{mat}, den Vor- bzw. Nachbereitungskosten k_{pos} und einer etwaigen Nachbehandlung k_{nac}. Es werden ausschließlich die Kosten betrachtet, die eindeutig dem Bauteil zuzuordnen sind. Die Kosten für das Postprocessing umfassen, neben dem Entfernen des Bauteils von der Bauplattform, die Entfernung von etwaigem Stützmaterial. Unter den Kosten der Nachbehandlung werden Prozessschritte wie eine Wärmebehandlung oder eine UV-Lichtbestrahlung geführt. Die Materialkosten je Bauteil lassen sich

$$k_{bau} = k_{mat} + k_{pos} + k_{wär} \tag{5.21}$$

k_{mat} = Materialkosten pro Bauteil

k_{pos} = Nachbereitungs- bzw. Postprocessingkosten

k_{nac} = Kosten der Nachbehandlung

In den Materialkosten für das Bauteil sind neben den Kosten für das eigentliche Bauteil auch aktive Stützmaterialkosten enthalten (siehe Formel (5.22)). Erfolgt die Abstützung von Überhängen durch das Verfüllen des Bauraumes, sind diese Kosten dem Baujob zuzuordnen und werden entsprechend in den Baujobkosten berücksichtigt.

$$k_{mat} = v_B * ks_{mb} + v_S * ks_{ms} \tag{5.22}$$

v_B = Bauteilvolumen

ks_{mb} = Kostensatz Bauteilmaterial

v_S = Stützmaterialvolumen

ks_{ms} = Kostensatz Stützmaterial

Die Baujobkosten können abhängig vom Verfahren stark variieren und setzen sich im Allgemeinen aus den Maschinenkosten, den Füllkosten und den Arbeitskosten zusammen.

$$k_{job} = k_{mas} + k_{wer} + k_{fül} \tag{5.23}$$

k_{mas} = Maschinenkosten

k_{wer} = Arbeitskosten

$k_{fül}$ = Füllkosten

Die Maschinenkosten k_{mas} werden analog zu konventionellen Fertigungsanlagen angesetzt. Eine anschauliche Berechnung findet sich beispielsweise bei HORSCH.[393] Zu beachten ist im Umfeld der additiven Fertigung, dass die teilweise erheblichen Softwarelizenzkosten zur Vorbereitung und dem Betreiben der Anlage Berücksichtigung finden.

Die Arbeitskosten k_{wer} setzen sich aus der Zeit zusammen, die der Anlagenbediener mit der Zusammenstellung des Druckjobs, der Anlagenvorbereitung, der Betreuung des Druckjobs und dem Entladen sowie Reinigen der Anlage verbringt (siehe Formel (5.24)).

$$k_{wer} = ks_{wer} * (t_{pre} + t_{anl} + t_{bet} + t_{rei}) \tag{5.24}$$

ks_{wer} = Kostensatz Anlagenbediener

t_{pre} = Preprocessingzeit

t_{anl} = Anlagenvorbereitungszeit

t_{bet} = Betreuungszeit des Druckjobs

t_{rei} = Zeit zum Entladen und Reinigen der Anlage

In Formel (5.24) wird angenommen, dass ein Maschinenbediener alle Baujob relevanten Tätigkeiten ausübt. Die Aufteilung auf Personen mit unterschiedlichen Kostensätzen ist möglich, es wird jedoch empfohlen, aus Übersichtsgründen bei einem Satz zu bleiben, ggf. kann ein Mittelwert verwendet werden.

Die Füllkosten $k_{fül}$ müssen nur für Verfahren mit Pulverbett berücksichtigt werden. Dies resultiert aus der Notwendigkeit, bei diesem Verfahren den Bauraum Schicht um Schicht mit Pulver zu befüllen, unabhängig davon, wieviel von diesem Pulver je Schicht aufgeschmolzen wird. So können beispielsweise Bauteile, die mittels SLS gefertigt werden, im Verhältnis sehr teuer werden, wenn das Bauteil in z-Richtung groß ist und gleichzeitig wenig Volumen der x-y-Ebene verwendet wird.

$$k_{fül} = (1 - r) * v_f * ks_{mf} \tag{5.25}$$

r = Recyclingfaktor

v_f = Füllmaterialvolumen

ks_{mf} = Kostensatz Füllmaterial

Das mit Pulver zu füllende Füllmaterialvolumen, das zum Schichtaufbau benutzt und nicht zum Aufbau des eigentlichen Bauteils verschmolzen wird, kann nach Entfernen der Bauteile in Teilen wiederverwendet werden. Dementsprechend werden die Füllmaterialkosten um den Recyclingfaktor reduziert. Dieser kann theoretisch einen Wert zwischen null, dies entspricht keinem Recycling, und eins, also einer

[393] Vgl. Horsch 2018, S. 148–159ff.

kompletten Wiederverwendung, annehmen. Üblich sind Werte zwischen 0,3 und 0,7.[394] In manchen Unternehmen wird kein Recycling betrieben, damit beträgt ebenjener Wert 0.

[394] Vgl. Dotchev et al. (Recycling of PA12 based powders for LS) 2009, S. 193f. Vgl. Dadbakhsh et al. (Effect of PA12 powder reuse) 2017, 261.

5.4 Systematische Sammlung und Dokumentation von Prozesswissen

Im Folgenden wird die, für eine erfolgreiche Nutzung additiver Fertigungsverfahren im Betriebsmittelbau, notwendige Datenaufbereitung und Sammlung beschrieben. Die additive Fertigungstechnologie entwickelt sich rasant weiter und ist gleichzeitig von der Verbreitung im Unternehmen nicht mit beispielsweise subtraktiven Verfahren zu vergleichen. Die beim Durchlaufen der Modelle gewonnenen Informationen müssen verarbeitet, konserviert und abrufbar gemacht werden (siehe Abbildung 5-23). Kern dieses Modells ist eine Datenbank mit Basiswissen rund um die additiven Fertigungsverfahren. Erklärtes Ziel ist es, implizites Wissen über den Verlauf des gesamten Betriebsmittelentstehungsprozesses in möglichst großen Teilen in explizites Wissen umzuwandeln.

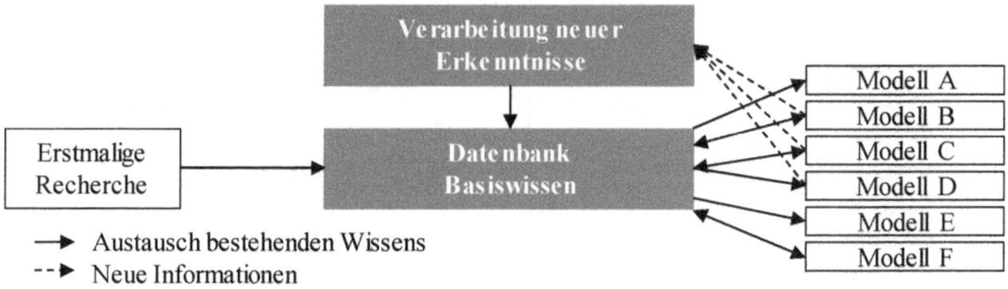

Abbildung 5-23: Wissenskreislauf additiv gefertigter Betriebsmittel

Die Modelle aus den Kapiteln 5.1 bis 5.3 sind beim Durchlaufen auf das Wissen aus der Datenbank Basiswissen angewiesen und liefern beim Durchlaufen neben Ergänzungen für das Basiswissen neue Informationen und Erkenntnisse. Beispielweise werden bei der Erzeugung neuer Konstruktionsrichtlinien viele Informationen generiert, die geordnet, abgelegt und kondensiert werden müssen, um einen weiteren Wissensbaustein zu liefern. In Kapitel 5.4.1 wird zunächst auf die Informationen eingegangen, die bei der Nutzung der Tools innerhalb der Modelle entstehen. Zudem wird die Weiterverarbeitung der Informationen dargelegt. Im darauffolgenden Kapitel 5.4.2 wird insbesondere auf die Fertigung der Betriebsmittel eingegangen und das Konzept der virtuellen Bauteilakte erläutert.

5.4.1 Informationsgewinn beim Durchlaufen der Methodik

Wird die Methodik durchlaufen, entstehen durch die Nutzung der zentralen Werkzeuge, der AM-Material- und Prozessauswahl, dem Werkzeug zur Generierung von Konstruktionsrichtlinien sowie der Konzept- und Modellbewertung Informationen. Diese müssen aufbereitet werden, um erfolgreich Wissen über das Feld der AM-Betriebsmittel zu generieren. Das in dieser Arbeit entwickelte Informationsmodell bildet die beim Durchlaufen der Methodik generierten Daten strukturiert ab (siehe Abbildung 5-24).

Der Kern der Material- und Prozessauswahl ist eine Datenbank mit den dem Unternehmen zur Verfügung stehenden Material- und Prozessalternativen. Je AM-Prozess kann es mehrere Materialien geben, die eine geeignete Kombination abbilden. Die Strukturierung der generierten Richtlinien erfolgt zweigeteilt. Zum einen werden Grundsätze, Prinzipien und Richtlinien aus der Literatur und weiteren Quellen aufbereitet. Zum anderen werden eigene Gestaltungsrichtlinien angelegt. Je Richtlinie gibt es genau einen Versuchsplan und eine Versuchsauswertung. Die Zahl der Versuchsergebnisse ist nicht beschränkt und richtet sich nach den Vorgaben aus dem Versuchsplan. Die Datenstruktur der Tools zur

Bewertung von AM-Betriebsmittelkonzepten und –Modellen ist sehr ähnlich, da beide Tools auf der Verwendung von spezifischen Sheets basieren. Es gibt immer je ein aktuelles blanko Sheet. Diesem können diverse Konzepte oder Modelle zugeordnet sein. Je Konzept bzw. Modell gibt es genau ein ausgefülltes Bewertungssheet. Beim Durchlaufen der Methodik wird die Bewertung regelmäßig angepasst. Um veraltete Bewertungssheets nicht zu verlieren oder zu verwechseln, werden diese archiviert und einer separaten Datenstruktur zugeführt.

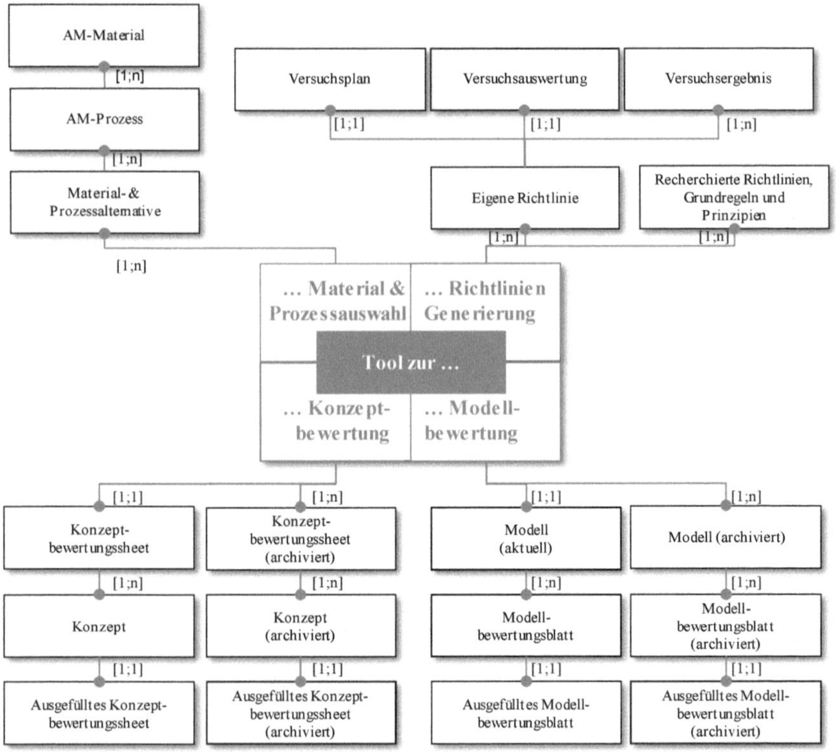

Abbildung 5-24: Informationsmodell der innerhalb der Modelle verwendeten Werkzeuge

Die Datenbanken dieses Modells werden mit jedem neuen Betriebsmittel mit weiteren Erkenntnissen und Informationen befüllt (siehe Abbildung 5-25). Dies führt nicht nur zu einer lückenlosen Dokumentation, sondern verstärkt die Unterstützungsfähigkeit der Einzelmodelle in der Methodik. Die Vorgaben des Informationsmodells dienen hierbei als Leitlinie für den Anwender, um zu unterscheiden, welche Informationen für spätere Anwendungen hilfreich und nützlich sind und welche Informationen zwar beim Durchlaufen der Methodik generiert werden, aber zu vernachlässigen sind.

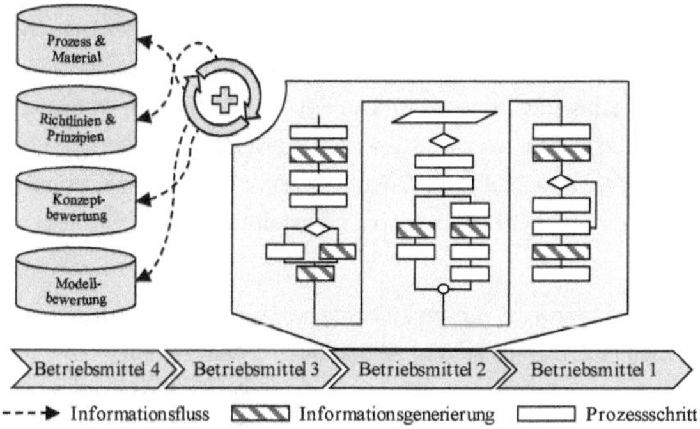

Abbildung 5-25: Sammlung bei Durchlaufen der Methodik

5.4.2 Digitale Bauteilakte als Sammelpunkt bauteilbezogener Daten

Neben den Informationen, die der Prozess generiert, werden beim Durchlaufen der Methodik von der Anforderungsbestimmung bis zum späteren physischen Betriebsmittel bauteilbezogene Daten generiert. Diese Daten werden in einer virtuellen Bauteilakte zusammengefasst.[395] Zunächst lassen sich hierdurch sämtliche Überlegungen zum Betriebsmittel zusammenfassen. Zudem können Iterationsschleifen abgelegt werden, die für spätere Lessons Learned gezielt herangezogen werden können. Entlang der Betriebsmittelgestaltung werden über die unterschiedlichen Phasen verschiedenste Daten, Dokumente und Dateien erzeugt (siehe Abbildung 5-26).

Betriebsmittelgestaltung				
Anforderungen	Konzepte	Modelle	Baujob	Betriebsmittel
Kategorisiert nach Hauptaufgaben und Prozess- und Materialkombination	Konzeptskizzen Zeichnungen Konzeptbewertungen	Release CAD Modellbewertung Entwürfe CAD	Traydaten Anlagendaten Prozessaufzeichnung	Erfahrungsberichte Bildaufnahmen Vermessung

Abbildung 5-26: Entlang der Betriebsmittelgestaltung erzeugte bauteilrelevante Daten

Die Anforderungen werden beim Durchlaufen der Methodik aufgenommen und kategorisiert. Dieses Systematisieren ermöglicht nicht nur eine geordnete Ablage, sondern auch ein Sortieren verschiedenster Betriebsmittel nach grundsätzlich überschneidenden Anforderungen. Im Rahmen der Erarbeitung und Bewertung der Konzepte entstehen neben den Konzepten in Form von Skizzen und Zeichnungen weitere Workshopdokumente und die Bewertungsbögen der Konzepte. All diese Unterlagen werden archiviert, um eine Basis für spätere Konzeptphasen zu bilden. Ebenso werden die auf Basis des gewählten Konzeptes erstellten CAD Entwürfe und Modellbewertungsblätter abgelegt. Es hat sich gezeigt, dass auch Zwischenstände für die Ideenfindung bei späteren Projekten hilfreich sind. Ist ein Betriebsmittelmodell für die Fertigung vorgesehen, werden der Buildtray, die Anlagendaten und etwaige Prozessaufzeich-

[395] Der Rahmen der digitalen Bauteilakte wurde zusammen mit Vertretern aus der Industrie im Rahmen des Arbeitskreises Additive Manufacturing des VDMA erdacht. Vgl. Hassinger (Digitale Bauteilakte) 2018, S. 1. Die nachfolgenden Ausführungen basieren auf dieser Idee, wurden aber in anderen Projekten erweitert und validiert.

nungen dokumentiert. Dies ist für mehrere Dimensionen hilfreich. Sollten bei der Nutzung der Betriebsmittel Probleme auftreten, kann nachvollzogen werden, unter welchen Bedingungen die Bauteile gefertigt wurden und ob es Einflussgrößen gab, die das aufgetretene Problem erklären. Außerdem können die Daten genutzt werden, um eigene Konstruktionsrichtlinien zu verifizieren und weitere Erkenntnisse über die Druckprozesse zu gewinnen. Um die digitale Bauteilakte als Orientierung optimal nutzen zu können, werden die hergestellten Betriebsmittel dokumentiert. Je nach Anwendungsfall bieten sich Vermessungen oder Erfahrungsberichte an.

Um die digitale Bauteilakte über den Gesamtprozess nutzen zu können, muss diese klar strukturiert sein. Die Beziehungen zwischen den einzelnen Objekten sind in Abbildung 5-27 dargestellt.

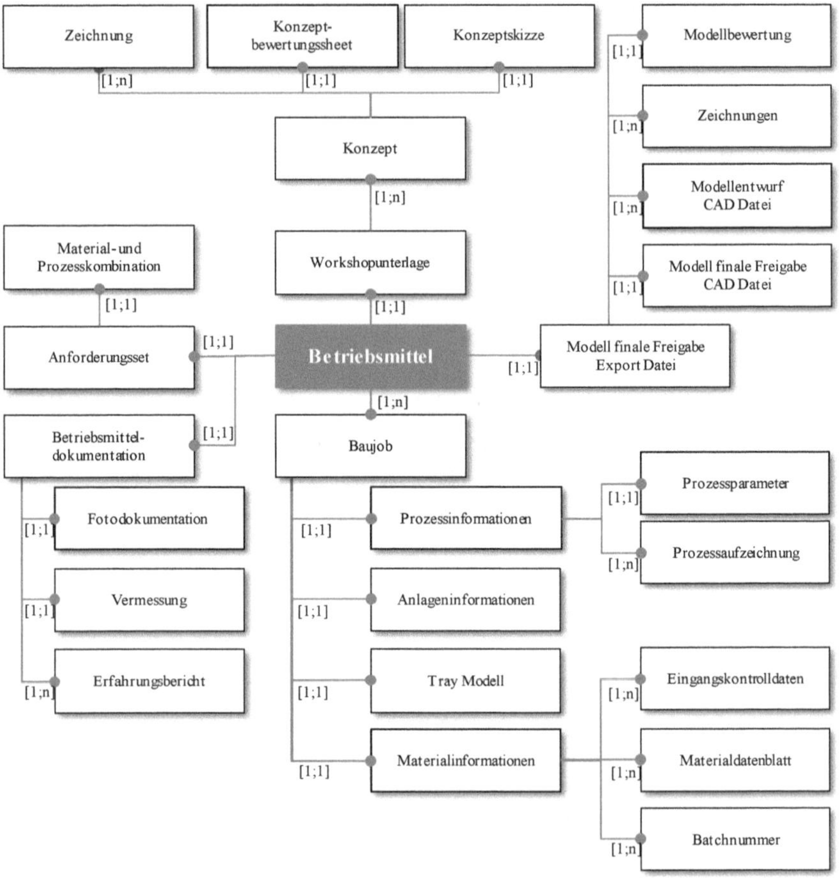

Abbildung 5-27: Datenbankstruktur der digitalen Bauteilakte

Je Betriebsmittel gibt es ein Anforderungsset, das die Material- und Prozesskombination bestimmt. Die Workshopunterlagen beschreiben die Konzeption des Betriebsmittels. Neben dem final ausgewählten Konzept werden bewertete, aber schlussendlich verworfene Konzepte abgebildet. Es werden Zeichnungen, Konzeptskizzen und die Bewertung hinterlegt. Die CAD Modelle werden in der Bauteilakte zusammengefasst unter der finalen Freigabe des Betriebsmittels. Dies geschieht in Form eines für die gewählte Anlage bearbeitbaren Dateiformates. Hierunter werden sämtliche Entwürfe, Zeichnungen und native CAD Daten angeordnet. Je Betriebsmittel kann es mehrere Baujobs geben. Jeder sollte für sich archiviert werden. Neben den Prozess- und Anlageninformationen sind das Modell des Buildtrays und die Materialinformationen die bestimmenden Informationen. Innerhalb der Prozessinformationen lässt sich zwischen Prozessparametern und -aufzeichnungen unterscheiden. Prozessparameter sind die an der Anlage für den jeweiligen Job eingestellten Parameter. Unter Prozessaufzeichnungen können Inlinemessdaten oder Fotodokumentationen fallen. In den Anlageninformationen wird die Anlage hinterlegt, auf der der Baujob gefertigt wird. In der Praxis hat sich gezeigt, dass der Dokumentation der Materialinformationen besondere Aufmerksamkeit gewidmet werden sollte. Die Nachvollziehbarkeit, welches Material zur Fertigung jeweils verwendet wurde, kann im Fehlerfall sehr aufschlussreich sein. Eingangskontrolldaten können chemische oder mechanische Analysen oder auch das Wareneingangsdatum sein. Die Batchnummer ist insbesondere bei Spulenmaterial eine einfache Möglichkeit, Material nachzuverfolgen. Die letzte Kategorie der digitalen Bauteilakte widmet sich der Dokumentation des physischen Bauteils. Neben einer Fotodokumentation und Erfahrungsberichten sind Vermessungen beispielsweise hinsichtlich geometrischer Toleranzeinhaltung üblich.

5.5 Prozessmodell zur systematischen Gestaltung von AM-Betriebsmitteln

Im vorliegenden Abschnitt wird erarbeitet, wie die systematische Gestaltung von Betriebsmitteln mittels additiver Fertigung im Unternehmen zu implementieren ist, um additive Fertigung gewinnbringend für den Betriebsmittelbau einzusetzen. Auf Basis der drei Teilabschnitte der Methodik (vgl. Abbildung 5-28) wird im Folgenden die Implementierung auf Basis von Prozessschritten und den jeweiligen Eingangs- und Ausgangsgrößen modelliert.

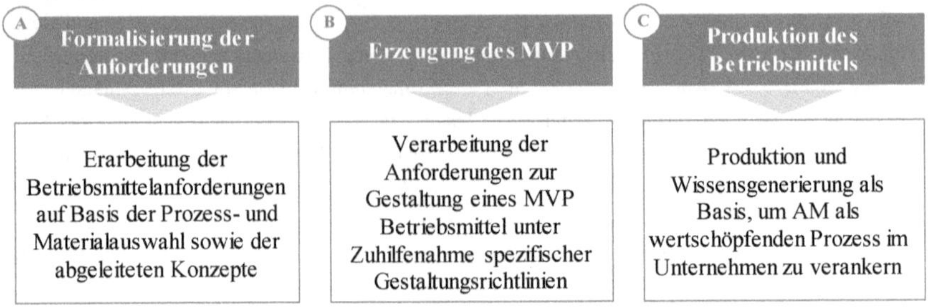

Abbildung 5-28: Teilschritte der systematischen Gestaltung von Betriebsmitteln mittels AM

Jeder Teilabschnitt bedarf der individuellen Vorbereitung. Darauf aufbauend wird die Durchführung der Abschnitte vorgestellt. Es hat sich gezeigt, dass eine Vorbereitungsphase essenziell für die erfolgreiche Durchführung der Methode ist. Die Trennung lässt sich am einfachsten an den beteiligten Personenkreisen und den benötigten Durchlaufzeiten festmachen. So ist zur Vorbereitung in der Regel spezifisches AM-Wissen notwendig, um die Tools zu befüllen und auf das Unternehmen anzupassen. Der gesamte Vorbereitungsprozess wird daher von einem AM-Experten in Zusammenarbeit mit dem zukünftigen AM-Betriebsmittelverantwortlichen des Unternehmens durchgeführt. Diese werden abhängig von Teil- und Prozessschritt durch weitere Personenkreise unterstützt. Zudem bedarf die Vorbereitung der Teilschritte häufig einige Wochen, da Recherchen, Versuche, Auswertungen und Lieferantengespräche durchgeführt werden müssen.

Zur Vorbereitung der Formalisierung der Anforderungen werden drei Prozessschritte benötigt (vgl. Abbildung 5-29). Das Vorbereitungsmodul des AM-Material- und Prozessauswahlmodells sowie das Vorbereitungsmodell des Konzeptauswahlprozesses bilden die ersten beiden Schritte und werden durch den AM-Experten und den AM-Betriebsmittelbetreuer durchgeführt. Sobald diese Werkzeuge erarbeitet wurden, werden die Produktionsplaner, die später mit der Bestimmung der Betriebsmittelbedarfe betraut sind, in den Werkzeugen geschult. Diese prototypische Nutzung erleichtert und beschleunigt den späteren Prozessdurchlauf und überprüft gleichzeitig, ob die Unternehmenswerte entsprechende Berücksichtigung erfahren haben.

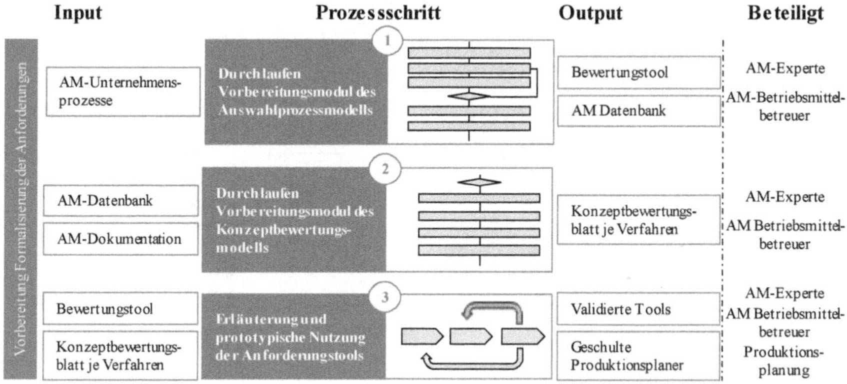

Abbildung 5-29: Vorbereitung des Teilschritts Formalisierung der Anforderungen

Darauffolgend wird die Gestaltungsphase vorbereitet (vgl. Abbildung 5-30). Die Vorbereitung kann aufgrund der Erstellung spezifischer Richtlinien am meisten Zeit beanspruchen (vgl. Kapitel 5.2). Bei erstmaligem Durchlaufen sollten selbst entwickelte Richtlinien auf ein Minimum beschränkt werden. Die Methodik ist als selbstverstärkendes System konstruiert und profitiert daher von mehrmaligem Durchlaufen. Dies gilt auch für den Durchlauf der Vorbereitung.

Zunächst erarbeiten der AM-Experte, der AM-Betriebsmittelbetreuer und die Betriebsmittelproduktion, welche Gestaltungsunterstützungen bereits zur Verfügung stehen und welche Bedarfe für individuelle Gestaltungsrichtlinien bestehen. Hierzu wird zunächst das Vorbereitungsmodul I des Modells zur Erarbeitung von anwendungsspezifischen Gestaltungsrichtlinien durchlaufen (vgl. Kapitel 5.2). Identifizierte Bedarfe werden in Schritt 5 von der Fertigung in Zusammenarbeit mit dem AM-Experten und dem AM-Betriebsmittelbetreuer durch das Durchlaufen des Vorbereitungsmodul II des Modells gedeckt. Die hier generierte Unterlage zur AM-Betriebsmittelgestaltung dient zusammen mit den Konzeptbewertungsblättern aus Schritt 2 als Input für die Vorbereitung der Modellbewertungsbögen. Entsprechend werden diese auf Basis der im Modell in Kapitel 5.3 vorgestellten Vorgehensweise erstellt.

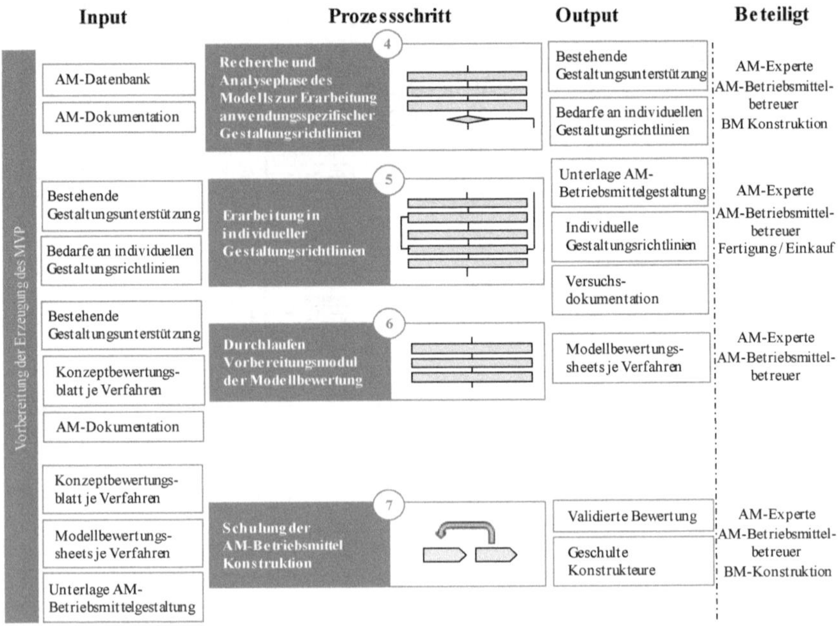

Abbildung 5-30: Vorbereitung des Teilschritts Erzeugung des MVP

Jedes für Betriebsmittel vorgesehene AM-Verfahren des Unternehmens erhält analog zu den Konzeptbewertungsbögen ein Modellbewertungssheet. In einem gemeinsamen Workshop werden die drei Kernergebnisse, die Gestaltungsrichtlinien und die zwei Bewertungsbögen der Betriebsmittelkonstruktion, vorgestellt und erläutert. Dieser Workshop sollte nicht mit Versuchsdetails überladen werden, sondern sich auf den Anwendungshintergrund fokussieren, um der Betriebsmittelkonstruktion einen Mehrwert zu bieten.

Die Vorbereitung des abschließenden Teilschritts der Produktion der AM-Betriebsmittel dient insbesondere der Festlegung der notwendigen Dateninfrastruktur und dem Prozess der Datensammlung (vgl. Abbildung 5-31). Das Aufstellen des Informationsmodells erfolgt anhand der in Kapitel 5.4 vorgestellten Struktur. Diese muss allerdings auf die im Unternehmen vorhandene IT-Infrastruktur angepasst werden. Daher muss in der Regel auch die entsprechende IT-Abteilung eingebunden werden, um Themen wie Zugriffsberechtigungen, Rollen und die Verwaltung der Datenbank eindeutig zu klären. Die Datenbankstruktur dient zusammen mit dem Wissen über den Zugriff auf die verfügbaren AM-Prozesse als Grundlage für die Festlegung der Datensammlung im Fertigungsprozess. Es wird festgelegt, welche Erkenntnisse im Fertigungsprozess gewonnen und abgelegt werden. Die Vorbereitung der drei Teilschritte versetzt den AM-Betriebsmittelbetreuer in die Lage den folgenden Prozess zur Nutzung von AM für die systematische Herstellung von AM zu durchlaufen, ohne dabei auf die Unterstützung eines AM-Experten angewiesen zu sein.

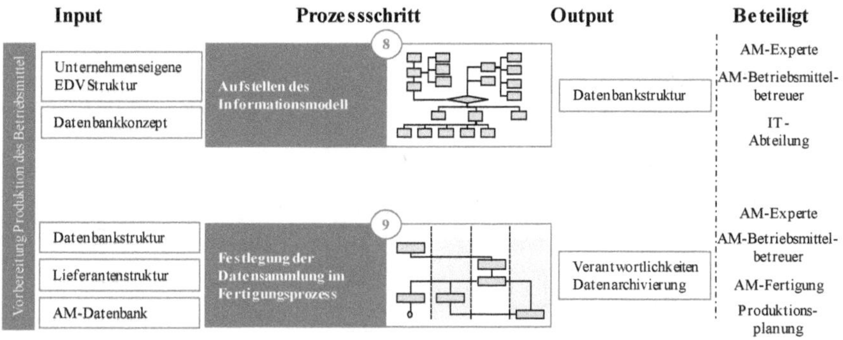

Abbildung 5-31: Vorbereitung des Teilschritts Produktion des Betriebsmittel

Dieser lehnt sich ebenfalls an den drei Teilschritten an und beginnt mit der Formalisierung der Anforderungen. Diese ist in vier Prozessschritte unterteilt (vgl. Abbildung 5-32Abbildung 5-35). In Prozessschritt A ergibt sich die Ermittlung der Anforderungen und die Bedarfsableitung. Diese erfolgt nach dem im Unternehmen etablierten Prozess der Betriebsmittelplanung. Es muss noch kein spezifisches AM-Wissen übertragen werden. Neben der Betriebsmittelaufgabe, den Umgebungsbedingungen und der Stückzahl ist der Zeitrahmen bis zum Einsatztermin zu bestimmen. Die so identifizierten Bedarfe und Anforderungen an die zu gestaltenden Betriebsmittel werden in Schritt B genutzt, um das Ausführungsmodul des Modells zur Material- und Prozessauswahl zu durchlaufen. Der AM-Betriebsmittelbetreuer verwendet zusammen mit der Produktionsplanung das vorbereitete Tool zur Material- und Prozessauswahl.

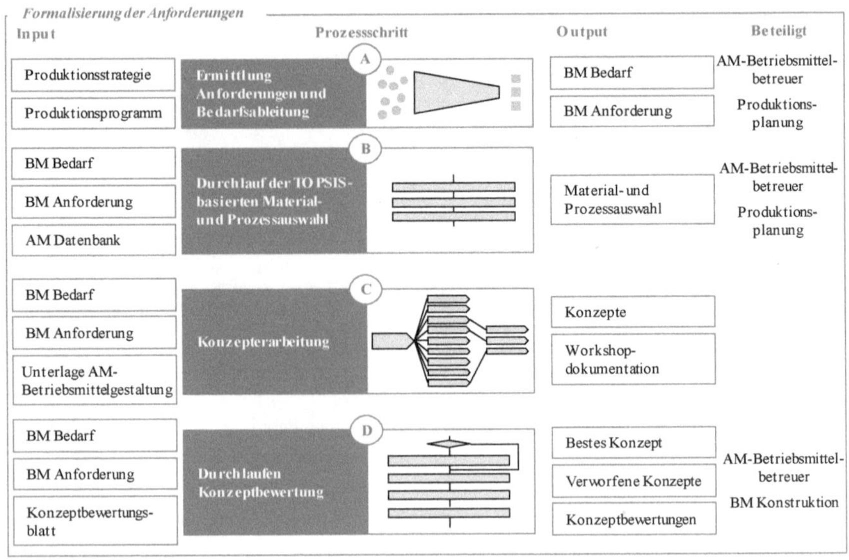

Abbildung 5-32: Prozessablauf der Phase Formalisierung der Anforderungen

Die Konzepterarbeitung in Prozessschritt C kann analog zum Konzeptentwicklungsvorgehen im Unternehmen auf Basis etablierter Prozesse erfolgen. Es wird jedoch empfohlen, die Konzepterarbeitung in einem Workshop durchzuführen (vgl. Abbildung 5-33). Die Konzepterarbeitung erfolgt hierbei dreiteilig. Zunächst wird der Workshop vom AM-Betriebsmittelbetreuer vorbereitet. Hierzu zählt zum einen eine Informationsunterlage für den Workshop. Diese kann AM-Konstruktionsunterlagen, inklusive eigener Richtlinien, Lessons Learned und Konzepte, ähnlich in der Vergangenheit erstellter Betriebsmittel, enthalten. Zudem wird eine oder mehrere Kreativtechniken ausgewählt. Die Wahl der Methode ist frei und richtet sich insbesondere nach der Gruppengröße. Es hat sich gezeigt, dass insbesondere Techniken der freien Assoziation eine Vielzahl an Konzepten fördern.[396] Im Konzeptworkshop ist entsprechend das oberste Ziel die Erzeugung einer Vielzahl eigenständiger Entwürfe.[397] Ein grober Richtwert sind zehn Konzepte. Diese vergleichsweise hohe Anzahl zwingt die Teilnehmer über die Möglichkeiten, die Ihnen additive Fertigung bietet, nachzudenken und soll vor einem Verharren in bewährten Konstruktionsmustern der konventionellen Fertigung bewahren. Aus diesen Konzepten werden mittels intuitiver Bewertung der Gruppe drei Konzepte ausgewählt, mit denen der Prozess fortgesetzt wird.

---

[396] Vgl. Geschka et al. 2005, S. 295.

[397] Dieses Vorgehen ist angelehnt an die Marshmallow Challenge von PETER SKILLMAN. Vgl. Skillman (Marshmallow Design Challenge) 2006.

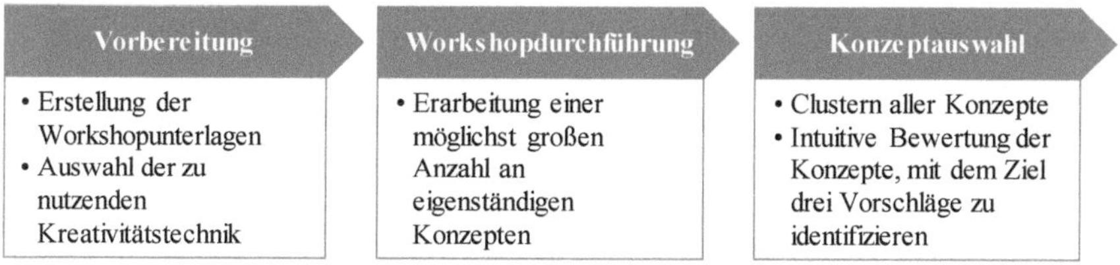

Abbildung 5-33: Vorgehen zur Konzepterarbeitung in Schritt C

In Schritt D wird das Ausführungsmodul des Konzeptbewertungsmodells (vgl. Kapitel 5.3.1) verwendet, um das vielversprechendste Konzept aus den drei Varianten des Schritt C zu identifizieren. Neben dem gewählten Konzept sind unbedingt auch die übrigen Konzepte und deren Bewertungen aufzubewahren, da im späteren Verlauf gegebenenfalls auf sie zurückgegriffen werden muss.

Nachdem im ersten Modul die Anforderungen formalisiert wurden, indem eine Material- und Prozessauswahl durchgeführt wurde sowie Konzepte entwickelt und priorisiert wurden, folgt nun das Modul der Erzeugung des MVP (vgl. Abbildung 5-34). In zwei Schritten wird das Betriebsmittel gestaltet, immer mit der Maßgabe, ein MVP zu erzeugen, um so keine Ressourcen zu verschwenden.

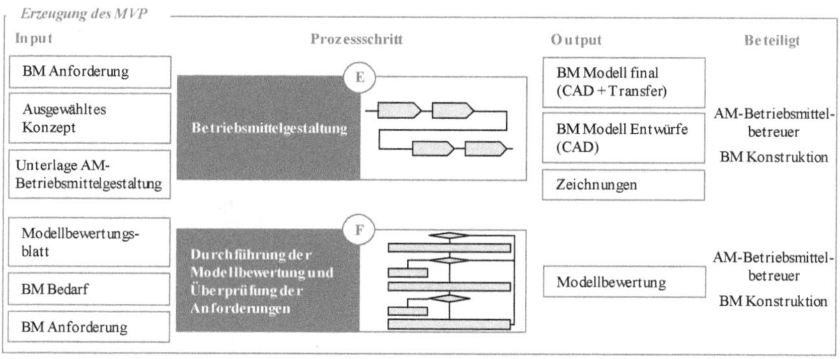

Abbildung 5-34: Prozessablauf der Phase Erzeugung des MVP

Prozessschritt E beschreibt hierbei die Betriebsmittelgestaltung. Diese verläuft in vier Phasen. Die Betriebsmittelkonstruktion erarbeitet zusammen mit dem Betriebsmittelbetreuer auf Basis des ausgewählten Konzepts und der Betriebsmittelanforderungen das BM-Modell. Zudem werden entsprechende Fertigungsinformationen erzeugt, hierzu werden die Unterlagen zur AM-Betriebsmittelgestaltung verwendet. Zunächst wird das zu entwickelnde Betriebsmittel in Module aufgeteilt. Dies können beispielsweise zu fügende Bauteile sein. Dann erfolgt der Entwurf der einzelnen Module. Die Module werden im dritten Schritt zum Gesamtbetriebsmittel zusammengefügt. Neben den Schnittstellen sind hier etwaige Toleranzen zu beachten. Im letzten Schritt wird eine Fertigungs- und Nutzungsanleitung verfasst; diese Dokumente können später an die Produktion übergeben werden.

In Prozessschritt F wird das Bewertungsmodell für Betriebsmittel (siehe Kapitel 5.3.2) verwendet, um den Betriebsmittelentwurf zu bewerten. Die hier enthaltende Abschätzung, ob die Anforderungen ausreichend erfüllt werden, wird mit dem vorbereiteten Modellbewertungsblatt durchgeführt. Sollten notwendige Anpassungen identifiziert werden, ist unbedingt darauf zu achten, Overengineering zu vermeiden.

Auf Basis einer erfolgreichen Modellbewertung können die Fertigungsdaten an die Produktion übergeben werden. Dies ist gleichzeitig der Beginn des dritten Teilschritts der Produktion des Betriebsmittels (vgl. Abbildung 5-35). Die Beschreibung der Produktion geht von einer internen Fertigung aus, im Fall einer externen Produktion muss der AM-Betriebsmittelbetreuer stärker aktiv werden und den Lieferanten überwachen.

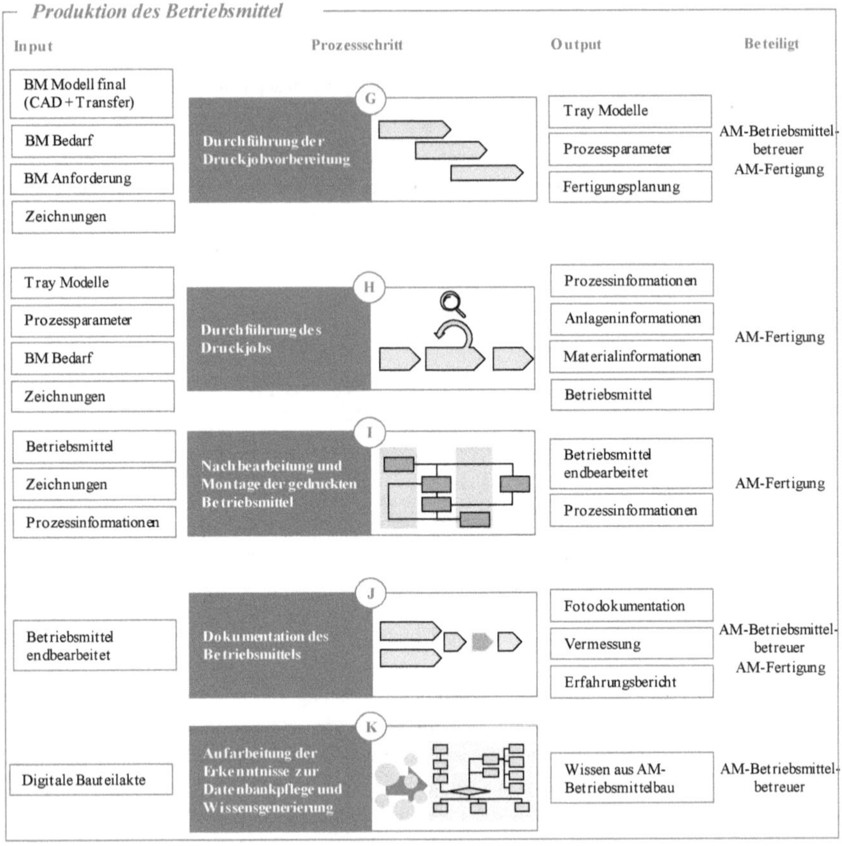

Abbildung 5-35: Prozessablauf der Produktion der Betriebsmittel

Die Durchführung der Druckjobvorbereitung obliegt der AM-Fertigung. Gleichzeitig steht der AM-Betriebsmittelbetreuer für Rückfragen zur Verfügung und bildet im Zweifelsfall den Ansprechpartner mit Blick auf Konstruktion und Produktionsplanung. Die im vorherigen Teilschritt entwickelten Modelle werden von der Fertigung entsprechend der Vorgaben der Konstruktion und des Bedarfs auf dem Tray angeordnet. Sollten mehrere Druckjobs benötigt werden, muss die Reihenfolge geplant und ggf. verschiedene Anlagen je Job festgelegt werden. Neben dieser Fertigungsplanung werden die Prozessparameter fixiert und die Materialbatches bestimmt, die später auf der Anlage verarbeitet werden. Daran anschließend wird in Prozessschritt H das eigentliche Drucken der Betriebsmittel oder deren Teile vorgenommen. Neben der Anlagenvorbereitung, also dem Laden des bestimmten Materials und dem Übertrag der Traymodelle, steht die Anlagenüberwachung im Vordergrund. Nach Beendigung des Aufbaus muss die Anlage entladen werden. Hier bietet sich die Möglichkeit der Dokumentation von kleineren Fehlern an, insbesondere am Stützmaterial. Dies kann in einer späteren Auswertung, beispielsweise für die optimale Lokalisierung von Bauteilen im Bauraum, genutzt werden. Um die Bauteile aus der Anlage zu entfernen, werden diese zumeist mechanisch von der Bauplattform oder aus dem Pulverbett gelöst. Anschließend erfolgt eine Reinigung. Der folgende Prozessschritt I, die Nachbearbeitung und Montage der gedruckten Bauteile, ist optional und hängt stark von der konstruktiven Lösung und dem gewählten Fertigungsverfahren ab. Gängig sind mechanische Nachbearbeitungsschritte, wie z.B. das Schleifen von Kontaktflächen sowie verfahrensbedingte Nacharbeitsschritte, wie z.B. das Nachvernetzen von Fotopolymerbauteilen in Belichtungskammern. Die Nachbearbeitungsumfänge zu dokumentieren, ist ebenfalls ein wichtiger Schritt, um die Effizienz, mit der AM-Betriebsmittel hergestellt werden, zu steigern. Es hat sich gezeigt, dass mit sinkender Stückzahl die Nacharbeit häufig vernachlässigt und nicht dokumentiert wird, da diese aufgrund der absolut benötigten Zeit als irrelevant wahrgenommen wird. Dieser Bias kann dazu führen, dass nacharbeitsintensive Konstruktionen als Best Practices wahrgenommen werden und in den Konstruktionsunterlagen auftauchen. Problematisch wird dies, wenn Betriebsmittel mit diesen Elementen für höhere Stückzahlen konstruiert werden. Insbesondere in zeitkritischen Projekten kann der hohe Nacharbeitsaufwand dann zu Problemen führen. In Prozessschritt J wird das endbearbeitete Betriebsmittel von AM-Betriebsmittelbetreuern und der Fertigung dokumentiert. Zumindest eine Fotodokumentation mit einem kurzen Erfahrungsbericht sollte aufgenommen werden, um diesen in der digitalen Bauteilakte ablegen zu können. Es ist wichtig, dass dies unverzüglich nach der Fertigung angelegt wird und nicht später aus der Erinnerung dokumentiert wird, da sonst essenzielle Details verloren gehen können. Die digitale Bauteilakte dient im letzten Prozessschritt K dem kontinuierlichen Wissensaufbau. Der AM-Betriebsmittelbetreuer prüft hier zunächst, ob alle im Prozess entstandenen Daten in die Datenbank geflossen sind und fordert diese gegebenenfalls nach. Zu jedem Betriebsmittel wird ein kurzer Steckbrief angelegt (vgl. Abbildung 5-36), der bei erneutem Durchlaufen des Prozesses in der Konzeptionierung und der Gestaltung herangezogen werden kann. Eine Fotodokumentation bietet sich an, um nicht nur das gesamte Betriebsmittel darzustellen, sondern auch, um besonderer Features darzulegen. Die Zusammenfassung der Betriebsmitteleigenschaften lässt sich in die Bereiche Beschreibung, Basisinformationen und die Darstellung der Vor- und Nachteile untergliedern. Die Beschreibung sollte möglichst vollständig sein, um in späteren Projekten eine möglichst gute Vorstellung vom Einsatzzweck des Betriebsmittels zu erhalten. Zudem sollte die geplante Verwendungshäufigkeit notiert werden. Die Einordnung in eine der definierten Hauptaufgaben dient als Gruppierungsmöglichkeit.

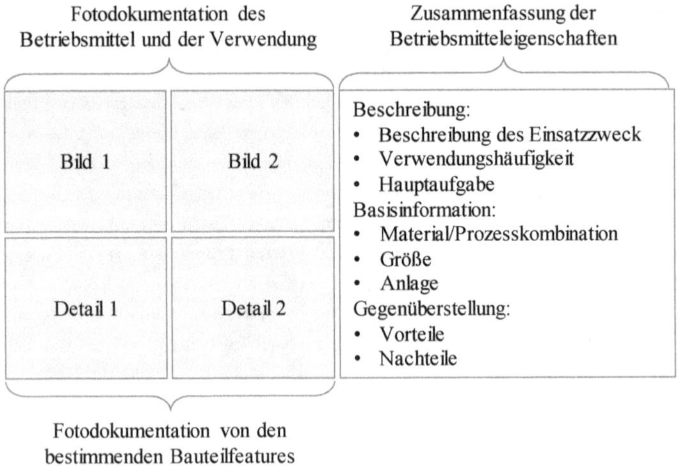

Abbildung 5-36: Integrale Bestandteile des Betriebsmittelsteckbriefs

Die Basisinformationen beziehen sich auf die Umsetzung des Betriebsmittels. Neben Material- und Prozesskombination sollte die jeweilige Anlagenkonfiguration und im Idealfall auch das verwendete Parameterset festgehalten werden. Die Dokumentation der Vor- und Nachteile dient der kontinuierlichen Verbesserung, da hier die Erkenntnisse aus dem Gesamtprozess zusammengefasst werden.

5.6 Zwischenfazit: Detailkonzept für AM-Betriebsmittel

Vor dem Hintergrund der Zielsetzung der vorliegenden Arbeit eine Methodik zu entwickeln, mit deren Hilfe ein zielgerichteter Einsatz von additiven Fertigungsverfahren für die Bereitstellung von Betriebsmitteln ermöglicht wird, wurde in Kapitel 5 die Detailierung des Konzeptes aus Kapitel 4 vorgestellt.

Die hierzu in den Kapiteln 5.1 bis 5.4 entwickelten Modelle bilden die Basis für das in Kapitel 5.5 dargelegte Prozessmodell. Dieses Modell ermöglicht schlussendlich die Implementierung der Gesamtmethodik in ein Unternehmen. Die drei Teilschritte der Methodik werden in einer Vorbereitungsphase initial zusammen mit einem AM-Experten durchlaufen, um eine Verwendung der Teilschritte ohne explizites AM-Wissen zu ermöglichen.

Häufig stehen Anwender vor der Notwendigkeit, den richtigen AM-Prozess auszuwählen. Das in Kapitel 5.1 entwickelte Modell ermöglicht es, auf Basis einer Datenbank mit den zur Verfügung stehenden AM-Materialien und Prozessen ein Auswahlmodell aufzustellen, das es einem Anwender ohne spezifische AM-Kenntnisse ermöglicht, eine fundierte Auswahl zu treffen.

Aufgrund der dynamischen Entwicklung von AM-Prozessen und -Materialien sowie der erweiterten Möglichkeiten durch den schichtweisen Aufbau von Bauteilen sind spezifische Konstruktionsrichtlinien hilfreich, um in der Konzeption und Gestaltung Zeit zu sparen. Das in Kapitel 5.2 entwickelte Modell zeigt am Beispiel der Betriebsmittelkonstruktion, wie für spezifische Anwendungsfälle Konstruktionsrichtlinien entwickelt werden können.

Das in Kapitel 5.4 vorgestellte Informationsmodell ist eine Notwendigkeit bei der Einführung neuer Fertigungstechnologien. Das erlangte Wissen über das neue Fertigungsverfahren wird nicht nur implizit bei einzelnen Personen im Unternehmen generiert, sondern systematisch zusammengetragen und in geordneter Weise abgelegt. Diese Vorbereitung ermöglicht einen schnellen Anlaufprozess, da auf strukturierte Informationen zurückgegriffen werden kann und keine Zeit mit dem Zusammentragen und Auswerten von vorhandenem Wissen verschwendet wird.

Die Vorbereitungsphase des in Kapitel 5.5 entwickelten Prozessmodells befasst sich mit dem Übertrag der Modelle auf das betrachtete Unternehmen. Dazu werden die vorgestellten Modelle vor dem Hintergrund der Firmenausrichtung und –strategie angepasst. Die Durchführungsphase ist darauf angelegt, mehrfach Durchlaufen zu werden und durch jedes produzierte Betriebsmittel das Wissen rund um den AM-Prozess zu erweitern.

6 Validierung der Methodik

Ziel des sechsten Kapitels ist es, die im Rahmen des Grob- und Detailkonzepts erarbeitete Vorgehensweise zur Nutzung von AM für die Fertigung von Betriebsmitteln anzuwenden und hinsichtlich ihrer Eignung in der Praxis zu validieren. Die Anwendung erfolgt anhand des Durchlaufens der Methodik an verschiedenen Beispielen von Betriebsmitteln für die automobile Endmontage. Zunächst werden die Vorbereitungsschritte herausgearbeitet (vgl. Kapitel 6.1). Um dem Ziel einer besseren Beherrschung der Realität durch die Technikwissenschaften zu entsprechen, wird im darauffolgenden Abschnitt (vgl. Kapitel 6.2) die Erarbeitung und Produktion von Betriebsmitteln anhand von Fallbeispielen dargestellt. Abschließend erfolgt eine kritische Reflektion der Ergebnisse (vgl. Kapitel 6.3)

6.1 Durchlaufen der Vorbereitungsschritte zur Anwendung der Methodik

In den folgenden Kapiteln wird die praktische Umsetzung der Vorbereitungsmodule beschrieben. Die Module wurden in verschiedenen Projekten erprobt und angewendet. Die Beschreibung bezieht sich, wenn nicht anders beschrieben, auf den jeweils letzten Iterationsschritt.

6.1.1 Vorbereitung Formalisierung der Anforderungen

Für die Vorbereitung der Formalisierung der Anforderungen wird basierend auf den in Kapitel 5 vorgestellten Gedankengängen ein Tool zur AM-Material- und Prozessauswahl entwickelt. Die Umsetzung des Auswahlmodells erfordert die Definition der Hauptaufgaben, da die Kategorien und Kriterien analog zu Kapitel 5.1.1 gewählt werden.

Es werden fünf Hauptaufgaben für Betriebsmittel identifiziert, die die typischen Aufgaben von Sonderbetriebsmitteln in der Endmontage darstellen (vgl. Abbildung 6-1).

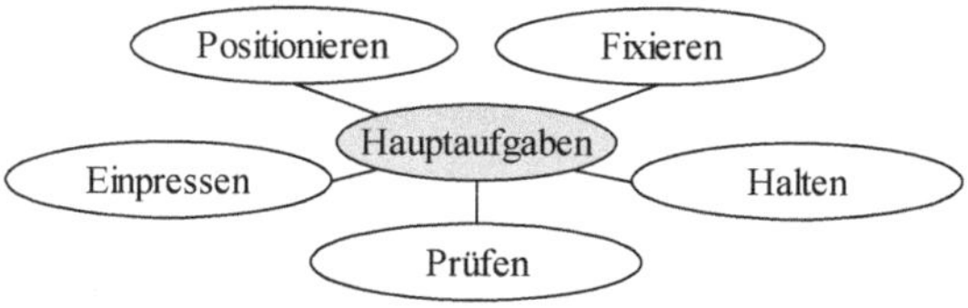

Abbildung 6-1: Hauptaufgaben der betrachteten Betriebsmittel

Ein Betriebsmittel mit der Aufgabe Halten schränkt die Freiheitsgrade des zu haltenden Objekts nur wenig ein. Es wird ein Bauteil in eine Zwischenposition gebracht, aus der es wieder entfernt wird. Betriebsmittel mit der Hauptfunktion Positionieren orientiert zwei Bauteile A und B zueinander. Das Betriebsmittel wird an einem Formfeature des Bauteils A ausgerichtet. Bauteil B wird in irgendeiner Form in das Betriebsmittel eingesetzt und so in Position gebracht. Die Freiheitsgrade von Bauteil B werden aber nicht komplett eingeschränkt, sodass stets eine Bewegung bzw. ein Entfernen möglich ist. Im Gegensatz hierzu wird beim Fixieren durch ein entsprechendes Feature des Betriebsmittels das Bauteil B auf dem Bauteil A eingespannt. Damit werden sowohl Rotations- als auch Translationsfreiheitsgrade auf null gesetzt. Beim Einpressen wird das Betriebsmittel verwendet, um Bauteil B in Bauteil A einzupressen, dies kann quasistatisch oder dynamisch erfolgen. Ein typisches Beispiel hierfür sind Karosseriestopfen zur Versiegelung von Hohlräumen. Beim Prüfen wird mittels des Betriebsmittels ein geometrisches Feature begutachtet.

Um das Modell des Auswahlprozesses zu nutzen, bietet es sich an, dieses in eine geeignete Software zu überführen. Dadurch lassen sich zum einen die für die Auswahl nötigen Informationen verwalten und verarbeiten, zum anderen können auch die notwendigen Rechenoperationen, wie die Eigenvektor-Bestimmung im Zuge des AHP, automatisiert werden. Für das Lösen von mathematischen Problemen und das Durchführen der benötigten Matrixoperationen eignet sich prinzipiell die Software „Matlab" der Firma MATHWORKS sehr gut. Die Nutzung dieses Programms erfordert vom Anwender jedoch zusätzliche Kompetenzen. Zugunsten der Nutzerfreundlichkeit und Anwendbarkeit wird im Rahmen dieser Arbeit daher auf MICROSOFT Excel zurückgegriffen, da es sich um ein Programm mit höherem Bekanntheitsgrad handelt. Der angepasste AHP wird in einem *Microsoft Excel Tool* umgesetzt (vgl. Abbildung 6-2).

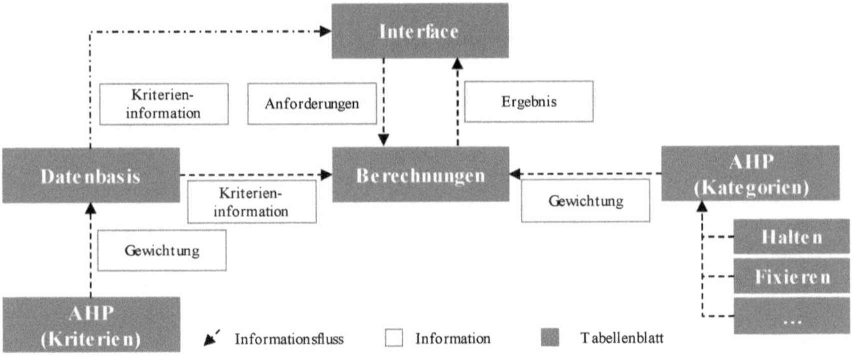

Abbildung 6-2: Strukturierung des Auswahltools in der Umsetzung

Das Tabellenblatt *Interface* dient als Hauptschnittstelle zum Anwender. Hier werden die Anforderungen durch einen Fragebogen aufgenommen (vgl. Kapitel 5.1.4). Das Tabellenblatt *Datenbasis* dient der zentralen Speicherung aller Daten bezüglich der Kriterien und Alternativen. Die Gewichtung der *AHP Kriterien-Kategorien* wird auf einem eigenen Tabellenblatt für jede Hauptaufgabe separat vorgenommen. Der Kern des Excel-Dokuments bildet das Tabellenblatt *Berechnungen*. Hier werden die Alternativen mit den Anforderungen abgeglichen und entsprechend bewertet. Zunächst wird dafür die Entscheidungsmatrix gebildet, für die auf die Datenbasis zurückgegriffen wird. Das Ergebnis wird im Interface dargestellt. Die entsprechenden Gewichtungen werden zusammen mit Prozessplanern und AM-Experten entwickelt und bilden die Datenbasis der Bewertung. Die Ausgabemaske ist in Abbildung 6-3 dargestellt. Es ist zu sehen, dass zunächst die Hauptaufgabe des Betriebsmittels bestimmt werden muss. Hieran angepasst erfolgt eine Konfiguration. Darauffolgend werden Ausschluss und Vergleichskriterien abgefragt und eine grafische Darstellung des Rankings der Alternativen aus der Datenbasis dargestellt.

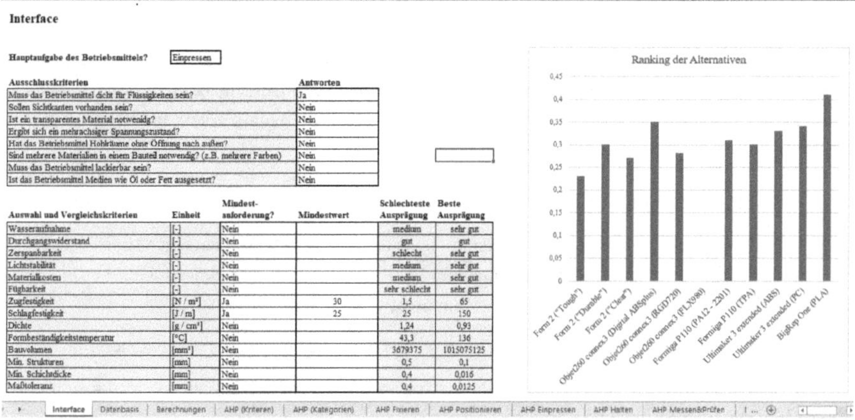

Interface

Hauptaufgabe des Betriebsmittels? Einpressen

Ausschlusskriterien	Antworten
Muss das Betriebsmittel dicht für Flüssigkeiten sein?	Ja
Sollen Sichtkanten vorhanden sein?	Nein
Ist ein transparentes Material notwenidg?	Nein
Ergibt sich ein mehrachsiger Spannungszustand?	Nein
Hat das Betriebsmittel Hohlräume ohne Öffnung nach außen?	Nein
Sind mehrere Materialien in einem Bauteil notwendig? (z.B. mehrere Farben)	Nein
Muss das Betriebsmittel lackierbar sein?	Nein
Ist das Betriebsmittel Medien wie Öl oder Fett ausgesetzt?	Nein

Auswahl und Vergleichskriterien	Einheit	Mindest-anforderung?	Mindestwert	Schlechteste Ausprägung	Beste Ausprägung
Wasseraufnahme	[-]	Nein		medium	sehr gut
Durchgangswiderstand	[-]	Nein		gut	gut
Zerspanbarkeit	[-]	Nein		schlecht	sehr gut
Lichtstabilität	[-]	Nein		medium	sehr gut
Materialkosten	[-]	Nein		medium	sehr gut
Fügbarkeit	[-]	Nein		sehr schlecht	sehr gut
Zugfestigkeit	[N / m²]	Ja	30	1,5	65
Schlagfestigkeit	[J / m]	Ja	25	25	150
Dichte	[g / cm³]	Nein		1,24	0,93
Formbeständigkeitstemperatur	[°C]	Nein		43,3	136
Bauvolumen	[mm³]	Nein		3679375	1015075125
Min. Strukturen	[mm]	Nein		0,5	0,1
Min. Schichtdicke	[mm]	Nein		0,4	0,016
Maßtoleranz	[mm]	Nein		0,4	0,0125

Abbildung 6-3: Interface des Auswahltools am Beispiel eines Einpresswerkzeuges

Vorbereitung Konzeptbewertungsblatt

Die in Kapitel 5.3 erarbeiteten generischen Konzeptbewertungssheets werden anhand mehrerer Use-Cases untersucht und entsprechend dem Anwendungsfall adaptiert. Dabei hat sich herausgestellt, dass die technischen Kriterien zwar in jedem Fall zu erweitern sind, allerdings individuell auf den Einzelfall angepasst werden müssen. In Abbildung 6-4 findet sich ein Konzeptbewertungssheet für die Erarbeitung eines Werkzeuges zur Montage der hinteren Seitenscheibe eines Elektrofahrzeuges.

Konzeptbewertungskarte
Konzept „Saugnapf" Heckscheibenmontage

K.O. Kriterien	(x)	Technische Kriterien	[0-1]	[1 – 5]	Wirtschaftliche Kriterien	[0-1]	[1 – 5]
Sichere Funktionserfüllung	x	Geometrie	0,1	3	Druckdauer	0,2	1
Bauraumverfügbarkeit	x	Ergonomie	0,2	4	Materialaufwand	0,2	1
Materialkombination	x	Flexibilität	0,1	2	Nacharbeitsaufwand	0,2	4
		Funktionssicherheit	0,1	3			
		Beschädigungspotential	0,3	3			
		Symmetrie	0,2	4			
			$\varepsilon_t = 0{,}8$	3,3		$\varepsilon_w = 0{,}2$	1,2
$K_a = 2{,}65$			$K_t = 6{,}97$			$K_w = 0{,}06$	

Abbildung 6-4: Konzeptbewertungskarte für ein Betriebsmittelkonzept

Es ist zu erkennen, dass die ursprünglichen technischen Kriterien der Ergonomie, Flexibilität und Funktionssicherheit erweitert wurden. Für diesen Anwendungsfall wurden zwei Punkte hinzugefügt. Zum einen wurde die Bewertung des Beschädigungspotentials hinzugefügt, da beim Einsetzen verschiedenste Bauteile des Endproduktes beschädigt werden könnten und dies aufgrund des primären

Sichtbereichs der Verbaustelle unbedingt zu vermeiden ist. Zum anderen wurde bewertet, wie sich die Konzepte hinsichtlich der Spiegelbarkeit unterscheiden, da sowohl die linke als auch die rechte Heckscheibe verbaut werden müssen, und es sich grundsätzlich um symmetrische Bauteile handelt. Die Gewichtung der technischen Kriterien ist überproportional hoch, da lediglich von einer Betriebsmittelstückzahl von fünf ausgegangen wird.

6.1.2 Vorbereitung Erzeugung MVP

Damit AM-Betriebsmittel von Konstrukteuren ohne dediziertes AM-Wissen entworfen werden können, werden in der Vorbereitung der Erzeugung des MVP spezifische Konstruktionsrichtlinien erarbeitet und ein Bewertungsvorgehen für AM-Betriebsmittelentwürfe erzeugt.

Recherche und Analysephase zur Erarbeitung anwendungsspezifischer Gestaltungsrichtlinien

Um zu identifizieren, welche anwendungsspezifischen Gestaltungsrichtlinien notwendig sind, muss zunächst, wie in Kapitel 5.2.1 beschrieben, eruiert werden, welche Gestaltungsrichtlinien zur Verfügung stehen und welche Features typischerweise konstruktionsseitig benötigt werden. Zur Aufarbeitung bestehender Literatur ist anzumerken, dass sich unter der Dynamik der additiven Fertigungsverfahren ein regelmäßiges Update anbietet. Im Folgenden wird die produktgruppenspezifische Aufnahme von Features beispielhaft beschrieben. Im Rahmen eines Kooperationsprojektes werden für den Betriebsmittelbau einer Motormontage eines Automobilwerkes AM-Konstruktionsrichtlinien erarbeitet. Zunächst werden bestehende Betriebsmittel mittels eines Fragebogens aufgenommen, kategorisiert und sortiert (siehe Abbildung 6-5). Neben der Beschreibung des Betriebsmittels werden die geometrischen Features und die zugedachten Funktionen bestimmt, mit dem Ziel, einen Überblick über die aktuell in Verwendung befindlichen Betriebsmittel zu erhalten.

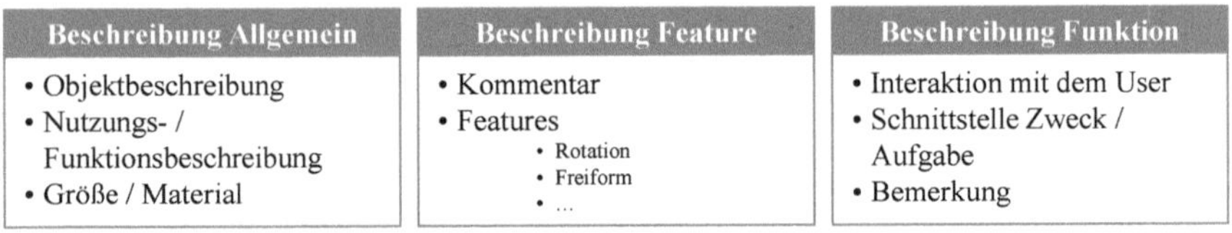

Abbildung 6-5: Aufbau Fragebogen zur Identifikation von Bauteilfeatures

Anschließend werden die erhaltenen Daten systematisch ausgewertet, um die relative Häufigkeit von Bauteilfeatures zu bestimmen und hieraus abzuleiten, welche Konstruktionshinweise oder Richtlinien benötigt werden. Abbildung 6-6 zeigt einen Auszug der Analyse und stellt die häufigsten Features für drei ausgewählte Hauptaufgaben dar. In Summe werden 143 Betriebsmittel untersucht und ausgewertet. Aus der Kombination von Häufigkeit und Funktion werden 43 konkrete Bedarfe abgeleitet werden.

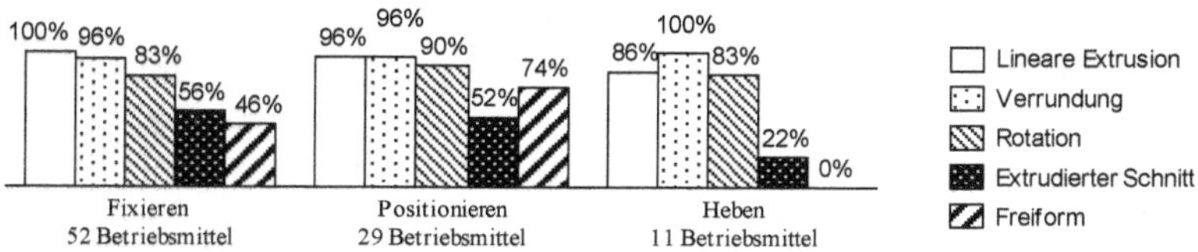

Abbildung 6-6: Auswertung gängiger Features für Betriebsmittel in der Automobilmontage

Erarbeitung eines Konstruktionsleitfadens für die mobile Montage (Vorbereitung)

Die ermittelten Bedarfe müssen in Versuchspläne überführt werden. Entsprechend der vorgestellten Vorgehensweise werden physikalische und virtuelle Versuche durchgeführt, mit dem Ziel, spezifische Konstruktionsrichtlinien zu erarbeiten. Im Folgenden wird die Ergänzung bestehender Richtlinien, die Erarbeitung von spezifischen Bauteilfeatures und Designrichtlinien zur Nachbearbeitung vorgestellt sowie mit der Eignung des vorgeschlagenen Vorgehens verglichen.

Auf Basis der Rechercheergebnisse werden Lücken oder Erweiterungsbedarfe von bestehenden Richtlinien identifiziert. Beispielweise sollten Aussagen über die Passgenauigkeit beim Fügen von zwei gedruckten Bauteilen erweitert werden (siehe Abbildung 6-7). Es existierten bereits Ergebnisse für diese Geometrieform für PA66 im SLS-Verfahren. Aufgrund der verfügbaren Anlagentechnik wird ein Bedarf für die Ausgestaltung von dieser Geometrie auf FLM Anlagen mit dem Werkstoff Polylactide (PLA) ermittelt. Die Entwürfe der Prüfkörper werden mit der Software *Solidworks* der Firma *Dassault Systèmes* erstellt und im STL-Dateiformat exportiert. Die Versuchsdurchführung kann auf Basis des in Kapitel 5.2.2 beschriebenen Leitfadens ausreichend dokumentiert werden, um eine Konstruktionsrichtlinie abzuleiten.

Abbildung 6-7: Durchführung der Konstruktionsrichtlinienerstellung für ringförmige Elemente

Analog zu diesem Vorgehen können für die Betriebsmittel in der automobilen Endmontage 16 auf Grundgeometrien basierende Konstruktionsrichtlinien entwickelt werden. Zudem werden sieben in der Literatur dokumentierte Richtlinien erweitert und ergänzt.

Auf Basis der in der Betriebsmittelanalyse identifizierten Bauteilfeatures werden zudem Empfehlungen für sechs für die Betriebsmittelkonstruktion relevante Bauteilelemente erarbeitet. Beispielsweise wird die Dimensionierung von Schnappverbindungen zum Fügen von zwei Bauteilen sowie gedruckter Gelenke untersucht. Hiermit lässt sich das aufgestellte Modell insbesondere hinsichtlich der Dokumentation der Produktions- und Testbedingungen aktualisieren. Für die Untersuchung der Schnappverbindungen wurde ein Testsystem entwickelt, das es ermöglicht, die dynamische Lasteinwirkung zu simulieren (siehe Abbildung 6-8). Hierbei rotiert ein Stab um eine Achse und lenkt so den einseitig eingespannten Prüfkörper aus. So kann der Schnappprozess abgebildet werden. Insbesondere für FLM Prozesse ist eine sehr starke Richtungsabhängigkeit festzustellen. Sind die Prüfkörper in z-Richtung aufgebaut, reduziert sich die Zyklenzahl um bis zu 73%.

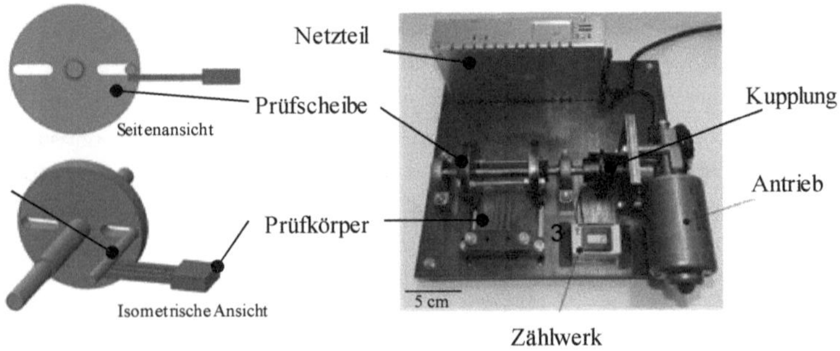

Abbildung 6-8: Prüfstand zum Schnappverbindungstest

Neben Konstruktionsrichtlinien werden mit der entwickelten Methodik Hinweise zur Nachbearbeitung erzeugt. Exemplarisch wird im Folgenden das Befräsen von FLM Bauteilen dargestellt. Hier zeigt sich eines der zentralen Probleme, die große Varianz in möglichen Versuchsplänen bei der Erzeugung von Richtlinien für additive Fertigungsverfahren. Denn neben den Prozessparametern des additiven Fertigungsprozesses kommen die Fräsparameter als weitere Faktoren hinzu. Ziel ist es daher, eine Fräskonfiguration zu identifizieren, die im Mittel ähnlich gut auf möglichst beliebige Flächen eines AM-Bauteils funktioniert. Durch diese klare Priorisierung wird eine Richtlinie geschaffen, die den AM-Prozess vorn anstellt und den Fräsprozess nachlagert. Dies ist notwendig, um die Designfreiheit im Produktentwurf weiterhin zu ermöglichen und nicht Zwangslagen für zu befräsende Flächen zu schaffen. Dieses Vorgehen kann grundsätzlich für die Auslegung von Nachbearbeitungsprozessen betrachtet werden. Ein interessanter Effekt, der bislang nicht näher untersucht werden konnte, ist beim Befräsen von FLM Bauteilen in Bezug auf die Rautiefe R_z in Abhängigkeit von der Zustellung zu beobachten (siehe Abbildung 6-9). Sowohl bei niedriger als auch bei hoher Zustellung treten erhöhte R_z-Werte auf.

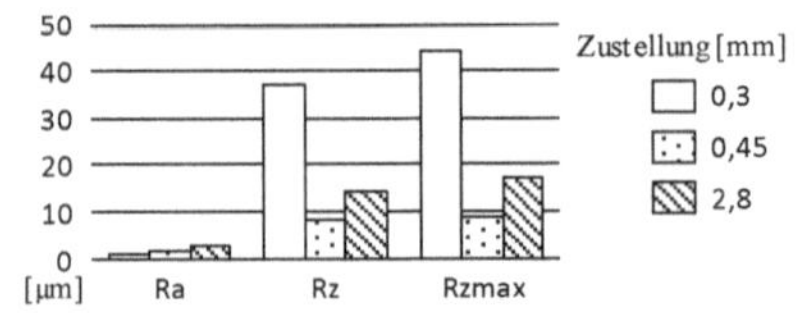

Abbildung 6-9: Veränderung von Rauheitswerten bei veränderter Zustellung

6.2 Anwendung der entwickelten Ansätze

Die entwickelten Ansätze werden für drei unterschiedliche Betriebsmittel angewendet. Um die Allgemeingültigkeit zu demonstrieren, decken diese die drei üblichsten Anwendungsfelder in der Montage ab. Zunächst wird ein einem Montageschritt zugeordnetes Werkzeug zur Seitenscheibenmontage eines

Elektrofahrzeuges vorgestellt (siehe Kapitel 6.2.1). Darauffolgend wird ein Werker spezifisches, individuelles Betriebsmittel, eine Orthese zur Unterstützung bei der Stopfenmontage, entwickelt (siehe Kapitel 6.2.2). Anhand des dritten Betriebsmittels, einer Transporthalterung für Motorbauteile, wird das Anwendungsfeld der im Kreislauf zwischen Montagestationen befindlichen Hilfsmittel abgedeckt (siehe Kapitel 6.2.3) und die wirtschaftlichen Chancen dargestellt. Der Entwurf der Betriebsmittel folgt einem vier-schrittigen Vorgehen (siehe Abbildung 6-12).

6.2.1 Werkzeug zur Seitenscheibenmontage eines Elektrofahrzeugs

Das zu entwickelnde Werkzeug soll in der Montage eines Elektrofahrzeuges eingesetzt werden. Durch die Nutzung von additiv gefertigten Montagewerkzeugen sollen in der Montage schneller Werkzeuge erzeugt werden können, die zudem einfach auf Produktänderungen angepasst werden können. Das vorgestellte Betriebsmittel „Scheibenmontage" hat die Aufgabe, das Einsetzen der hinteren Seitenscheibe eines Fahrzeuges in der Endmontage zu ermöglichen (vgl. Abbildung 6-10Abbildung 6-1). Dabei ist es notwendig, dass eine gleichmäßige Positionierung zwischen der Dachlinie, dem hinteren Kotflügel und der Fahrertür erfolgt, um ein optisch ansprechendes Spaltbild zu erzeugen. Hierzu wird ein Betriebsmittel benötigt, das den Werker unterstützt, die geforderten Spezifikationen entsprechend der Qualitätsvorgaben einzuhalten.

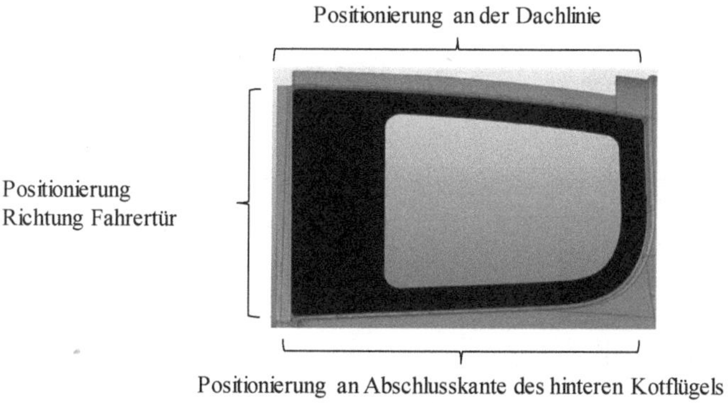

Abbildung 6-10: Montagesituation der Heckscheibe des Elektrofahrzeugs

Neben der Positionierung muss das zu entwerfende Betriebsmittel das Aufnehmen der mit einer Kleberaupe versehenen Scheibe zulassen. Dazu muss das Betriebsmittel erlauben, dass die Scheibe aus der Vorrichtung zum Klebeauftrag entnommen und anschließend in die Karosserie eingefügt werden kann. Bei diesem Vorgang muss eine Montage ermöglicht werden. Aus den erarbeiteten Varianten lassen sich drei konkurrierende Konzepte extrahieren (siehe Abbildung 6-11). Konzept 1 setzt auf das Verklemmen der Scheibe durch Muskelkraft. Der Werker führt beide Komponenten des Betriebsmittels an die Scheibe und baut anschließend in Fahrzeuglängsrichtung Druck auf. Die Kraftübertragung wird durch Formschlüssigkeit gewährleistet. Bei Konzept 2 werden die zwei Komponenten des Betriebsmittels durch mechanische Saugheber auf der Scheibe gehalten. Der Werker setzt diese einmal an und kann anschließend die Scheibe wie an Griffen führen. Das dritte Konzept sieht ein einteiliges Betriebsmittel vor, das in sich ein mechanisches Verklemmen in Fahrzeuglängsrichtung ermöglicht. Konzept 2 wird gegenüber Konzept 1 favorisiert, da hier insbesondere die Funktionssicherheit gewährleistet werden kann. Konzept 3 wird aufgrund des konstruktiven Aufwands und der Erhöhung des Gewichts aus Scheibe und Betriebsmittel verworfen.

Abbildung 6-11: Betriebsmittelkonzepte zur Heckscheibenmontage

Bei der Ausgestaltung von Konzept 2 wird in vier Schritten vorgegangen (siehe Abbildung 6-12). In Schritt 1 werden zunächst Punkte auf der Scheibe bestimmt, die eine spätere eindeutige Positionierung des Betriebsmittels erlauben. Diese dienen im weiteren Konstruktionsprozess als Referenz für die Kontur des Betriebsmittels. In Schritt 2 werden die entsprechenden Punkte, mit dem Ziel, Auflageflächen zu erzeugen, durch geometrische Elemente miteinander verbunden. Häufig bieten sich Kreiselemente oder Freiformsplines an. Im Fall der Splines sind die identifizierten Positionspunkte als Knoten zu betrachten, wohingegen bei den Kreiselementen der Kreis als solches die Positionspunkte schneiden muss.

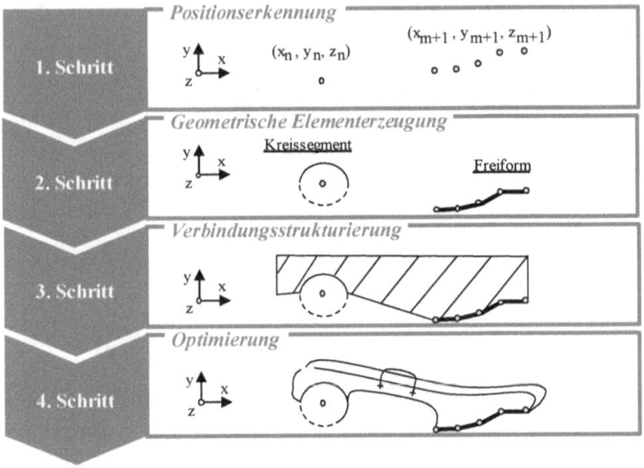

Abbildung 6-12: Vorgehen zur Gestaltung von AM-Betriebsmitteln

Im dritten Schritt wird die Verbindung strukturiert. Die im zweiten Schritt erzeugten Elemente müssen miteinander verbunden werden. Dabei wird gewährleistet, dass das Betriebsmittel nicht mit der Scheibe kollidiert. Im vierten Schritt der Optimierung wird der in den ersten drei Schritten erzeugte Grundkörper mit Griff und Saugnäpfen versehen. Zudem wird der Körper des Betriebsmittel durch das Einbringen von Taschen hinsichtlich der Fertigungszeit und des Gewichts optimiert. Dieser Schritt der Taschenbildung ist insbesondere für Konstrukteure, die häufig für subtraktive Verfahren entwerfen, kontraintuitiv, da bei diesen Verfahren die Bildung von Taschen zu stark erhöhten Fertigungszeiten führt. Bei additiven Prozessen spart jedes Weglassen von Material in der Konstruktion Zeit.

Das fertige Betriebsmittel ist in Abbildung 6-13 dargestellt. Die verwendeten Saugnäpfe werden zugekauft und konstruktiv in das Bauteil integriert (siehe Abbildung 6-13 rechts). Die Konstruktion ermöglicht das Aufnehmen der Scheibe aus der Klebevorrichtung, indem die beiden Module unterhalb der Scheibe über die Saugnäpfe fixiert werden. Zudem ermöglichen Griffmulden die Positionierung mit jeweils zwei Fingern durch den Werker. Das entworfene Betriebsmittel ermöglicht einen Abgleich – sowohl der horizontalen als auch der vertikalen Ausrichtung der Scheibe.

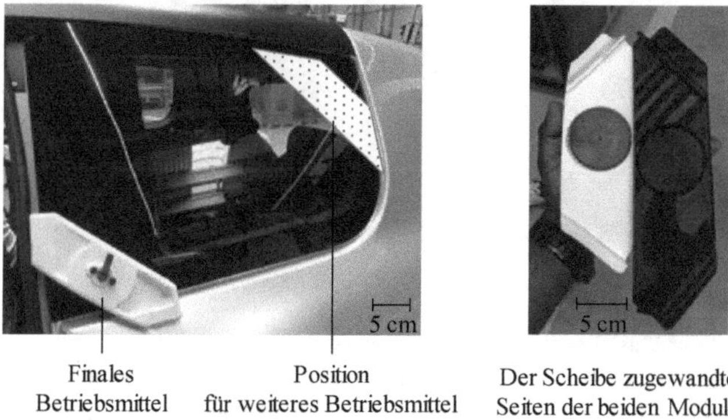

Abbildung 6-13: Finales Betriebsmittel zur Positionierung der Heckscheibe

6.2.2 Orthese zur Unterstützung bei der Stopfenmontage

Beim nächsten Beispiel, dem Betriebsmittel „Orthese", handelt es sich um eine Daumenorthese, deren Aufgabe es ist, beim Einpressen von Kunststoffstopfen das Daumenbasisgelenk des Werkers zu entlasten, indem die eingebrachte Kraft auf die Hand verteilt wird. Die Stopfen verschließen Öffnungen, die für das Ein- und Abfließen des Tauchbads beim kathodischen Tauchlackieren (KTL) in der Karossiere vorgesehen sind, nach diesem Prozessschritt aber nicht mehr benötigt werden. In der Automobilmontage herrschen kurze Taktzeiten, hohe Wiederholungsraten sowie hohe Qualitätsanforderungen. Daraus ergibt sich, dass die Werker schnell, repetitiv und präzise arbeiten müssen. Eine Montagehilfe darf somit den Arbeitsfluss des Werkers nicht stören, muss dennoch die wiederholte Belastung abfedern, ohne aber die Arbeitsgenauigkeit einzuschränken. Das zu entwickelnde Betriebsmittel sollte zudem die Möglichkeit der additiven Fertigung, also werkzeuglos zu fertigen, nutzen, um individuell an die Hand des einzelnen Werkers angepasste Orthesen zu entwickeln.

Hierzu wird exemplarisch zunächst eine Hand mittels 3D Scan in ein digitales 3D Modell verwandelt (siehe Abbildung 6-15). Für den Scanvorgang wird ein *HandySCAN 700* der Firma *Creaform* verwendet. Dieser besitzt eine Auflösung von 0,050 mm und eine Genauigkeit von bis zu 0,030 mm. In diesem Zusammenhang beschreibt die Auflösung die Fähigkeit des Scanners, das einzuscannende Objekt exakt zu erfassen, während die Genauigkeit die Fähigkeit zur exakten Wiedergabe des gescannten Objektes angibt. Die auf der Hand befindlichen Referenzpunkte reflektieren Licht, sodass diese von den Kameras erkannt werden können. Aus der aufgenommenen Größe der Reflektionsfläche und der Lage der Referenzpunkte zueinander wird die Position des Scanners ermittelt (a). Nur bei erfolgreicher Positionierung beginnt der Messvorgang im engeren Sinne. Der Laser wirft eine Gitterstruktur oder eine einzelne Linie auf das Scanobjekt, die entsprechend seiner Oberflächenbeschaffenheit reflektiert und von den beiden Kameras erfasst wird (b). Hierauf wird mittels Triangulation das 3D-Modell erstellt. Die Scanner sind dafür entworfen, räumlich feststehende Objekte zu scannen. Daher kann es ohne Fixierung der Hand zur Verschiebung der Referenzpunkte kommen (c). Hierdurch wird ein fehlerhafter Scan erzeugt (d). Durch eine passende Fixierung sowie mehrmaliges Überscannen der gesamten Hand kann ein Scan der Hand erzeugt werden (e).

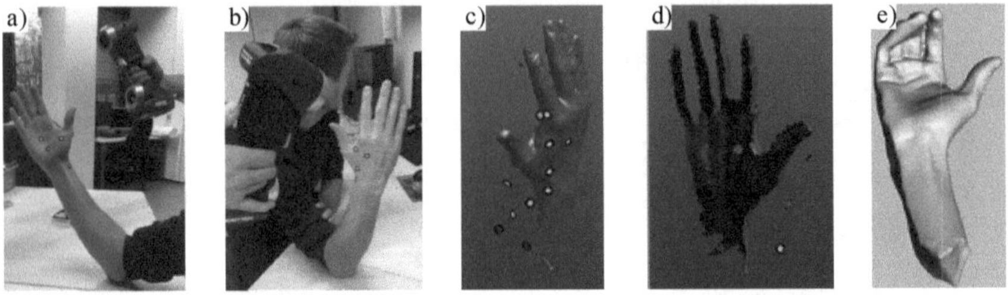

Abbildung 6-14: Digitalisierungsvorgang der Hand als Modellierungsgrundlage

Das Modell der Hand dient als Grundlage für die Erstellung des CAD Modells der Orthese. Das Konzept der Orthese sieht vor, dass die Bewegungsfreiheit des Daumens erhalten bleibt. Sobald der Daumen durchgestreckt wird, um Kraft auf den Stopfen zu übertragen, um diesen in die Karossier-Öffnung schnappen zu lassen, muss die Orthese vom Arm aufgebrachte Kraft am Daumen vorbei auf den Handballen übertragen. Um die gewünschte Beweglichkeit, Tragekomfort und Kraftübertragung zu gewährleisten, wird die Orthese mit einer Materialmischung aus einem sehr weichen und einem harten Werkstoff gefertigt. Der untere Teil der Orthese inklusive den Befestigungsbereichen sowie den Enden der Gelenkschlitze wird aus weichem Material gefertigt (siehe Abbildung 6-15). Dies hat die Vorteile, dass die Orthese weich an der Hand anliegt, die Befestigungsbereiche flexibel bewegbar sind und die einzelnen Gelenke problemlos beugbar bleiben. Der obere Teil der Orthese inklusive der Orthesenspitze und Bauteilaufnahme werden aus einem harten Material gefertigt, das den Kraftfluss gewährleistet. *Tangoblack Plus* der Firma *Stratasys* wird als flexibles Material verwendet, da es eine sehr hohe Bruchdehnung von 170-220 % aufweist und somit die Beweglichkeit der Orthese gewährleisten kann. Für den steifen Teil der Orthese wird das Material *VeroWhite Plus* der Firma *Stratasys* verwendet, das eine noch höhere Festigkeit im Vergleich zu ABS aufweist. Die Kombination aus diesen beiden Materialien ist in einem einzigen Fertigungsschritt mit Hilfe einer STRATASYS Polyjet Anlage möglich. Die Orthese wird dabei in einem einzigen Fertigungsschritt hergestellt (siehe Abbildung 6-15 Fertigung). Neben den beiden Baumaterialien wird ein wachsartiges Stützmaterial verwendet, um Hohlräume zu überbrücken. Dies wird mittels Wasserstrahl nach dem Druck entfernt.

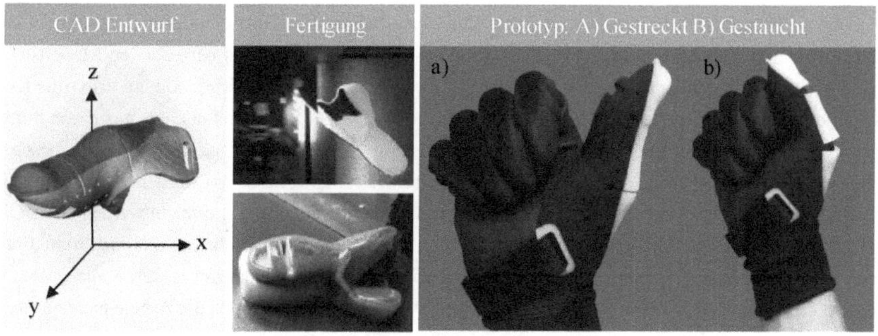

Abbildung 6-15: Vom CAD Entwurf zur gefertigten Orthese

Die fertige Orthese wird mit einem Klettverschlussband an der Hand gehalten (siehe Abbildung 6-15 Prototyp). Es ist zu erkennen, dass die Schlitzung im *VeroWhite* Material in Kombination mit den elastischen Eigenschaften des *TangoBlack* zu Bewegungsfreiheit führt. Das dargestellte Betriebsmittel ist ein Prototyp und konnte nicht in die Produktion übernommen werden, da insbesondere der Konstruktionsprozess aufgrund der Aufarbeitung der Basisdaten aus dem Scan sehr aufwendig und zeitraubend ist. Zudem haben Versuche in einer Fertigungslinie gezeigt, dass insbesondere das weichere Material nicht die Anforderungen hinsichtlich Dauerfestigkeit erfüllen und damit die Orthese nur kurzfristig eingesetzt werden kann. Diese Abweichung von den in der Materialdatenbank hinterlegten Herstellerangaben bezüglich der Materialeigenschaften wird im Rahmen der Lessons Learnend im Auswahltool hinterlegt.

6.2.3 Transporthalterung für Motorbauteile

Als dritte Fallstudie wird ein Betriebsmittel zur Zuführung von Kolben für die Montage eines Motors vorgestellt, da hier bereits Betriebsmittel vorhanden sind. Die Nutzung von AM soll zum einen die Ergonomie verbessern und zum anderen die Herstellkosten der Betriebsmittel senken. Das verwendete Betriebsmittel besteht aus vier Modulen, die gemeinsam genutzt werden, um Bauteile in der Motormontage bereitzustellen, in der das Betriebsmittel an den Warenträger angehängt und mit zu montierenden Teilen bestückt wird (siehe Abbildung 6-16).

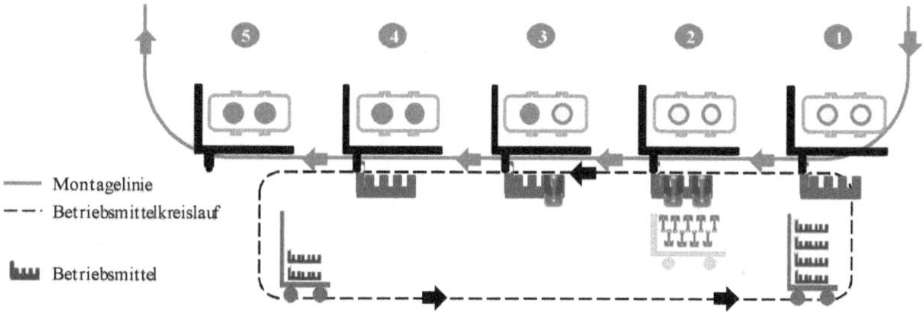

Abbildung 6-16: Schematische Darstellung Kolbenmontage

Zu Beginn wird das Betriebsmittel am Warenträger befestigt und dann in der zweiten Station mit Bauteilen beladen. Diese werden anschließend in den verschiedenen Stationen verbaut, so dass an Station vier das Betriebsmittel auf einen Wagen geladen wird. Sobald der Wagen beladen ist, wird dieser wieder an Station 1 bereitgestellt.

Das zu Beginn des Projektes verwendete Betriebsmittel wird aus verschiedenen Fräs-, Dreh- und Blechbauteilen zusammengefügt. Die Überarbeitung erfolgt auf Basis des bestehenden Modells. Die Modularisierung folgt aus den Montageinhalten. Auf Basis der erarbeiteten Methodik inklusive der Konstruktionsrichtlinien ist es möglich, ein vierteiliges Betriebsmittel zu entwickeln, das aus PA66 mittels des SLS Verfahrens hergestellt wird. Neben der anvisierten Kosteneinsparung kann sowohl eine signifikante Gewichtseinsparung realisiert und die Wiederbeschaffungszeit gesenkt werden. Es fällt auf, dass insbesondere bei der Deckelhalterung des Bauteils 1 85 % Kosteneinsparung erreicht werden kann. Dies ist darin begründet, dass das ursprüngliche Bauteil als Fräsbauteil ausgeführt ist und im Produktionsprozess mehrfach umgespannt werden muss. Durch die Substitution von Metall mittels Kunststoff kann zudem das Gewicht des Betriebsmittels stark gesenkt werden. Hierdurch sinkt die Arbeitsplatzbelastung und die Ergonomie-Bewertung, insbesondere der Stationen 1 und 4, verbessert sich.

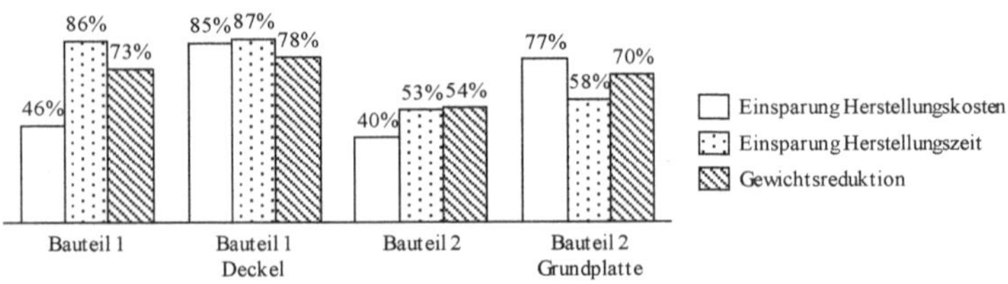

Abbildung 6-17: Übersicht Einsparung Betriebsmittel Kolbenmontage

6.3 Kritische Reflexion der Ergebnisse

Nachdem nun zusammenfassend eine Erläuterung der Anwendung der erarbeiteten Methodik vorgestellt wurde, folgt nun eine kritische Auseinandersetzung mit den gestellten Zielen der vorliegenden Arbeiten. Beispiele zeigen, dass AM-Kosten und Gewichtseinsparung durch AM möglich sind.

Die Vorbereitungsschritte des Prozessmodells sind essenzieller Bestandteil des Vorgehens, insbesondere, wenn AM-Wissen externalisiert und somit einer größeren Audienz zur Verfügung gestellt werden soll. Der Schritt der Vorbereitung Formalisierung der Anforderungen gibt Prozessplanern ein Werkzeug an die Hand, um die sich schnell wandelnde AM-Technologie zu überblicken. Die entwickelten Werkzeuge sind in dieser Form funktionsfähig und können als Proof-of-Concept betrachtet werden; für eine breite Implementierung im Unternehmen muss insbesondere die Möglichkeit der Fehlbedienung beim Updaten der Datenbanken ausgeräumt werden.

Zur Bewertung von Konzepten und Modellen wurde die Nutzung von einheitlichen Bewertungssheets erarbeitet und validiert. Der aus Sicht des Autors größte Mehrwert ist in diesem Zusammenhang nicht die eigentliche Bewertung, sondern die Analogie in der Bewertung und Aufarbeitung von Konzepten und Modellen für verschiedenen Betriebsmittel. Hierdurch wird ein selbstverstärkendes System geschaffen, das sich mit jedem entworfenen Betriebsmittel verbessert.

Das dargestellte Vorgehen ermöglicht die Erarbeitung von Konstruktionsrichtlinien und minimiert durch die spezifische Ausrichtung auf den Anwendungsfall den erforderlichen Aufwand. Aufgrund der großen Varianz der möglichen Versuche – beispielsweise hinsichtlich der Orientierung von Prüfkörpern im Bauraum oder deren Position im Bauraum – bleibt trotz aller Tests eine Unsicherheit zurück. Die starken Normierungsbemühungen werden in den kommenden Jahren wahrscheinlich den Prüfaufwand in Summe reduzieren. Zum aktuellen Zeitpunkt gibt es keine einheitlichen Prüfverfahren für additiv gefertigte Bauteile. Es ist anzunehmen, dass analog zu anderen Materialklassen in der Zukunft zumindest einige Tests durch AM-spezifische Normen beschrieben werden. Für Zugversuche existieren materialabhängige Beschreibungen desselben Tests, beispielsweise für Hartschäume (ISO 1926), Gummi (ISO 37) oder Vliesstoffe (ISO 9073-3); hier könnte AM gut ergänzt werden. Die Umsetzung weiterer Fallbeispiele hat gezeigt, dass Konstruktionsrichtlinien nicht nur bezüglich der eigentlichen Zahlenwerte notwendig sind. Vielmehr melden die beteiligten Konstrukteure zurück, dass die Richtlinien als Orientierungshilfe dienen, um den Übertrag von konventionellen auf AM-Bauteile leichter zu schaffen. Analog zu den Untersuchungen von SIMPSON lässt sich feststellen, dass individuelle Richtlinien bezüglich der kritischsten Bauteilfeatures eine Brückenfunktion übernehmen und damit mehr als Hilfestellung denn als vollumfänglicher Katalog zum Betriebsmittelentwurf dienen können.[398] Zudem bleibt das Problem bestehen, dass Technologiesprünge eine Überarbeitung der erarbeiteten Richtlinien erforderlich machen könnten. Durch die rasanten Entwicklungen im Technologiefeld der additiven Fertigung kann es sein, dass einzelne Verfahren abgelöst werden. Dies sollte in der Entscheidung, ob individuelle Gestaltungsrichtlinien erarbeitet werden, Berücksichtigung finden. Individuelle Rahmenbedingungen spielen hierfür die entscheidende Rolle. Es gilt zu bewerten, wie stark eine neuartige Technologie die bereits im Unternehmen vorhandene verändern könnte. Neben der reinen Verfügbarkeit neuer Verfahren muss berücksichtigt werden, wie lange das Unternehmen noch auf die bald abgelöste Technologie setzen will. Ein weiterer Aspekt ist die Kultur des Unternehmens; durchläuft das Unternehmen im Rahmen der kontinuierlichen Verbesserung stetig Prozesse zur Erarbeitung von Anleitungen, Hinweisen und Richtlinien, so können AM-Konstruktionsrichtlinien ein Teil davon sein.

Die Umsetzung der Fallbeispiele zeigt, dass die Methode geeignet ist, verschiedenste Betriebsmittel im Bereich der Automobilmontage systematisch zur entwickeln. Die Fokussierung auf die Erzeugung eines MVP hat sich als sehr förderlich erwiesen, um den Blick aller Beteiligten auf das Wesentliche zu richten und immer wieder zu reflektieren, welche Anforderungen – oder auch daraus resultierend Bauteilfeatures – tatsächlich erforderlich sind. Die Methode ist nicht nur für Erstkonstruktionen, sondern auch zur Änderungskonstruktion geeignet. Zur Sicherstellung der Praxistauglichkeit werde die Methode im Forschungsumfeld am PEM der RWTH Aachen sowie in einem Automobilstartup als auch einem etablierten OEM angewenden. Insbesondere die Implementierung in den bestehende OEM ist zum jetzigen Zeitpunkt eine Insellösung und nicht großflächig etabliert. AM als Fertigungsoption für Prozessplaner und Betriebsmittelplaner umzusetzen, kann als sehr erfolgreich betrachtet werden. Die entwickelten Werkzeuge ermöglichen auch Prozessplanern, denen AM bislang fremd war, eine Nutzung der neuen Technologie.

Insbesondere das Fallbeispiel der Orthese zeigt, dass die Möglichkeiten von AM bei weitem nicht ausgenutzt werden. Die Umsetzung von personalisierten Inhalten wird aktuell weniger durch produktionstechnologische Unzulänglichkeiten behindert, sondern vielmehr durch Programmier- bzw. Gestaltungsaufwände aufgehalten (s. Fallbeispiel Orthese). Eine besondere Rolle spielt in dieser Hinsicht die Gestaltung von Bauteilen mittels CAD Programmen. Die Möglichkeit, so gut wie jede denkbare Bauteilform und Baugruppenkomplexität abzubilden, erschwert die Bedienung und stellt somit eine Einstiegbarriere dar.

Zusammenfassend zeigt die dargestellte Anwendung somit, dass die systematische Nutzung von AM für den Betriebsmittelbau möglich und wertschöpfend ist. Grundsätzlich ist es mittels des Vorgehens

[398] Vgl. Timothy W. Simpson (Easing into AM) 2017.

möglich, verschiedenste Montagebetriebsmittel additiv zu fertigen und damit einen Mehrwert zu generieren. Auf Basis der dargestellten Ergebnisse kann eine Implementierung in komplexere Unternehmensstrukturen vorgenommen werden.

7 Zusammenfassung und Ausblick

Die Automobilindustrie befindet sich in einem Wandel. Elektrifizierung, Digitalisierung und autonomes Fahren verändern Fahrzeugkonzepte und -architekturen. Dies spiegelt sich auch in der Fahrzeugproduktion wider. Die Veränderungen im Produkt treffen auf die Notwendigkeit, kostenoptimal zu produzieren. Die Fülle an Neuentwicklungen, die durch die beschriebenen Trends in die Fahrzeuge eingebracht werden, bergen viele Änderungsrisiken. Die Kernherausforderung besteht daraus, flexibel auf Anpassungen in Produkt und Prozess kurz vor oder schon nach dem Produktionsstart reagieren zu können.

Ein zentraler Aspekt, um einen geordneten und effizienten Betriebsablauf in der Endmontage zu gewährleisten, ist die Bereitstellung und Verfügbarkeit von Montagebetriebsmitteln. Insbesondere im Anlaufprozess gibt es hier viele Herausforderungen, da Änderungen, die kurz vor Produktionsstart eingebracht werden, einen Einfluss auf die Bereitschaft der Linie haben. Es ergibt sich die Notwendigkeit, Montagebetriebsmittel schnell entwickeln, produzieren und gegebenenfalls anpassen zu können. Als Fertigungstechnologie, um diesen Herausforderungen zu begegnen, eignet sich die additive Fertigung, denn es lassen sich werkzeuglos und ohne aufwendige CAM-Programmierung komplexe Bauteile fertigen.

Um diese Vorteile nutzen zu können, muss es den am Betriebsmittelbau beteiligten Personen möglich sein, die richtige Material- und Prozesskombination auszuwählen, alles vorhandene Wissen über den jeweiligen Fertigungsprozess zu nutzen und Konzepte und Modelle noch vor Fertigung auf ihre Eignung zu prüfen. Eine besondere Herausforderung ist die Dynamik der Gruppe der additiven Fertigungsverfahren, denn auf zahlreiche Material-, Prozess- und Technologieinnovationen treffen verschiedenste Normungsbemühungen. Die vorliegende Arbeit beantwortet vor diesem Hintergrund die folgende Frage: Wie kann eine Methodik zur systematischen Gestaltung von Betriebsmitteln mittels additiver Fertigungsverfahren aufgebaut sein, um diese Fertigungstechnologie im Betriebsmittelbau wirtschaftlich einzusetzen?

Diese Problemstellung lässt sich in drei Handlungsfelder unterteilen. Neben der Nutzung bzw. Implementierung von AM im Unternehmen, muss eine geeignete Methode zur Auswahl von Material- und Prozesskombinationen sowie die Gestaltung und Konzeptionierung von AM-Betriebsmitteln untersucht werden. Eine theoretische Betrachtung zeigt, dass vielfältige Ansätze im Bereich der Implementierung von AM in Unternehmen und der grundsätzlichen Umsetzung von Bauteilen mittels additiver Fertigung bestehen. Generische Ansätze eignen sich für die vorliegende Fragestellung nicht, da diese die dem Betriebsmittelbau spezifischen Charakteristika nicht berücksichtigen. Ein anwendungsspezifisches Vorgehen für den Einsatz im Betriebsmittelbau existiert nicht. Das Entscheidungsproblem, welches Verfahren im jeweiligen Anwendungsfall zu verwenden ist, lässt sich grundsätzlich durch Methoden der Multi-Kriterien-Entscheidungsfindung lösen. Jedoch zeigt die Analyse bestehender Verfahren, dass entweder ein bereits vorhandenes Bauteil vorausgesetzt wird oder die untersuchten Methoden lediglich AM-Fertigungsprozesse unterscheiden und nicht auf der Materialebene differenzieren. Für die Gestaltung und Konzeptionierung existiert kein allgemeingültiger Ansatz. Das Vorgehen ist zumeist spezifisch für das jeweilige Anwendungsfeld, wie beispielsweise für die bionische Konstruktion oder den Leichtbau. Zudem zeigt sich, dass kein ganzheitlicher Ansatz zur Verwendung von AM im Betriebsmittelbau existiert.

Hier setzt das vorliegende Werk an und stellt ein Vorgehen vor, mit dem es möglich ist, AM als Fertigungsoption für den Betriebsmittelbau im Unternehmen nutzbar zu machen. Zentraler Gedanke ist dabei die Fokussierung auf die Erzeugung eines Betriebsmittels als Minimal Viable Product (MVP), das die Anforderungen gerade erfüllt und möglichst nicht übererfüllt. So soll die Umsetzung vom Bedarf bis zum Einsatz in der Produktion möglichst schnell gehen. Hierfür werden für die drei Phasen Formalisierung der Anforderungen, digitale Erzeugung des MVP und Fertigung des MVP jeweils unterstützende Modelle entwickelt. Die Phasen werden abschließend durch ein Prozessmodell miteinander verknüpft und im Gesamtzusammenhang einer Implementierung verortet. Zum erstmaligen Durchlaufen ist der Rückgriff auf einen AM-Experten notwendig. Durch die systematische Aufarbeitung von generiertem Wissen bei der Durchführung des Prozessmodells wird das Unternehmen befähigt, auf AM-Experten nach und nach zu verzichten.

Um die drei Phasen erfolgreich zu durchlaufen, werden vier Modelle entwickelt, mit deren Hilfe die Anwendung der Gesamtmethodik im Prozessmodell ermöglicht wird. Das Modell zur Auswahl von AM-Material- und Prozesskombinationen berücksichtigt die Prozessfähigkeiten und Limitationen von Material in Kombination mit der jeweiligen Fertigungstechnologie, mit dem Ziel, eine passende Entscheidung zu treffen. Es hat sich gezeigt, dass in Abhängigkeit vom jeweiligen Anwendungsfeld und den zur Verfügung stehenden AM-Technologien anwendungsspezifische Konstruktionsrichtlinien eine sinnvolle Ergänzung sein können. Daher wird im zweiten Modell ein Vorgehen zur anwendungsspezifischen Entwicklung von Konstruktionsrichtlinien beschrieben. Das dritte Modell zur Bewertung und Auswahl von AM-Betriebsmittelkonzepten und -modellen dient der Begleitung der Gestaltung des MVP und unterstützt bei der zielgerichteten Entscheidungsfindung und Begutachtung von digitalen Modellen. Begleitend zum Gesamtprozess fokussiert das vierte Modell die systematische Sammlung und Dokumentation von Prozesswissen, um die Implementierung von AM möglichst effizient vorantreiben zu können.

Im Rahmen von drei Fallbeispielen wird die Methodik angewendet und validiert. Die Vorbereitungsmodule innerhalb der Modelle werden zunächst dargestellt. Anschließend wird gezeigt, wie diese für stationsbasierte, individuelle und im Kreislauf über mehrere Montagestationen befindliche Betriebsmittel angewendet werden können. Die stationsbasierte Seitenscheiben-Montage demonstriert die Gestaltung ausgehend von den Auflagefläche des Betriebsmittels. Am Beispiel der Werker-individuellen Orthese konnte nicht nur gezeigt werden, dass die Methode geeignet ist, Betriebsmittel umzusetzen, sondern darüber hinaus, welchen Gestaltungsspielraum additiv gefertigte Betriebsmittel bieten. Das dritte Fallbeispiel befasst sich mit einem Betriebsmittel der Kolbenmontage und zeigt die wirtschaftlichen Potentiale auf. So wird gezeigt, dass für alle vier Bestandteile mehr als 40 % der Kosten und mehr als 50 % der Herstellungszeit durch die Substitution konventioneller Fertigungsverfahren eingespart werden können.

Weiterer Forschungsbedarf besteht insbesondere hinsichtlich der vollständigen softwareseitigen Verknüpfung der entwickelten Anwendungen in einem ganzheitlichen IT-Tool, um die Anwendbarkeit weiter zu verbessern und die Informationsbereitstellung in allen Prozessschritten zu optimieren. Es gilt zu untersuchen, inwieweit Erkenntnisse verschiedener Technologien aufeinander übertragbar sind. Aufgrund der häufigen Einbindung von externen Lieferanten für die Herstellung von additiv zu fertigenden Bauteilen wäre es sinnvoll, hier eine standardisierte Schnittstelle für den geregelten Austausch zwischen Unternehmen zu implementieren. Hinsichtlich des computergestützten Entwurfs lässt sich feststellen, dass eine Einbindung von etwaigen Gestaltungs- und Konstruktionsrichtlinien direkt in der

CAD-Anwendung von großem Vorteil für den jeweiligen Anwender sein kann. In einem weiteren Ausbauschritt könnten diese Richtlinien dann im Sinne des Computer-Aided Fixture Design (CAFD) übernommen und so zur automatisierten Gestaltung von Betriebsmitteln herangezogen werden.

8 Anhang

8.1 Skala zur Bewertung der im AHP Prozess aufgestellten Matrizen

Tabellarische Darstellung nach SAATY.[399]

Intensität der Bedeutung	Definition	Erklärung
1	Gleiche Wichtigkeit	Zwei Aktivitäten tragen gleichmaßen zum Ziel bei
2	Schwach oder wenig	
3	Mittlere Wichtigkeit	Erfahrung und Urteilsvermögen bevorzugen eine Aktivität leicht gegenüber einer anderen
4	Etwas mehr als mittlere Wichtigkeit	Erfahrung und Urteilsvermögen bevorzugen eine Aktivität stark gegenüber einer anderen
5	Starke Wichtigkeit	
6	Etwas mehr als starke Wichtigkeit	eine Tätigkeit wird sehr stark gegenüber einer anderen bevorzugt; ihre Dominanz zeigt sich in der Praxis
7	Sehr starke Wichtigkeit	
8	Sehr, sehr starke Wichtigkeit	
9	Extreme Wichtigkeit	die Beweise, die eine Tätigkeit gegenüber einer anderen bevorzugen, sind von höchstmöglicher Ordnung
Kehrwerte von oben	wenn Aktivität i im Vergleich zu Aktivität j eine der oben genannten Nicht-Null-Zahlen zugewiesen wurde, dann hat j im Vergleich zu i den reziproken Wert	Eine vernünftige Annahme

399 Vgl. Saaty (Decision making with the analytic hierarchy process) 2008, S. 86.

8.2 Bewertungskriterien für Betriebsmittelkonzepte

Ebene 3	**Ebene 2**	**Ebene 1**
Benötigter Bauraum	Anlagenvoraussetzung	KO
Benötigtes Volumen	Anlagenvoraussetzung	KO
Anwendersicherheit	Funktionserfüllung	KO
Gefährdungspotential von anderen Bauteilen	Funktionserfüllung	KO
Bedienkraft	Anwendung	Technisch
Ergonomische Anwendung	Anwendung	Technisch
Ergonomische Form	Anwendung	Technisch
Flexibilität	Anwendung	Technisch
Form	Anwendung	Technisch
Funktionserfüllung	Anwendung	Technisch
Funktionssicherheit	Anwendung	Technisch
Gewicht	Anwendung	Technisch
Handhabbarkeit	Anwendung	Technisch
Poka Yoke	Anwendung	Technisch
Anzahl beweglicher Teile	Konstruktiv	Technisch
Belastbarkeit	Konstruktiv	Technisch
Elastizität	Konstruktiv	Technisch
Hohlräume	Konstruktiv	Technisch
Justagemöglichkeit	Konstruktiv	Technisch
Robustheit	Konstruktiv	Technisch
Toleranzkonzept	Konstruktiv	Technisch
Überhänge	Konstruktiv	Technisch
Verschleißresistenz	Nutzungsphase	Technisch
Wartbarkeit	Nutzungsphase	Technisch
Zugänglichkeit	Nutzungsphase	Technisch
Druckdauer	Maschinenkosten	Wirtschaftlich
Materialbedarf	Materialkosten	Wirtschaftlich
Druckvorbereitungszeit	Pre-/Postprocessing	Wirtschaftlich
Montageaufwand	Pre-/Postprocessing	Wirtschaftlich
Nacharbeitsaufwand	Pre-/Postprocessing	Wirtschaftlich

9 Literaturverzeichnis

3MF Consortium **(Spezification - Overview):**
Spezification - Overview. https://3mf.io/specification/. Abruf 03.07.2018

Abbott, A. C; Tandon, G. P; Bradford, R. L; Koerner, H; Baur, J. W. **(Process-structure-property effects in FFF):**
Process-structure-property effects on ABS bond strength in fused filament fabrication. In: Additive Manufacturing, Jg. 19, 2018, S. 29–38

acatech **(Qualitätskriterien in den Technikwissenschaften)**:
Qualitätskriterien in den Technikwissenschaften. Empfehlungen zur Bewertung von wissenschaftlichem Erfolg (acatech POSITION), 26.04.2018

acatech **(Technikwissenschaften)**:
Technikwissenschaften. Erkennen – Gestalten – Verantworten (acatech IMPULS), 02.2013

Adam, G. A. **(Systematische Erarbeitung von Konstruktionsregeln)**:
Systematische Erarbeitung von Konstruktionsregeln für die additiven Fertigungsverfahren Lasersintern, Laserschmelzen und Fused Deposition Modeling. Dissertation. Universität Paderborn, 12.02.2015

Adam, G. A; Zimmer, D. **(On design for additive manufacturing):**
On design for additive manufacturing. Evaluating geometrical limitations. In: Rapid Prototyping Journal, Jg. 21, 2015, Nr. 6, S. 662–670

Ahn, H. **(Optimierung von Produktentwicklungsprozessen)**:
Optimierung von Produktentwicklungsprozessen. Wiesbaden: Deutscher Universitätsverlag, 1997

André, J.-C. **(From additive manufacturing to 3D/4D printing)**:
From additive manufacturing to 3D/4D printing. From concepts to achievements (Systems and industrial engineering - robotics series). Hoboken, NJ, USA, London, UK: Wiley; ISTE, 2017

Aqzna, S. S; Yeoh, C. K; Idris, M. S; Teh, P. L; bin Hamzah, K. A; Aw, Y. Y; Atiqah, T. N. **(Effect of Different Filler Content of ABS–Zinc Ferrite Composites):**
Effect of different filler content of ABS-zinc ferrite composites on mechanical, electrical and thermal conductivity by using 3D printing. In: Journal of Vinyl and Additive Technology, Jg. 24, 2018, Nr. 8, S. 217–229

Armillotta, A. **(Selection of layered manufacturing techniques):**
Selection of layered manufacturing techniques by an adaptive AHP decision model. In: Robotics and Computer-Integrated Manufacturing, Jg. 24, 2008, Nr. 3, S. 450–461

Attaran, M. **(The rise of 3-D printing):**
The rise of 3-D printing. The advantages of additive manufacturing over traditional manufacturing. In: Business Horizons, Jg. 60, 2017, Nr. 5, S. 677–688

Atzeni, E; Iuliano, L; Minetola, P; Salmi, A. **(Redesign and Cost Estimation RM plastic parts):**
Redesign and cost estimation of rapid manufactured plastic parts. In: Rapid Prototyping Journal, Jg. 16, 2010, Nr. 5, S. 308–317

Bagalkot, A; Pons, D; Clucas, D; Symons, D. **(Methodology for IM process parameters for RT):**
A methodology for setting the injection moulding process parameters for polymer rapid tooling inserts. In: Rapid Prototyping Journal, Jg. 25, 2019, Nr. 9, S. 1–13

Barz, A; Buer, T; Haasis, H.-D. **(Study on Effects of AM on Supply Networks):**
A Study on the Effects of Additive Manufacturing on the Structure of Supply Networks. In: IFAC-PapersOnLine, Jg. 49, 2016, Nr. 2, S. 72–77

Benabdellah, A. C; Bouhaddou, I; Benghabrit, A; Benghabrit, O. **(A systematic review of design for X techniques):**
A systematic review of design for X techniques from 1980 to 2018. Concepts, applications, and perspectives. In: International Journal of Advanced Manufacturing Technology, Jg. 100, 2019, Nr. 4, S. 3473–3502

Berman, B. **(3-D printing):**
3-D printing. The new industrial revolution. In: Business Horizons, Jg. 55, 2012, Nr. 2, S. 155–162

Bibb, R; Taha, Z; Brown, R; Wright, D. **(Development of a Rapid Prototyping Design Advice System):**
Development of a Rapid Prototyping Design Advice System. In: Journal of Intelligent Manufacturing, Jg. 10, 1999, S. 331–339

Bin Maidin, S; Campbell, I; Pei, E. **(Development of a design feature database):**
Development of a design feature database to support design for additive manufacturing. In: Assembly Automation, Jg. 32, 2012, Nr. 3, S. 235–244

Bischoff, W; Hansen, F. **(Rationelles Konstruieren)**:
Rationelles Konstruieren. Ein Beitrag zur wissenschaftlichen Systematik und zur Rationalisierung der schöpferischen Ingenieurarbeit (Konstruktionsbücher, 5). Berlin: Verl. Technik, 1953

Blackburn, G. **(Jigs & Fixtures for woodworker)**:
Jigs & fixtures for the hand tool woodworker. Cincinnati, Ohio: Popular Woodworking Books, 2014

Blanchard, B. S; Fabrycky, W. J. **(Systems engineering and analysis)**:
Systems engineering and analysis (Pearson custom library). 5. ed; Person new international ed. Essex: Pearson, 2014

Blanco, I; Cicala, G; Ognibene, G; Rapisarda, M; Recca, A. **(Thermal properties of polyetherimide/polycarbonate blends):**
Thermal properties of polyetherimide/polycarbonate blends for advanced applications. In: Polymer Degradation and Stability, Jg. 154, 2018, S. 234–238

Bock, A. **(Konstruktionssystematik erläutert an Lösungen):**
Konstruktionssystematik erläutert an Lösungen zum Konstruktions-Problem 4/65. In: Konstruktion, Elemente, Methoden: KEM: technologische Informationen für Konstruktion und Praxis, Jg. 3, 1966, Nr. 9, S. 25–26

Bonnín Roca, J; Vaishnav, P; Mendonca, Joana, Morgan, M. Granger **(Getting Past the Hype About 3-D Printing):**
Getting Past the Hype About 3-D Printing. In: MITSloan Management Review, Jg. 58, 2017, Nr. 3, S. 57–62

Booth, J. W; Alperovich, J; Chawla, P; Ma, J; Reid, T. N; Ramani, K. **(The Design for Additive Manufacturing Worksheet):**
The Design for Additive Manufacturing Worksheet. In: Journal of Mechanical Design, Jg. 139, 2017, Nr. 10, S. 1–9

Bourell, D. L. **(Perspectives on Additive Manufacturing):**
Perspectives on Additive Manufacturing. In: Annual Review of Materials Research, Jg. 46, 2016, Nr. 1, S. 1–18

Brans, J. P; Vincke, P; Mareschal, B. **(How to select and how to rank projects):**
How to select and how to rank projects. The Promethee method. In: European Journal of Operational Research, Jg. 24, 1986, Nr. 2, S. 228–238

Brill, J. H. **(Systems Engineering):**
Systems Engineering. A retrospective view. In: Systems Engineering, Jg. 1, 1998, Nr. 4, S. 258–266

Büyüközkan, G; Çifçi, G. :
A combined fuzzy AHP and fuzzy TOPSIS based strategic analysis of electronic service quality in healthcare industry. In: Expert Systems with Applications, Jg. 39, 2012, Nr. 3, S. 2341–2354

Byun, H. S; Lee, K. H. **(A decision support system for the selection of a rapid prototyping process):**
A decision support system for the selection of a rapid prototyping process using the modified TOPSIS method. In: The International Journal of Advanced Manufacturing Technology, Jg. 26, 2005, Nr.11-12, S. 1338–1347

Caminero, M. A; Chacón, J. M; García-Moreno, I; Reverte, J. M. **(Interlaminar bonding performance of 3D printed thermoplastic composites):**
Interlaminar bonding performance of 3D printed continuous fibre reinforced thermoplastic composites using fused deposition modelling. In: Polymer Testing, Jg. 68, 2018, S. 415–423

Cerdas, F; Juraschek, M; Thiede, S; Herrmann, C. **(Life Cycle Assessment of 3D Printed Products):**
Life Cycle Assessment of 3D Printed Products in a Distributed Manufacturing System. In: Journal of Industrial Ecology, Jg. 21, 2017, Nr.S1, S. 80–93

Chakraborty, D; Aneesh Reddy, B; Roy Choudhury, A. **(Extruder path generation):**
Extruder path generation for Curved Layer Fused Deposition Modeling. In: Computer-Aided Design, Jg. 40, 2008, Nr. 2, S. 235–243

Chang, D; Chen, C.-H. **(Digital design and manufacturing):**
Digital design and manufacturing of wood head golf club in a cyber physical environment. In: Industrial Management & Data Systems, Jg. 117, 2017, Nr. 4, S. 648–671

Chen, S.-J; Hwang, C.-L. :
Fuzzy Multiple Attribute Decision Making. Methods and Applications (Lecture Notes in Economics and Mathematical Systems, 375). Berlin, Heidelberg: Springer, 1992

Conner, B. P; Manogharan, G. P; Martof, A. N; Rodomsky, L. M; Rodomsky, C. M; Jordan, D. C; Limperos, J. W. **(Making sense of 3-D printing):**
Making sense of 3-D printing. Creating a map of additive manufacturing products and services. In: Additive Manufacturing, Jg. 1-4, 2014, S. 64–76

Cooper, R. G. **(What's Next? After Stage-Gate):**
What's Next? After Stage-Gate. In: Research-Technology Management, Jg. 57, 2015, Nr. 1, S. 20–31

Corsten, H; Gössinger, R; Müller-Seitz, G; Schneider, H. **(Grundlagen des Technologie- und Innovationsmanagements):**
Grundlagen des Technologie- und Innovationsmanagements (Vahlens Handbücher der Wirtschafts- und Sozialwissenschaften). 2., überarbeitete und erweiterte Auflage. München: Franz Vahlen, 2017

Cruz, M. F; Borille, A. V. **(Decision methods application to compare manufacturing methods):** *Decision methods application to compare conventional manufacturing process with metal additive manufacturing process in the aerospace industry.* In: Journal of the Brazilian Society of Mechanical Sciences and Engineering, Jg. 39, 2017, Nr. 1, S. 177–193

Dadbakhsh, S; Verbelen, L; Verkinderen, O; Strobbe, D; van Puyvelde, P; Kruth, J.-P. **(Effect of PA12 powder reuse):**
Effect of PA12 powder reuse on coalescence behaviour and microstructure of SLS parts. In: European Polymer Journal, Jg. 92, 2017, S. 250–262

de Figueiredo Leite, J. V; Natario Teixeira, J. M; Teichrieb, V. **(Optimizing 3D Object Visualization on the Web):**
Optimizing 3D Object Visualization on the Web. In: Lackey, S; Shumaker, R. P. (Hrsg.): Virtual, augmented and mixed reality: *8th international conference, VAMR 2016, held as part of HCI International 2016, Toronto, Canada, July 17-22, 2016 proceedings* (Reihe: Lecture notes in computer science Information systems and applications, incl. Internet/Web and HCI, Bd. 9740). Cham, Heidelberg: Springer, 2016, S. 287–299

Deutsches Institut für Normung e.V. **(DIN EN ISO/ASTM 52915:2017):**
DIN EN ISO/ASTM 52915:2017. *Spezifikation für ein Dateiformat für Additive Fertigung (AMF) Version 1.2 (ISO/ASTM 52915:2016).* Berlin: Beuth Verlag GmbH, 2017-10

Deutsches Institut für Normung e.V. **(DIN EN ISO/ASTM 52900:2017):**
DIN EN ISO/ASTM 52900:2017. *Additive Fertigung - Grundlagen - Terminologie (ISO/ASTM 52900:2015).* Berlin: Beuth Verlag GmbH, 2017-06

Deutsches Institut für Normung e.V. **(DIN EN ISO 17296-4:2016):**
DIN EN ISO 17296-4:2016. *Additive Fertigung - Grundlagen - Teil 4: Überblick über die Datenverarbeitung (ISO 17296-4:2014).* Berlin: Beuth Verlag GmbH, 2016-12

Deutsches Institut für Normung e.V. **(DIN EN ISO/ASTM 52902:2018):**
DIN EN ISO/ASTM 52902:2018. *Additive Fertigung – Testkörper – Allgemeine Leitlinie für die Bewertung der geometrischen Leistung additiver Fertigungssysteme (AM-Systeme) (ISO/ASTM DIS 52902:2018).* Berlin: Beuth Verlag GmbH

Deutsches Institut für Normung e.V. **(DIN EN ISO/ASTM 52903-2:2018):**
DIN EN ISO/ASTM 52903-2:2018. *Additive Fertigung -Normfestlegungen für die materialextrusionsbasierenden Additiven Fertigungsverfahren für Kunststoffe – Teil 2: Prozess – Zubehör.* Berlin: Beuth Verlag GmbH

Deutsches Institut für Normung e.V. **(DIN EN ISO/IEC 25063):**
DIN EN ISO/IEC 25063. *System- und Software-Engineering - Qualitätskriterien und Bewertung von systemen und Softwareprodukten - Allgemeines Industrieformat zur Gebrauchstauglichkeit.* Berlin: Beuth Verlag GmbH

Di Wang; Yang, Y; Liu, R; Xiao, D; Sun, J. **(Study on designing rules on SLM):**
Study on the designing rules and processability of porous structure based on selective laser melting (SLM). In: Journal of Materials Processing Technology, Jg. 213, 2013, Nr. 10, S. 1734–1742

Dinse, J. A. **(Quantitative Betriebsmittelbedarfsplanung)**:
Quantitative Betriebsmittelbedarfsplanung für die getaktete Fließfertigung. Dissertation. Universität Berlin, 2015

Dotchev, K; Yusoff, W. **(Recycling of PA12 based powders for LS):**
Recycling of polyamide 12 based powders in the laser sintering process. In: Rapid Prototyping Journal, Jg. 15, 2009, Nr. 3, S. 192–203

Doubrovski, E. L; Verlinden, J. C; Horvath, I. **Collaboratively edited DfAM:**
First steps towards collaboratively edited design for additive manufacturing knowledge. In: Bourell, D. (Hrsg.): 23th SFF Symposium Proceedings. 23th Annual International Solid Freeform Fabrication Symposium (SFF), 6-8 August 2011, S. 891–901

Drummer, D; Wudy, K; Drexler, M. **Modelling of the aging behavior of polyamide 12 powder:**
Modelling of the aging behavior of polyamide 12 powder during laser melting process: PROCEEDINGS OF PPS-30: The 30th International Conference of the Polymer Processing Society – Conference Papers, 6–12 June 2014: AIP Publishing LLC 2015, S. 1–5

Dryer, J. S. **(Multiattribute Utility Theory):**
Multiattribute Utility Theory. In: Greco, S; Ehrgott, M; Figueira, J. R. (Hrsg.): Multiple criteria decision analysis: *State of the art surveys* (Reihe: International series in operations research & management science, Bd. 233). 2. Aufl. New York, Heidelberg, Dordrecht, London: Springer, 2016, S. 285–314

Dul, S; Fambri, L; Pegoretti, A. **(FDM ABS-graphene nanocomposites):**
Fused deposition modelling with ABS–graphene nanocomposites. In: Composites Part A: Applied Science and Manufacturing, Jg. 85, 2016, S. 181–191

Durach, C. F; Kurpjuweit, S; Wagner, S. M. **(The impact of additive manufacturing on supply chains):**
The impact of additive manufacturing on supply chains. In: International Journal of Physical Distribution & Logistics Management, Jg. 47, 2017, Nr. 10, S. 954–971

Ehrlenspiel, K; Meerkamm, H. **(Integrierte Produktentwicklung):**
Integrierte Produktentwicklung. Denkabläufe, Methodeneinsatz, Zusammenarbeit. In: Ehrlenspiel, K; Meerkamm, H. (Hrsg.): Integrierte Produktentwicklung 5. Aufl. München: Hanser, 2013, S. 251–323

Emmelmann, C; Sander, P; Kranz, J; Wycisk, E. **(LAM and Bionics):**
Laser Additive Manufacturing and Bionics. Redefining Lightweight Design. In: Physics Procedia, Jg. 12, 2011, S. 364–368

Eriksson, S. **(Weichen für die Automobilindustrie):**
Altmaier: Jetzt die Weichen für die Automobilindustrie der Zukunft stellen. Bundeswirtschaftsminister trifft neue Präsidentin des VDA Hildegard Müller. Bundesminsterium für Wirtschaft und Energie. https://www.bmwi.de/Redaktion/DE/Pressemitteilungen/2020/20200310-altmaier-jetzt-die-weichen-fuer-die-automobilindustrie-der-zukunft-stellen.html

Eversheim, W. **(Arbeitsvorbereitung)**:
Organisation in der Produktionstechnik. Arbeitsvorbereitung (Organisation in der Produktionstechnik, 3). Berlin, Heidelberg: Springer Berlin Heidelberg, 1998. Band 3

Eversheim, W. **(Fertigung und Montage)**:
Organisation in der Produktionstechnik. Fertigung und Montage (Organisation in der Produktionstechnik, 4). 2 Aufl. Berlin, Heidelberg: Springer, 1989

Favi, C; Germani, M; Mandolini, M. **(Design for Manufacturing and Assembly vs. Design to Cost):**
Design for Manufacturing and Assembly vs. Design to Cost. Toward a Multi-objective Approach

for Decision-making Strategies During Conceptual Design of Complex Products. In: Procedia CIRP, Jg. 50, 2016, S. 275–280

Feldhusen, J; Grote, K.-H. **(Die Hauptarbeitsschritte des Gestaltungsprozesses):**
Die Hauptarbeitsschritte des Gestaltungsprozesses. In: Feldhusen, J; Grote, K.-H. (Hrsg.): Pahl/Beitz Konstruktionslehre: *Methoden und Anwendung erfolgreicher Produktentwicklung* 8., vollständig überarbeitete Auflage Aufl. Berlin, Heidelberg: Springer Vieweg, 2013, S. 465–478

Feldhusen, J; Grote, K.-H. **(Methodik des schrittweisen Gestaltens):**
Methodik des schrittweisen Gestaltens. In: Feldhusen, J; Grote, K.-H. (Hrsg.): Pahl/Beitz Konstruktionslehre: *Methoden und Anwendung erfolgreicher Produktentwicklung* 8., vollständig überarbeitete Auflage Aufl. Berlin, Heidelberg: Springer Vieweg, 2013, S. 479–493

Feldhusen, J; Grote, K.-H; Kochan, D; Beyer, C; Vajna, S; Lashin, G; Kauf, F; Gaub, H; Schacht, M; Erk, P. **(Die PEP-begleitenden Prozesse):**
Die PEP-begleitenden Prozesse. In: Feldhusen, J; Grote, K.-H. (Hrsg.): Pahl/Beitz Konstruktionslehre: *Methoden und Anwendung erfolgreicher Produktentwicklung* 8., vollständig überarbeitete Auflage Aufl. Berlin, Heidelberg: Springer Vieweg, 2013, S. 25–236

Feldhusen, J; Grote, K.-H; Nagarajah, A; Pahl, G; Beitz, W; Wartzack, S. **(Vorgehen bei einzelnen Schritten des Produktentstehungsprozesses):**
Vorgehen bei einzelnen Schritten des Produktentstehungsprozesses. In: Feldhusen, J; Grote, K.-H. (Hrsg.): Pahl/Beitz Konstruktionslehre: *Methoden und Anwendung erfolgreicher Produktentwicklung* 8., vollständig überarbeitete Auflage Aufl. Berlin, Heidelberg: Springer Vieweg, 2013, S. 291–410

Ferdinand, J.-P; Petschow, U; Dickel, S. (Hrsg.) (Decentralized and Networked Future of Value Creation):
The Decentralized and Networked Future of Value Creation. 3D Printing and its Implications for Society, Industry, and Sustainable Development. Progress in IS, Cham: Springer International Publishing, 2016

Fernández, M. G; Seepersad, C. C; Rosen, D. W; Allen, J. K; Mistree, F. **(Decision Support in Concurrent Engineering):**
Decision Support in Concurrent Engineering – The Utility-Based Selection Decision Support Problem. In: Concurrent Engineering, Jg. 13, 2005, Nr. 1, S. 13–27

Figueira, J. R; Mousseau, V; Roy, B. **(ELECTRE Methods):**
ELECTRE Methods. In: Greco, S; Ehrgott, M; Figueira, J. R. (Hrsg.): Multiple criteria decision analysis: *State of the art surveys* (Reihe: International series in operations research & management science, Bd. 233). 2. Aufl. New York, Heidelberg, Dordrecht, London: Springer, 2016, S. 155–185

Förstmann, R. **(Gestaltung von Montagevorrichtungen)**:
Modellbasierter Ansatz automatisierten Gestaltung von Montagevorrichtungen. Aachen: Apprimus-Verlag, 2019. Dissertation

Förstmann, R; Wagner, J; Kreisköther, K; Kampker, A; Slawik, V. K. **(Enabling Industry 4.0 through PLM)**:
Enabling Industry 4.0 through PLM for Production Equipment Development. Ottawa, Canada, 28. April 2017

Francalanza, E; Borg, J; Constantinescu, C. **(A knowledge-based tool for designing cyber physical production systems):**

A knowledge-based tool for designing cyber physical production systems. In: Computers in Industry, Jg. 84, 2017, S. 39–58

Franchetti, M; Kress, C. **(Cost feasibility of replacing injection molding with AM):**
An economic analysis comparing the cost feasibility of replacing injection molding processes with emerging additive manufacturing techniques. In: The International Journal of Advanced Manufacturing Technology, Jg. 88, 2017, Nr.9-12, S. 2573–2579

Gameros, A; Lowth, S; Axinte, D; Nagy-Sochacki, A; Craig, O; Siller, H. R. **(State-of-the-art in fixture systems):**
State-of-the-art in fixture systems for the manufacture and assembly of rigid components. A review. In: International Journal of Machine Tools and Manufacture, Jg. 123, 2017, S. 1–21

Gass, S. I. **(Model World):**
Model World. The Great Debate—MAUT Versus AHP. In: Interfaces, Jg. 35, 2005, Nr. 4, S. 308–312

Gaub, H. **(Customization of mass-produced parts):**
Customization of mass-produced parts by combining injection molding and additive manufacturing with Industry 4.0 technologies. In: Reinforced Plastics, Jg. 60, 2016, Nr. 6, S. 401–404

Gaynor, A. T; Guest, J. K. **(Topology optimization considering overhangs):**
Topology optimization considering overhang constraints. Eliminating sacrificial support material in additive manufacturing through design. In: Struct Multidisc Optim, Jg. 54, 2016, Nr. 5, S. 1157–1172

Gebhardt, A. **(Additive Fertigungsverfahren)**:
Additive Fertigungsverfahren. Additive Manufacturing und 3D-Drucken für Prototyping - Tooling - Produktion. 5., neu bearbeitete und erweiterte Auflage. München: Hanser, 2016

Gebhardt, A. **(Generative Fertigungsverfahren)**:
Generative Fertigungsverfahren. Additive Manufacturing und 3D Drucken für Prototyping ; Tooling ; Produktion. 1. Aufl. s.l.: Carl Hanser Fachbuchverlag, 2013

Gebhardt, A; Hötter, J.-S. **(Additive Manufacturing)**:
Additive Manufacturing. 3D Printing for Prototyping and Manufacturing. Cincinnati, Munich: Hanser Publications; Hanser Publishers, 2016

Gebhardt, A; Kessler, J; Thurn, L. **(3D-Drucken)**:
3D-Drucken. Grundlagen und Anwendungen des Additive Manufacturing (AM). 2., neu bearbeitete und erweiterte Auflage. München: Hanser, 2016

George, M; Aroom, K. R; Hawes, H. G; Gill, B. S; Love, J. **(3D printed Surgical Instruments):**
3D Printed Surgical Instruments: The Design and Fabrication Process. In: World journal of surgery, Jg. 41, 2017, Nr. 1, S. 314–319

Geschka, H; Lantelme, G. :
Kreativitätstechniken. In: Albers, S; Gassmann, O. (Hrsg.): Handbuch Technologie- und Innovationsmanagement: *Strategie - Umsetzung - Controlling* Wiesbaden: Gabler Verlag, 2005, S. 285–303

Gibson, I. **(The changing face of additive manufacturing):**
The changing face of additive manufacturing. In: Journal of Manufacturing Technology Management, Jg. 28, 2017, Nr. 1, S. 10–17

Gibson, I. **(Rapid Prototyping):**
Rapid Prototyping. A Tool for Product Development. In: Computer-Aided Design and Applications, Jg. 2, 2005, Nr. 6, S. 785–793

Gibson, I; Rosen, D; Stucker, B. **(Additive Manufacturing Technologies)**:
Additive Manufacturing Technologies. 3D Printing, Rapid Prototyping and Direct Digital Manufacturing. Second Edition. New York, Heidelberg, Dodrecht, London: Springer, 2015

Gibson, I; Shi, D. **(Material properties and fabrication parameters in selective laser sintering process):**
Material properties and fabrication parameters in selective laser sintering process. In: Rapid Prototyping Journal, Jg. 3, 1997, Nr. 4, S. 129–136

Gieseke, M; Albrecht, D; Nölke, C; Kaierle, S; Suttmann, O; Overmeyer, L. **(Laserbasierte Technologien):**
Laserbasierte Technologien. In: Lachmayer, R; Lippert, R. B; Fahlbusch, T. (Hrsg.): 3D-Druck beleuchtet: *Additive Manufacturing auf dem Weg in die Anwendung* Berlin, Heidelberg: Springer Vieweg, 2016, S. 19–30

Goh, G. D; Dikshit, V; Nagalingam, A. P; Goh, G. L; Agarwala, S; Sing, S. L; Wei, J; Yeong, W. Y. **(AM carbon fiber and glass fiber reinforced thermoplastics):**
Characterization of mechanical properties and fracture mode of additively manufactured carbon fiber and glass fiber reinforced thermoplastics. In: Materials & Design, Jg. 137, 2018, Nr.S1, S. 79–89

Goodridge, R. D; Shofner, M. L; Hague, R; McClelland, M; Schlea, M. R; Johnson, R. B; Tuck, C. J. **(Processing PA12 carbon nanofibre composite):**
Processing of a Polyamide-12/carbon nanofibre composite by laser sintering. In: Polymer Testing, Jg. 30, 2011, Nr. 1, S. 94–100

Gordon, V. S; Bieman, J. M. **(Rapid prototyping: Lessons learned):**
Rapid prototyping. Lessons learned. In: IEEE Softw., Jg. 12, 1995, Nr. 1, S. 85–95

Götze, U. **(Investitionsrechnung)**:
Investitionsrechnung. Modelle und Analysen zur Beurteilung von Investitionsvorhaben (Springer-Lehrbuch). 7. Aufl. Berlin: Springer Gabler, 2014

Gräßler, I; Taplick, P; Pottebaum, J; Scholle, P; Reiher, T. **(Datamanagement for Additive Manufacturing):**
Datamanagement for Additive Manufacturing. Survey on requirements and current state. In: Proceedings of DESIGN 2016 14th International Design Conference 2016, S. 211–220

Gutenberg, E. **(Grundlagen der Betriebswirtschaftslehre)**:
Grundlagen der Betriebswirtschaftslehre. Die Produktion (Enzyklopädie der Rechts- und Staatswissenschaft, 1). 24., unveränderte Auflage. Berlin, Heidelberg: Springer Berlin Heidelberg, 1971

Hague, R; Campbell, I; Dickens, P. **(Implications of rapid manufacturing):**
Implications on design of rapid manufacturing. In: Proceedings of the Institution of Mechanical Engineers, Part C: Journal of Mechanical Engineering Science, Jg. 217, 2005, Nr. 1, S. 25–30

Hague, R; Mansour, S; Saleh, N. **(Design opportunities with rapid manufacturing):**
Design opportunities with rapid manufacturing. In: Assembly Automation, Jg. 23, 2003, Nr. 4, S. 346–356

Hague *, R; Mansour, S; Saleh, N. **(Material and design considerations for rapid manufacturing):**
Material and design considerations for rapid manufacturing. In: International Journal of Production Research, Jg. 42, 2007, Nr. 22, S. 4691–4708

Hällgren, S; Pejryd, L; Ekengren, J. **((Re)Design for Additive Manufacturing):**
(Re)Design for Additive Manufacturing. In: Procedia CIRP, Jg. 50, 2016, S. 246–251

Hansen, F. **(Konstruktionssystematik)**:
Konstruktionssystematik. Eine Arbeitsweise für fortschrittliche Konstrukteure. 2. Aufl. Berlin: Verlag Technik, 1955

Hao, W; Liu, Y; Zhou, H; Chen, H; Fang, D. **(3D printed continuous carbon fiber reinforced thermosetting):**
Preparation and characterization of 3D printed continuous carbon fiber reinforced thermosetting composites. In: Polymer Testing, Jg. 65, 2018, S. 29–34

Harris, M; Potgieter, J; Arif, K; Archer, R.:
Large scale 3D printing: Feasibility of novel extrusion based process and requisite materials. 21-23 Nov. 2017: 24th International Conference on Mechatronics and Machine Vision in Practice, 21-23 Nov. 2017 2017, S. 1–6

Hassinger, I. **(Digitale Bauteilakte):**
Firmenvertreter definieren "Digitale Bauteilakte". Aus der Roadmap zur Automatisierung leiten die beteiligten Firmenvertreter eine prozessübergreifende „Digitale Bauteilakte" als Informationsträger ab. https://am.vdma.org/viewer/-/v2article/render/23606569. Abruf 22.01.2020

Henriksen, E. K. **(Jig and fixture design manual)**:
Jig and fixture design manual. New York: Industrial Press, 1973

Hesse, S; Krahn, H; Eh, D. **(Betriebsmittel Vorrichtung)**:
Betriebsmittel Vorrichtung. Grundlagen und kommentierte Beispiele. 2., überarb. und erw. Aufl. München: Hanser, 2012

Hopkinson, N; Dicknes, P. :
Analysis of rapid manufacturing. Using layer manufacturing processes for production. In: Proceedings of the Institution of Mechanical Engineers, Part C: Journal of Mechanical Engineering Science, Jg. 217, 2005, Nr. 1, S. 31–39

Horsch, J. :
Kostenrechnung. Klassische und neue Methoden in der Unternehmenspraxis. 3., überarbeitete Auflage. Wiesbaden: Springer Gabler, 2018

Horvath, J. C. **(Mastering 3D printing)**:
Mastering 3D printing. New York, N.Y: Apress, 2014

Hu, Q; Duan, Y; Zhang, H; Liu, D; Yan, B; Peng, F. **(3D printing of continuous carbon fiber prepreg filament):**
Manufacturing and 3D printing of continuous carbon fiber prepreg filament. In: Journal of Materials Science, Jg. 53, 2018, Nr. 3, S. 1887–1898

Huang, Y; Leu, M. C; Mazumder, J; Donmez, A. **(AM: Current State, Future Potential and Gaps):**
Additive Manufacturing. Current State, Future Potential, Gaps and Needs, and Recommendations. In: Journal of Manufacturing Science and Engineering, Jg. 137, 2015, Nr. 1, 014001-1 - 014001-10

Hwang, C.-L; Kwangsun, Y. **(Multiple Attribute Decision Making)**:
Multiple Attribute Decision Making. Methods and Applications A State-of-the-Art Survey (Lecture Notes in Economics and Mathematical Systems, 186). Berlin, Heidelberg: Springer Berlin Heidelberg, 1981a

Hwang, C.-L; Yoon, K. **(Multiple Attribute Decision Making)**:
Multiple Attribute Decision Making. Methods and Applications A State-of-the-Art Survey (Lecture Notes in Economics and Mathematical Systems, 186). Berlin, Heidelberg: Springer, 1981b

Inkinen, H. **(Review of empirical research on knowledge management):**
Review of empirical research on knowledge management practices and firm performance. In: J of Knowledge Management, Jg. 20, 2016, Nr. 2, S. 230–257

Ivey, M; Melenka, G. W; Carey, J. P; Ayranci, C. **(Characterizing short-fiber-reinforced composites):**
Characterizing short-fiber-reinforced composites produced using additive manufacturing. In: Advanced Manufacturing: Polymer & Composites Science, Jg. 3, 2017, Nr. 3, S. 81–91

Jackson, B. **(EOS' million laser sign to HP):**
Interview: Güngör Kara and Nikolai Zapernick on EOS' million laser sign to HP. https://3dprintingindustry.com/news/interview-gungor-kara-and-nikolai-zapernick-on-eos-million-laser-sign-to-hp-146370/. Abruf 26.04.2019

Jansson, A; Pejryd, L. **(Characterisation of carbon fibre-reinforced polyamide manufactured by SLS):**
Characterisation of carbon fibre-reinforced polyamide manufactured by selective laser sintering. In: Additive Manufacturing, Jg. 9, 2016, S. 7–13

Jiang, D; Smith, D. E. **(Fiber Filled Polymer Composites Produced with FDM):**
Anisotropic mechanical properties of oriented carbon fiber filled polymer composites produced with fused filament fabrication. In: Additive Manufacturing, Jg. 18, 2017, S. 84–94

Kalsoom, U; Nesterenko, P. N; Paull, B. **(Recent developments in 3D printable composite materials):**
Recent developments in 3D printable composite materials. In: RSC Advances, Jg. 6, 2016, Nr. 65, S. 60355–60371

Kampker, A; Ayvaz, P; Lukas, G. **(Direct Polymer Additive Tooling):**
Direct Polymer Additive Tooling - Economic Analysis of Additive Manufacturing Technologies for Fabrication of Polymer Tools for Injection Molding. In: Key Engineering Materials, Jg. 843, 2020, S. 9–18

Kampker, A; Kawollek, S; Fluchs, S; Marquardt, F. **(Einfluss der Variantenvielfalt auf die automobile Endmontage):**
Einfluss der Variantenvielfalt auf die automobile Endmontage. In: ZWF Zeitschrift für wirtschaftlichen Fabrikbetrieb, Jg. 114, 2019, Nr.7-8, S. 474–479

Kampker, A; Kreiskoether, K; Wagner, J; Fluchs, S. **(Mobile Assembly of Electric Vehicles):**
Mobile Assembly of Electric Vehicles: Decentralized, Low-Invest and Flexible. In: International Journal of Mechanical, Aerospace, Industrial, Mechatronic and Manufacturing Engineering 2016, Nr. 12, S. 1969–1975

Kampker, A; Kreiskoether, K; Wagner, J; Förstmann, R. **(Automatisierung der Betriebsmittelgestaltung):**
Automatisierung der Betriebsmittelgestaltung. Additiv gefertigte Elemente und Baukastenansatz als Befähiger automatisierter Gestaltungsprozesse. In: wt Werkstatttechnik online, Jg. 107, 2017, Nr. 4, S. 247–252

Kampker, A; Kreiskother, K; Lutz, N; Gauckler, V; Hehl, M. **(Re-Ramp-Up Management of Scalable Production Systems):**
Re-Ramp-Up Management of Scalable Production Systems in the Automotive Industry: 2019 8th International Conference on Industrial Technology and Management (ICITM) , 2019, S. 137–141

Kampker, A; Triebs, J; Alves, B; Kawollek, S; Ayvaz, P. **(Potential analysis of AM for Polymer Tools):**
Potential analysis of additive manufacturing technologies for fabrication of polymer tools for injection moulding – A comparative study: 2018 IEEE International Conference on Advanced Manufacturing (ICAM) , S. 49–52

Kampker, A; Triebs, J; Kawollek, S. **(Framework for 3D-printing of Manufacturing Equipment):**
A Framework for Implementation of 3D-printing of Manufacturing Equipment: 2018 IEEE International Conference on Advanced Manufacturing , 2018, S. 53–56

Karas, J; Rotter, E. **(FAST 2025):**
FAST 2025 – Massiver Wandel in der automobilen Wertschöpfungsstruktur. Oliver Wyman; Verband der Automobilindustrie (VDA). https://www.oliverwyman.de/content/dam/oliver-wyman/europe/germany/de/insights/publications/2012/PM_FAST%202025_Oliver%20Wyman_VDA.pdf

Kaul, A; Hagedorn, M; Hartmann, S; Heilert, D; Harter, C; Olschewski, I; Eckstein, L; Baum, M; Henzelmann, T; Schlick, T. **(Automobile Wertschöpfung 2030 / 2050):**
Automobile Wertschöpfung 2030 / 2050. Studie im Auftrag des Bundesministeriums für Wirtschaft und Energie. https://www.bmwi.de/Redaktion/DE/Publikationen/Studien/automobile-wertschoepfung-2030-2050.pdf?__blob=publicationFile&v=16. Abruf 20.12.2020

Keeney, R. L; Raiffa, H. **(Decisions with multiple objectives)**:
Decisions with multiple objectives. Preferences and value tradeoffs. Cambridge: Cambridge University Press, 1993

Khorram Niaki, M; Nonino, F. **(Additive manufacturing management):**
Additive manufacturing management. A review and future research agenda. In: International Journal of Production Research, Jg. 55, 2016, Nr. 5, S. 1419–1439

Kim, H; Zhao, Y; Zhao, L. **(Process-level modeling and simulation for HP's Multi Jet Fusion):**
Process-level modeling and simulation for HP's Multi Jet Fusion 3D printing technology. In: IEEE/ACM transactions on computational biology and bioinformatics, Jg. 13, 2016, Nr. 3, S. 1–4

Kimura, F; Matoba, Y; Mitsui, K. **(Designing Product Reliability):**
Designing Product Reliability based on Total Product Lifecycle Modelling. In: CIRP Annals, Jg. 56, 2007, Nr. 1, S. 163–166

Kishore, V; Ajinjeru, C; Nycz, A; Post, B; Lindahl, J; Kunc, V; Duty, C. **(Improve Interlayer Strength of BAAM):**
Infrared preheating to improve interlayer strength of big area additive manufacturing (BAAM) components. In: Additive Manufacturing, Jg. 14, 2017, S. 7–12

Klahn, C; Leutenecker, B; Meboldt, M. **(Design for AM Process):**
Design Strategies for the Process of Additive Manufacturing. CIRP 25th Design Conference Innovative Product Creation. In: Procedia CIRP, Jg. 36, 2015, S. 230–235

Klahn, C; Leutenecker, B; Meboldt, M. **(Design for Additive Manufacturing):**
Design for Additive Manufacturing – Supporting the Substitution of Components in Series Products. 24th CIRP Design Conference. In: Procedia CIRP, Jg. 21, 2014, S. 138–143

Klein, B. **(Gestaltungsprinzipien im Leichtbau):**
Gestaltungsprinzipien im Leichtbau. In: Klein, B. (Hrsg.): Leichtbau-Konstruktion Wiesbaden: Springer Fachmedien Wiesbaden, 2013, S. 65–73

Klocke, F. **(Fertigungsverfahren 5)**:
Fertigungsverfahren 5. Gießen, Pulvermetallurgie, Additive Manufacturing (VDI-Buch). 4. Auflage. Berlin, Heidelberg: Springer Vieweg, 2015

Klug, F. **(Logistikmanagement Automobilindustrie)**:
Logistikmanagement in der Automobilindustrie. Grundlagen der Logistik im Automobilbau (VDI-Buch). 2. Auflage. Berlin: Springer Vieweg, 2018

Köksalan, M; Wallenius, J; Zionts, S. **(An Early History of Multiple Criteria Decision Making):**
An Early History of Multiple Criteria Decision Making. In: Journal of Multi-Criteria Decision Analysis, Jg. 20, 2013, Nr.1-2, S. 87–94

Kranz, J. **(Konstruktion von laseradditiv gefertigten Leichtbaustrukturen)**:
Methodik und Richtlinien für die Konstruktion von laseradditiv gefertigten Leichtbaustrukturen (Light Engineering für die Praxis). Berlin, Heidelberg: Springer Berlin Heidelberg, 2017

Kranz, J; Herzog, D; Emmelmann, C. **(Design guidelines for laser additive manufacturing):**
Design guidelines for laser additive manufacturing of lightweight structures in TiAl6V4. In: Journal of Laser Applications, Jg. 27, 2015, Nr.S1, S14001

Kubicek, H. **(Konstruktrionsstrategie empirischer Forschung):**
Heuristische Bezugsrahmen und heuristisch angelegte Forschungsdesigns als Elemente einer Konstruktionsstrategie empirischer Forschung. In: Köhler, R. (Hrsg.): Empirische und handlungstheoretische Forschungskonzeptionen in der Betriebswirtschaftslehre: *Bericht über d. Tagung in Aachen, März 1976* Stuttgart: Poeschel, 1977, S. 3–36

Kumar, S. **(Selective laser sintering):**
Selective laser sintering. A qualitative and objective approach. In: JOM, Jg. 55, 2003, Nr. 10, S. 43–47

Kumke, M. **(Konstruieren additiv gefertigten Bauteilen)**:
Methodisches Konstruieren von additiv gefertigten Bauteilen (AutoUni-Schriftenreihe, band 124). Wiesbaden, Germany: Springer Science and Business Media; Springer, 2018

Kumke, M; Watschke, H; Vietor, T. **(New Framework for DfAM):**
A new methodological framework for design for additive manufacturing. In: Virtual and Physical Prototyping, Jg. 11, 2015, Nr. 1, S. 3–19

Lachmayer, R; Lippert, R. B. **(Chancen und Herausforderungen für die Produktentwicklung):**
Chancen und Herausforderungen für die Produktentwicklung. In: Lachmayer, R; Lippert, R. B; Fahlbusch, T. (Hrsg.): 3D-Druck beleuchtet: *Additive Manufacturing auf dem Weg in die Anwendung* Berlin, Heidelberg: Springer Vieweg, 2016, S. 5–18

Lan*, H; Ding, Y; Hong, J. **(Decision support system for rapid prototyping process selection):**
Decision support system for rapid prototyping process selection through integration of fuzzy synthetic evaluation and an expert system. In: International Journal of Production Research, Jg. 43, 2005, Nr. 1, S. 169–194

Langelaar, M. **(Additive manufacturing filter for topology optimization of print-ready designs):**
An additive manufacturing filter for topology optimization of print-ready designs. In: Struct Multidisc Optim, Jg. 55, 2017, Nr. 3, S. 871–883

Laverne, F; Segonds, F; Anwer, N; Le Coq, M. **(Assembly Based Methods to Support Product Innovation):**
Assembly Based Methods to Support Product Innovation in Design for Additive Manufacturing. An Exploratory Case Study. In: Journal of Mechanical Design, Jg. 137, 2015, Nr. 12, S. 121701

Laverne, F; Segonds, F; D'Antonio, G; Le Coq, M. **(Enriching design with X):**
Enriching design with X through tailored additive manufacturing knowledge. A methodological proposal. In: International Journal on Interactive Design and Manufacturing, Jg. 11, 2017, Nr. 2, S. 279–288

Lebedev, S. M; Gefle, O. S; Amitov, E. T; Zhuravlev, D. V; Berchuk, D. Y; Mikutskiy, E. A. **(Mechanical properties of PLA-based composites for FDM):**
Mechanical properties of PLA-based composites for fused deposition modeling technology. In: The International Journal of Advanced Manufacturing Technology, Jg. 97, 2018, Nr.1-4, S. 511–518

Lee, H; Lim, C. H; Low, M. J; Tham, N; Murukeshan, V. M; Kim, Y.-J. **(Lasers in additive manufacturing):**
Lasers in additive manufacturing. A review. In: International Journal of Precision Engineering and Manufacturing-Green Technology, Jg. 4, 2017, Nr. 3, S. 307–322

Levy, G. N; Schindel, R; Kruth, J. P. **(Rapid Manufacturing and Rapid Tooling):**
Rapid manufacturing and rapid tooling with layer manufacturing (LM) technologies, state of the art and future perspectives. In: CIRP Annals, Jg. 52, 2003, Nr. 2, S. 589–609

Li, N; Li, Y; Liu, S. **(Rapid prototyping of continuous carbon fiber):**
Rapid prototyping of continuous carbon fiber reinforced polylactic acid composites by 3D printing. In: Journal of Materials Processing Technology, Jg. 238, 2016, S. 218–225

Li, Q; Kucukkoc, I; Zhang, D. Z. **(Production planning in additive manufacturing):**
Production planning in additive manufacturing and 3D printing. In: Computers & Operations Research, Jg. 83, 2017, S. 157–172

Li, Y; Jia, G; Cheng, Y; Hu, Y. **(AM technology in spare parts supply chain):**
Additive manufacturing technology in spare parts supply chain. A comparative study. In: International Journal of Production Research, Jg. 55, 2016, Nr. 5, S. 1498–1515

Ligon, S. C; Liska, R; Stampfl, J; Gurr, M; Mülhaupt, R. **(Polymers for 3D printing):**
Polymers for 3D Printing and Customized Additive Manufacturing. In: Chemical reviews, Jg. 117, 2017, Nr. 15, S. 10212–10290

Lindemann, C; Reiher, T; Jahnke, U; Koch, R. **(Sustainable and economic part selection):**
Towards a sustainable and economic selection of part candidates for additive manufacturing. In: Rapid Prototyping Journal, Jg. 21, 2015, Nr. 2, S. 216–227

Liou, F. W. **(Rapid prototyping and engineering applications)**:
Rapid prototyping and engineering applications. A toolbox for prototype development (Mechanical engineering, 210). Boca Raton, Fla.: CRC Press, 2008

Liou, J. J. **(New concepts and trends of mcdm for tomorrow):**
New concepts and trends of mcdm for tomorrow. In honor of professor Gwo-Hshiung Tzeng on the occasion of his 70th birthday. In: Technological and Economic Development of Economy, Jg. 19, 2013, Nr. 2, S. 367–375

Liou, J. J; Tzeng, G.-H. **(Comments on "Multiple criteria decision"):**
Comments on "Multiple criteria decision making (MCDM) methods in economics: on Overview". In: Technological and Economic Development of Economy, Jg. 18, 2012, Nr. 4, S. 672–695

Lombardi, J. L; Artz, G. J; Popovich, D; Vaidyanathan, R. **(Issues with Soluble Support Material):**
Issues Associated with Development of a Water Soluble Support Material for use in Extrusion Freeforming & Fused Depostion Modelling. In: Bourell, D. (Hrsg.): 9th SFF Symposium Proceedings , 1998, 511-518

Mansour, S; Hague, R. **(Impact of rapid manufacturing on design):**
Impact of rapid manufacturing on design for manufacture for injection moulding. In: Proceedings of the Institution of Mechanical Engineers, Part B: Journal of Engineering Manufacture, Jg. 217, 2005, Nr. 4, S. 453–461

Marchese, K; Crane, J; Haley, C. **(3D opportunity for the supply chain):**
3D opportunity for the supply chain: Additive manufacturing delivers. A Deloitte series on additive manufacturing. https://www2.deloitte.com/insights/us/en/focus/3d-opportunity/additive-manufacturing-3d-printing-supply-chain-transformation.html. Abruf 15.07.2018

Marshall, C. **(Jigs & Fixtures)**:
Jigs & Fixtures for the Table Saw & Router. Get the Most from Your Tools with Shop Projects from Woodworking's Top Experts (Best of Woodworker's Journal). Philadelphia: Biblio Publishing Services, 2007

März, L; von Langsdorff, P. **(Flexibilität und Marktorientierung in der Montage):**
Flexibilität und Marktorientierung in der Montage. In: Westkämper, E. (Hrsg.): Montageplanung - effizient und marktgerecht (Reihe: VDI-Buch). 1. Aufl. Berlin: Springer, 2013

Mashhadi, A. R; Esmaeilian, B; Behdad, S.**Impact of Additive Manufacturing Adoption:**
Impact of Additive Manufacturing Adoption on Future of Supply Chains: Proceedings of the ASME 10th International Manufacturing Science and Engineering Conference - 2015: *Presented at ASME 2015 10th International Manufacturing Science and Engineering Conference, June 8 - 12, 2015, Charlotte, North Carolina, USA,* Monday 8 June 2015. New York, NY: The American Society of Mechanical Engineers 2015, S. 1–10

Masood, S. H; Soo, A. **(A Rule Based Expert System for Rapid Prototyping System Selection):**
A Rule Based Expert System for Rapid Prototyping System Selection. In: Robotics and Computer-Integrated Manufacturing, Jg. 18, 2002, Nr.3-4, S. 267–274

Matsuzaki, R; Ueda, M; Namiki, M; Jeong, T.-K; Asahara, H; Horiguchi, K; Nakamura, T; Todoroki, A; Hirano, Y. **(3d printing of continuous-fiber composites):**
Three-dimensional printing of continuous-fiber composites by in-nozzle impregnation. In: Scientific reports, Jg. 6, 2016, S. 1–7

McIlroy, C; Olmsted, P. D. **(Disentanglement effects on welding behaviour of polymer melts):**
Disentanglement effects on welding behaviour of polymer melts during the fused-filament-fabrication method for additive manufacturing. In: Polymer, Jg. 123, 2017, S. 376–391

McMahon, C. **(The Future of Design Methodology):**
The Future of Design Methodology. In: Birkhofer, H. (Hrsg.): The future of design methodology London, New York: Springer, 2011, S. 275–284

Meerkamm, H. **(Methodology and Computer-Aided-Tools):**
Methodology and Computer-Aided-Tools. In: Birkhofer, H. (Hrsg.): The future of design methodology London, New York: Springer, 2011, S. 55–65

Meisel, N; Williams, C. **(Key Design for Additve Manufacturing):**
An Investigation of Key Design for Additive Manufacturing Constraints in Multimaterial Three-Dimensional Printing. In: Journal of Mechanical Design, Jg. 137, 2015, Nr. 11, 111406/1-111406/9

Meixner, O; Haas, R. :
Computergestützte Entscheidungsfindung. Expert Choice und AHP - innovative Werkzeuge zur Lösung komplexer Probleme. Frankfurt am Main: Redline Wirtschaft bei Ueberreuter, 2002

Mellor, S. **(An Implementation Framework for Additive Manufacturing)**:
An Implementation Framework for Additive Manufacturing. Dissertation. University of Exeter, 2014

Mellor, S; Hao, L; Zhang, D. **(Additive manufacturing: A framework for implementation)**:
Additive manufacturing. A framework for implementation. In: International Journal of Production Economics, Jg. 149, 2014, S. 194–201

Meng, D; Zhang, H; Huang, T. **(A concurrent reliability optimization procedure)**:
A concurrent reliability optimization procedure in the earlier design phases of complex engineering systems under epistemic uncertainties. In: Advances in Mechanical Engineering, Jg. 8, 2016, Nr. 10, S. 1–8

Mohr, D; Kaas, H.-W; Gao, P; Wee, D; Möller, T. **(Automotive Revolution)**:
Automotive revolution – perspective towards 2030. How the convergence of disruptive technology-driven trends could transform the auto industry. McKinsey&Company

Monticolo, D; Badin, J; Gomes, S; Bonjour, E; Chamoret, D. **(A meta-model for knowledge configuration management)**:
A meta-model for knowledge configuration management to support collaborative engineering. In: Computers in Industry, Jg. 66, 2015, S. 11–20

Monzón, M. D; Ortega, Z; Martínez, A; Ortega, F. **(Standardization in additive manufacturing)**:
Standardization in additive manufacturing. Activities carried out by international organizations and projects. In: Int J Adv Manuf Technol, Jg. 76, 2015, Nr.5-8, S. 1111–1121

Müller, E; Engelmann, J; Löffler, T; Strauch, J. **(Energieeffiziente Fabriken)**:
Energieeffiziente Fabriken planen und betreiben. Berlin, Heidelberg: Springer Berlin Heidelberg, 2009

Müller, R. **(Montagegerecht)**:
Montagegerecht. In: Feldhusen, J; Grote, K.-H. (Hrsg.): Pahl/Beitz Konstruktionslehre: *Methoden und Anwendung erfolgreicher Produktentwicklung* 8., vollständig überarbeitete Auflage Aufl. Berlin, Heidelberg: Springer Vieweg, 2013, S. 702–725

Nacke, O. :
Zitieranalyse. In: Nacke, O. (Hrsg.): Zitatenanalyse und verwandte Verfahren: *Vorträge einer öffentlichen Sitzung während der 32. Jahrestagung der Detuschen Gesellschaft für Dokumentation, Oktober 1979, [Willingen]* Bielefeld, 1980

Nakagawa, Y; Mori, K.-i; Maeno, T. **(3D printing of carbon fibre-reinforced plastic parts)**:
3D printing of carbon fibre-reinforced plastic parts. In: The International Journal of Advanced Manufacturing Technology, Jg. 91, 2017, Nr.5-8, S. 2811–2817

Nationale Plattform Zukunft der Mobilität (NPM) **(Fortschrittsbericht 2019)**:
Fortschrittsbericht 2019 der Nationalen Plattform Zukunft der Mobilität

Nebl, T. **(Produktionswirtschaft)**:
Produktionswirtschaft (Lehr- und Handbücher der Betriebswirtschaftslehre). 6., vollst. überarb. und erw. Aufl. München: Oldenbourg, 2009

Newman, S. T; Zhu, Z; Dhokia, V; Shokrani, A. **(Process planning for additive and subtractive manufacturing technologies)**:
Process planning for additive and subtractive manufacturing technologies. In: CIRP Annals, Jg. 64, 2015, Nr. 1, S. 467–470

Ngo, T. D; Kashani, A; Imbalzano, G; Nguyen, K. T; Hui, D. **(Additive manufacturing (3D printing)):**
Additive manufacturing (3D printing). A review of materials, methods, applications and challenges. In: Composites Part B: Engineering, Jg. 143, 2018, S. 172–196

Nikzad, M; Masood, S. H; Sbarski, I; Groth, A. M. **(Rheological Properties of a Particulate-filled Polymeric Composite):**
Rheological Properties of a Particulate-Filled Polymeric Composite through Fused Deposition Process. In: Materials Science Forum, Jg. 654-656, 2010, S. 2471–2474

O'Connor, H. J; Dickson, A. N; Dowling, D. P. **(Evaluation of multi jet fusion printing process):**
Evaluation of the mechanical performance of polymer parts fabricated using a production scale multi jet fusion printing process. In: Additive Manufacturing, Jg. 22, 2018, S. 381–387

O'Connor, D. **(Can you jig it?):**
Can you jig it? 3D printing inside Volkswagen Autoeuropa. A closer look at the 2017 TCT Automotive Application Award-winning jigs and fixtures at Volkswagen Autoeuropa. https://www.tctmagazine.com/can-you-jig-it-volkswagen-ultimaker-3d-printing/

O'Connor, D. **(The Ultimate Printing Machine):**
The Ultimate Printing Machine. How BMW is applying 3D printing to commercial vehicles. https://www.tctmagazine.com/3d-printing-news/the-ultimate-3d-printing-machine-bmw/. Abruf 09.04.2019

Oettmeier, K; Hofmann, E. **(Additive manufacturing technology adoption):**
Additive manufacturing technology adoption. An empirical analysis of general and supply chain-related determinants. In: Journal of Business Economics, Jg. 87, 2017, Nr. 1, S. 97–124

Oliveira, N. P; Maciel, L; Catarino, A. P; Rocha, A. M. **(Parametric modelling design applied):**
Parametric modelling design applied to weft knitted surfaces and its effects in their physical properties. In: IOP Conference Series: Materials Science and Engineering, Jg. 254, 2017, Nr. 16, S. 1–6

Oropallo, W; Piegl, L. A. **(Ten challenges in 3D printing):**
Ten challenges in 3D printing. In: Engineering with Computers, Jg. 32, 2016, Nr. 1, S. 135–148

Pahl, G; Beitz, W. **(Konstruktionslehre)**:
Konstruktionslehre. Handbuch für Studium und Praxis. Berlin, Heidelberg, s.l.: Springer Berlin Heidelberg, 1977

Pahl, G; Beitz, W; Blessing, L; Feldhusen, J; Grote, K.-H; Wallace, K. (Hrsg.) (Engineering Design):
Engineering Design. A Systematic Approach. Third Edition, London: Springer-Verlag London Limited, 2007

Pahl, G; Beitz, W; Feldhusen, J; Grote, K.-H. **(Konstruktionslehre)**:
Konstruktionslehre. Grundlagen erfolgreicher Produktentwicklung Methoden und Anwendung (Springer-Lehrbuch). 6. Aufl. Berlin, Heidelberg: Springer, 2005

Patrick Pradel; Zicheng Zhu; Richard Bibb; James Moultrie **(Designing end use components for additive manufacturing)**:
Designing end use components for additive manufacturing. Navigating an emerging field. Cambridge, 2017

Patzak, G. **(Systemtechnik)**:
Systemtechnik - Planung komplexer innovativer Systeme. Grundlagen, Methoden, Techniken. Berlin, Heidelberg: Springer Berlin Heidelberg, 1982

Paunov, C; Planes Satorra, S. **(Digital technologies chancing innovation):**
How are digital technologies chancing innovation? Evidence from agriculture, the automotive industry and retail 2019, Nr. 74, S. 1–53

Perović, B. **(Vorrichtungen im Werkzeugmaschinenbau)**:
Vorrichtungen im Werkzeugmaschinenbau. Grundlagen, Berechnung und Konstruktion (VDI-Buch). Berlin: Springer Vieweg, 2013

Petersen, E; Kidd, R; Pearce, J. **(Impact of DIY Home Manufacturing):**
Impact of DIY Home Manufacturing with 3D Printing on the Toy and Game Market. In: Technologies, Jg. 5, 2017, Nr. 3, S. 3–24

Petersen, E; Pearce, J. **(Emergence of Home Manufacturing):**
Emergence of Home Manufacturing in the Developed World. Return on Investment for Open-Source 3-D Printers. In: Technologies, Jg. 5, 2017, Nr. 1, S. 144–158

Piller, F. T; Weller, C; Kleer, R. **(Business Models with Additive Manufacturing):**
Business Models with Additive Manufacturing. Opportunities and Challenges from the Perspective of Economics and Management. In: Brecher, C. (Hrsg.): Advances in Production Technology Cham: Springer International Publishing, 2015, S. 39–48

Ponche, R; Hascoet, J. Y; Kerbrat, O; Mognol, P. **(New global approach to DfAM):**
A new global approach to design for additive manufacturing. In: Virtual and Physical Prototyping, Jg. 7, 2012, Nr. 2, S. 93–105

Ponche, R; Kerbrat, O; Mognol, P; Hascoet, J.-Y. **(A novel methodology of design for Additive Manufacturing):**
A novel methodology of design for Additive Manufacturing applied to Additive Laser Manufacturing process. In: Robotics and Computer-Integrated Manufacturing, Jg. 30, 2014, Nr. 4, S. 389–398

Probst, G; Raub, S; Romhardt, K. **(Wissen managen)**:
Wissen managen. Wie Unternehmen ihre wertvollste Ressource optimal nutzen. 6., überarbeitete und erweiterte Auflage. Wiesbaden: Gabler Verlag / GWV Fachverlage GmbH Wiesbaden, 2010

Provaggi, E; Leong, J. J; Kalaskar, D. M. **(Applications of 3D printing):**
Applications of 3D printing in the management of severe spinal conditions. In: Proceedings of the Institution of Mechanical Engineers. Part H, Journal of engineering in medicine, Jg. 231, 2017, Nr. 6, S. 471–486

Raney, J. R; Compton, B. G; Mueller, J; Ober, T. J; Shea, K; Lewis, J. A. **(Rotational 3D printing of damage-tolerant composites):**
Rotational 3D printing of damage-tolerant composites with programmable mechanics. In: Proceedings of the National Academy of Sciences of the United States of America, Jg. 115, 2018, Nr. 6, S. 1198–1203

Rännar, L; Glad, A; Gustafson, C. **(Efficient cooling with EBM tool inserts):**
Efficient cooling with tool inserts manufactured by electron beam melting. In: Rapid Prototyping Journal, Jg. 13, 2007, Nr. 3, S. 128–135

Rao, R. V; Padmanabhan, K. K. **(Rapid prototyping process selection):**
Rapid prototyping process selection using graph theory and matrix approach. In: Journal of Materials Processing Technology, Jg. 194, 2007, Nr.1-3, S. 81–88

Rayna, T; Striukova, L. :
A Taxonomy of Online 3D Printing Platforms. In: van den Berg, B; van der Hof, S; Kosta, E.

(Hrsg.): 3D Printing: *Legal, philosophical and economic dimensions* (Reihe: Information Technology and Law Series, Bd. 26). 1. Aufl. den Haag: T.M.C. Asser Press, 2016, S. 153–166

Rayna, T; Striukova, L. **(From rapid prototyping to home fabrication):**
From rapid prototyping to home fabrication. How 3D printing is changing business model innovation. In: Technological Forecasting and Social Change, Jg. 102, 2016, S. 214–224

Rayna, T; Striukova, L; Darlington, J. **(Co-creation and user innovation):**
Co-creation and user innovation. The role of online 3D printing platforms. In: Journal of Engineering and Technology Management, Jg. 37, 2015, S. 90–102

Rias, A.-L; Bouchard, C; Segonds, F; Abed, S.**DfAM: A Creative Approach:**
Design for Additive Manufacturing: A creative approach: International Design Conference - Design 2016, 16 - 19.05 2016, S. 411–420

Richter, M. **(Gestaltung der Montageorganisation):**
Gestaltung der Montageorganisation. In: Lotter, B; Wiendahl, H.-P. (Hrsg.): Montage in der industriellen Produktion: *Ein Handbuch für die Praxis* (Reihe: VDI-Buch). Berlin, Heidelberg: Springer-Verlag Berlin Heidelberg, 2006, S. 95–126

Ritt, S. **(Krieg der Standisierung):**
Der Krieg der Standardisierung in der additiven Fertigung. Keine Serie ohne Norm. https://www.ingenieur.de/technik/fachbereiche/3d-druck/der-krieg-der-standardisierung-in-der-additiven-fertigung/. Abruf 23.04.2019

Roberson, D. A; Espalin, D; Wicker, R. B. **(3D printer selection):**
3D printer selection. A decision-making evaluation and ranking model. In: Virtual and Physical Prototyping, Jg. 8, 2013, Nr. 3, S. 201–212

Robert Schäfer **(Design Guidelines for Rapid Prototyping)**:
Design Guidelines for Rapid Prototyping. Entwicklung von Konstruktionsrichtlinien für ein fertigungsgerechtes Gestalten anhand des Fused Deposition Modeling, 2008

Rocha, C. R; Torrado Perez, A. R; Roberson, D. A; Shemelya, C. M; MacDonald, E; Wicker, R. B.
(Novel ABS-based binary and ternary polymer blends for material extrusion 3D printing):
Novel ABS-based binary and ternary polymer blends for material extrusion 3D printing. In: J. Mater. Res., Jg. 29, 2014, Nr. 17, S. 1859–1866

Rodenacker, W. G. **(Methodisches Konstruieren)**:
Methodisches Konstruieren (Konstruktionsbücher, 27). 2., völlig neubearbeitete Auflage. Berlin, Heidelberg: Springer, 1976

Rosen, D. W. **(Research supporting principles for DfAM):**
Research supporting principles for design for additive manufacturing. In: Virtual and Physical Prototyping, Jg. 9, 2014, Nr. 4, S. 225–232

Rosen, D. W. **(CADfAM of Celluar Structures):**
Computer-Aided Design for Additive Manufacturing of Cellular Structures. In: Computer-Aided Design and Applications, Jg. 4, 2007, Nr. 5, S. 585–594

Rosen, D. W.**DfAM: Method to Explore Unexplored Design Space:**
Design for Additive Manufacturing: A Method to Explore Unexplored Regions of the Design Space. In: Bourell, D. (Hrsg.): 18th SFF Symposium Proceedings. 18th Annual International Solid Freeform Fabrication Symposium (SFF), 6-8 August 2007 2007, S. 402–415

Rother, H. **(3D-Drucken ... und dann?)**:
3D-Drucken ... und dann? Weiterverarbeitung, Verbindung & Veredelung von 3D-Druck-Teilen. München: Hanser, 2017

Roy, B. **(The outranking approach):**
The outranking approach and the foundations of electre methods. In: Theory and Decision, Jg. 31, 1991, Nr. 1, S. 49–73

Roy, B. **(The Outranking Approach and the Foundations of ELECTRE Methods):**
The Outranking Approach and the Foundations of ELECTRE Methods. In: Bana e Costa, C. A. (Hrsg.): Readings in Multiple Criteria Decision Aid Berlin, Heidelberg: Springer Berlin Heidelberg, 1990, S. 155–183

Rudert, S; Trumpfheller, J. **(Vollumfänglich durchdacht):**
Vollumfänglich durchdacht. Der Produktentstehungsprozess. In: Porsche Engineering Magazin 2015, Nr. 01, S. 10–14

Ruffo, M; Tuck, C; Hague, R. **(Make or buy analysis for rapid manufacturing):**
Make or buy analysis for rapid manufacturing. In: Rapid Prototyping Journal, Jg. 13, 2007, Nr. 1, S. 23–29

Ruffo, M; Tuck, C; Hague, R. **(Cost estimation for rapid manufacturing):**
Cost estimation for rapid manufacturing. Laser sintering production for low to medium volumes. In: Proceedings of the Institution of Mechanical Engineers, Part B: Journal of Engineering Manufacture, Jg. 220, 2006, Nr. 9, S. 1417–1427

Russart, L. **(Automotive 3D Printing):**
Additive Automotive 3D Printing. https://fathommfg.com/blog/additive-automotive-3D-printing. Abruf 28.12.2020

Russo, R. d; Camanho, R. **(Criteria in AHP):**
Criteria in AHP. A Systematic Review of Literature. In: Procedia Computer Science, Jg. 55, 2015, S. 1123–1132

Ryder, M. A; Lados, D. A; Iannacchione, G. S; Peterson, A. M. **(Fabrication and properties of novel polymer-metal composites):**
Fabrication and properties of novel polymer-metal composites using fused deposition modeling. In: Composites Science and Technology, Jg. 158, 2018, S. 43–50

Rymansaib, Z; Iravani, P; Emslie, E; Medvidović-Kosanović, M; Sak-Bosnar, M; Verdejo, R; Marken, F. **(All-Polystyrene 3D-Printed Electrochemical Device):**
All-Polystyrene 3D-Printed Electrochemical Device with Embedded Carbon Nanofiber-Graphite-Polystyrene Composite Conductor. In: Electroanalysis, Jg. 28, 2016, Nr. 7, S. 1517–1523

S. Scott Crump 1989:
Apparatus and Method for Creating Three-Dimensional Objects

Saaty, T. L. **(The Analytic Hierarchy and Analytic Network Processes):**
The Analytic Hierarchy and Analytic Network Processes for the Measurement of Intangible Criteria and for Decision-Making. In: Greco, S; Ehrgott, M; Figueira, J. R. (Hrsg.): Multiple criteria decision analysis: *State of the art surveys* (Reihe: International series in operations research & management science, Bd. 233). 2. Aufl. New York, Heidelberg, Dordrecht, London: Springer, 2016, S. 363–420

Saaty, T. L. **(Decision making with the analytic hierarchy process):**
Decision making with the analytic hierarchy process. In: International Journal of Services Sciences, Jg. 1, 2008, Nr. 1, S. 83–98

Saaty, T. L. **(How to make a decision):**
How to make a decision. The analytic hierarchy process. In: European Journal of Operational Research, Jg. 48, 1990, Nr. 1, S. 9–26

Saaty, T. L; Sodenkamp, M. **(Making decisions in hierarchic and network systems):**
Making decisions in hierarchic and network systems. In: International Journal of Applied Decision Sciences, Jg. 1, 2008, Nr. 1, S. 24–79

Salonitis, K; Zarban, S. A. **(Redesign optimization):**
Redesign Optimization for Manufacturing Using Additive Layer Techniques. In: Procedia CIRP, Jg. 36, 2015, S. 193–198

Sapuan, S. M; Mansor, M. R. **(Concurrent engineering approach):**
Concurrent engineering approach in the development of composite products. A review. In: Materials & Design, Jg. 58, 2014, S. 161–167

Scheffler, R; Koch, S; Wrobel, G; Pleßow, M; Buse, C; Behrens, B.-A.**Modelling CAD Models:**
Modelling CAD Models. Method for the Model Driven Design of CAD for Deep Drawing Dools. In: Hammoudi, S. (Hrsg.): Proceedings of the 4th International Conference on Model-Driven Engineering and Software Development, February 19-21, 2016. Piscataway, NJ: IEEE 2016, S. 377–383

Scheideler, E. M; Villmer, F.-J. **(Anforderungen an integrierte Prozessketten in der Additiven Fertigung):**
Anforderungen an integrierte Prozessketten in der Additiven Fertigung. In: Kynast, M; Eichmann, M; Witt, G. (Hrsg.): Rapid.Tech – International Trade Show & Conference for Additive Manufacturing München: Carl Hanser Verlag GmbH & Co. KG, 2017, S. 11–24

Schlick, C. M; Faber, M; Kuz, S; Bützler, J. **(Symbolic Approach to Self-optimisation in Production System):**
A Symbolic Approach to Self-optimisation in Production System Analysis and Control. In: Brecher, C. (Hrsg.): Advances in Production Technology Cham: Springer International Publishing, 2015, S. 147–160

Schlottmann, D. **(Konstruktionslehre)**:
Konstruktionslehre. 2. Aufl. Berlin: Verl. Technik, 1977

Schmid, M. **(Additive Fertigung mit selektivem Lasersintern (SLS))**:
Additive Fertigung mit selektivem Lasersintern (SLS). Prozess- und Werkstoffüberblick (essentials). Wiesbaden: Springer Vieweg, 2015

Schmid, M; Amado, A; Wegener, K.**Polymer powders for selective laser sintering:**
Polymer powders for selective laser sintering (SLS): PROCEEDINGS OF PPS-30: The 30th International Conference of the Polymer Processing Society – Conference Papers, 6–12 June 2014: AIP Publishing LLC 2015, S. 1–5

Schmidl, M; Bender, M; Matt, D. **(Nutzeneffekte von digitalen Planungstools):**
Nutzeneffekte von digitalen Planungstools in Bereichs- und Betriebsmittelplanung. In: ZWF, Jg. 101, 2006, Nr. 12, S. 719–722

Schneeweiß, C. **(Planung)**:
Planung. Systemanalytische und entscheidungstheoretische Grundlagen (Springer-Lehrbuch). Berlin, Heidelberg: Springer, 1991

Schöttle, M. **(Elektromobilität in neuen Rollen):**
Elektromobilität in neuen Rollen. In: ATZ Elektron, Jg. 12, 2017, Nr. 3, S. 8–15

Schuh, G; Schmidt, C; Hering, N. **(Fremdbezugsplanung und -steuerung):**
Fremdbezugsplanung und -steuerung. In: Schuh, G; Schmidt, C. (Hrsg.): Produktionsmanagement Berlin, Heidelberg: Springer Berlin Heidelberg, 2014, S. 235–280

Schultz; Martin; Kander; Suchicital**Selective Laser Sintering of Nylon 12-PEEK Blends:**
Selective Laser Sintering of Nylon 12-PEEK Blends Formed by Cryogenic Mechanical Alloying. In: Bourell, D. (Hrsg.): 11th SFF Symposium Proceedings. 18th Annual International Solid Freeform Fabrication Symposium (SFF), 8-10 August 2000 2000, S. 119–124

Seepersad, C. C; Govett, T; Kim, K; Lundin, M; Pinero, D. **(Designer's guide for SLS parts)**:
A designer's guide for dimensioning and tolerancing SLS parts (23rd Annual International Solid Freeform Fabrication Symposium - An Additive Manufacturing Conference, SFF 2012). Austin, TX, United States, 06-08-2012

Shirazi, S. F; Gharehkhani, S; Mehrali, M; Yarmand, H; Metselaar, H. S; Adib Kadri, N; Osman, N. A. **(A review on powder-based additive manufacturing):**
A review on powder-based additive manufacturing for tissue engineering: selective laser sintering and inkjet 3D printing. In: Science and technology of advanced materials, Jg. 16, 2015, Nr. 3, S. 33502

Singhry, H. B; Abd Rahman, A; Imm, N. S. **(Effects on manufacturing companies):**
Effect of advanced manufacturing technology, concurrent engineering of product design, and supply chain performance of manufacturing companies. In: The International Journal of Advanced Manufacturing Technology, Jg. 86, 2016, Nr.1-4, S. 663–669

Skillman, P. **(Marshmallow Design Challenge):**
Marshmallow Design Challenge. https://www.youtube.com/watch?v=1p5sBzMtB3Q. Abruf 12.04.2021

Smith, P. C; Rennie A. E. W.**Development of an Additive Layer Manufacturing Selection Tool:**
Development of an Additive Layer Manufacturing (ALM) Selection Tool for Direct Manufacture of Products. In: Bourell, D. (Hrsg.): 19th SFF Symposium Proceedings. 19th Annual International Solid Freeform Fabrication (SFF) Symposium, 4-6 August 2008 2008, 507-518

Stachowiak, H. **(Allgemeine Modelltheorie)**:
Allgemeine Modelltheorie. Softcover reprint of the hardcover 1. ed. 1973. Wien: Springer, 1973

Stansbury, J. W; Idacavage, M. J. **(3D printing with polymers):**
3D printing with polymers: Challenges among expanding options and opportunities. In: Dental materials official publication of the Academy of Dental Materials, Jg. 32, 2016, Nr. 1, S. 54–64

Stechert, C; Franke, H.-J. **(Modellierung von komplexen Anforderungen):**
Modellierung von komplexen Anforderungen. 19. Symposium "Design for X" Neukirchen. In: DETECTING AND STRUCTURING REQUIREMENTS FOR THE DEVELOPMENT OF PRODUCT-SERVICE SYSTEMS 2008, S. 139–148

Steck, R. **(CAD für Maker)**:
CAD für Maker. Designe deine DIY-Objekte mit FreeCAD, Fusion 360, SketchUp & Tinkercad. Für 3D-Druck, Lasercutting & Co. München: Carl Hanser Verlag GmbH & Co. KG, 2017

Sturm, L. D; Williams, C. B; Camelio, J. A; White, J; Parker, R. **(Cyber-physical vulnerabilities in additive manufacturing systems):**
Cyber-physical vulnerabilities in additive manufacturing systems. A case study attack on the .STL file with human subjects. In: Journal of Manufacturing Systems, Jg. 44, 2017, S. 154–164

Tam, K.-M. M; Mueller, C. T. **(Additive Manufacturing Along Principal Stress Lines):**
Additive Manufacturing Along Principal Stress Lines. In: 3D Printing and Additive Manufacturing, Jg. 4, 2017, Nr. 2, S. 63–81

Thomas, D. **(Costs, Benefits, and Adoption of Additive Manufacturing):**
Costs, Benefits, and Adoption of Additive Manufacturing: A Supply Chain Perspective. In: The International journal, advanced manufacturing technology, Jg. 85, 2016, Nr.5-8, S. 1857–1876

Thomas, D. **(The Development of Design Rules for Selective Laser Melting)**:
The Development of Design Rules for Selective Laser Melting. Dissertation, 2009

Tian, X; Liu, T; Wang, Q; Dilmurat, A; Li, D; Ziegmann, G. **(Recycling and remanufacturing of 3D printed continuous carbon fiber reinforced PLA composites):**
Recycling and remanufacturing of 3D printed continuous carbon fiber reinforced PLA composites. In: Journal of Cleaner Production, Jg. 142, 2017, S. 1609–1618

Tian, X; Liu, T; Yang, C; Wang, Q; Li, D. **(3D printed continuous carbon fiber):**
Interface and performance of 3D printed continuous carbon fiber reinforced PLA composites. In: Composites Part A: Applied Science and Manufacturing, Jg. 88, 2016, S. 198–205

Timothy W. Simpson **(Easing into AM):**
Easing into AM. A layered approach to learning the technology will help lessen the headaches. https://www.mmsonline.com/columns/easing-into-am. Abruf 23.11.2020

Tomiyama, T; Gu, P; Jin, Y; Lutters, D; Kind, C; Kimura, F. **(Design methodologies):**
Design methodologies: Industrial and educational applications. In: CIRP Annals, Jg. 58, 2009, Nr. 2, S. 543–565

Tontowi, A. E; Childs, T. **(Desity prediction of sintered parts):**
Density prediction of crystalline polymer sintered parts at various powder bed temperatures. In: Rapid Prototyping Journal, Jg. 7, 2001, Nr. 3, S. 180–184

Tornincasa, S; Di Monaco, F. **(The future and evolution of CAD):**
The future and the evolution of CAD. In: 14. International Research/Expert Conference "Trends in the Development of Machinery and Associated Technology" TMT 2010, Jg. 14, 2010, S. 1–18

Torrado, A. R; Shemelya, C. M; English, J. D; Lin, Y; Wicker, R. B; Roberson, D. A. **(Characterizing the effect of additives to ABS):**
Characterizing the effect of additives to ABS on the mechanical property anisotropy of specimens fabricated by material extrusion 3D printing. In: Additive Manufacturing, Jg. 6, 2015, S. 16–29

Torrado Perez, A. R; Roberson, D. A; Wicker, R. B. **(Fracture Surface Analysis of 3D-Printed Tensile Specimens):**
Fracture Surface Analysis of 3D-Printed Tensile Specimens of Novel ABS-Based Materials. In: Journal of Failure Analysis and Prevention, Jg. 14, 2014, Nr. 3, S. 343–353

Turner, B. N; Gold, S. A. **(Revie of melt extrusion AM process):**
A review of melt extrusion additive manufacturing processes. II. Materials, dimensional accuracy, and surface roughness. In: Rapid Prototyping Journal, Jg. 21, 2015, Nr. 3, S. 250–261

Uddin, M. S; Sidek, M. F; Faizal, M. A; Ghomashchi, R; Pramanik, A. **(Mechanical Properties and Failure Mechanisms of FDM):**

Evaluating Mechanical Properties and Failure Mechanisms of Fused Deposition Modeling Acrylonitrile Butadiene Styrene Parts. In: Journal of Manufacturing Science and Engineering, Jg. 139, 2017, Nr. 8, S. 1–15

Ulrich, H. **(Management)**:
Management. Hrsg. von Thomas Dyllick u. Gilbert J. B. Probst (Schriftenreihe Unternehmung und Unternehmungsführung, 13). Bern & Stuttgart: Haupt, 1984

Ulrich, H. **(Betriebswirtschaftslehre):**
Die Betriebswirtschaftslehre als anwendungsorientierte Sozialwissenschaft. In: Geist, M; Köhler, R. (Hrsg.): Die Führung des Betriebes Stuttgart: Poeschel, 1981, S. 1–25

Ünal-Saewe, T; Vedder, C; Vervoort, S; Schleifenbaum, J. H. **(Digitaler Zwilling additiv gefertigter Komponenten):**
Digitaler Zwilling im Produktlebenszyklus additiv gefertigter Komponenten. In: Frenz, W. (Hrsg.): Handbuch Industrie 4.0: Recht, Technik, Gesellschaft 1. Aufl., 2020, S. 591–602

Vahdani, B; Mousavi, S. M; Tavakkoli-Moghaddam, R. **(Group decision making):**
Group decision making based on novel fuzzy modified TOPSIS method. In: Applied Mathematical Modelling, Jg. 35, 2011, Nr. 9, S. 4257–4269

Vayre, B; Vignat, F; Villeneuve, F. **(Designing for Additive Manufacturing):**
Designing for Additive Manufacturing. In: Procedia CIRP, Jg. 3, 2012, S. 632–637

Velu, R; Singamneni, S. **(SLS of polymer biocomposites based on polymethyl methacrylate):**
Selective laser sintering of polymer biocomposites based on polymethyl methacrylate. In: Journal of Materials Research, Jg. 29, 2014, Nr. 17, S. 1883–1892

Venkata Rao, R; Patel, B. K. **(Decision making in the manufacturing environment):**
Decision making in the manufacturing environment using an improved PROMETHEE method. In: International Journal of Production Research, Jg. 48, 2010, Nr. 16, S. 4665–4682

Verein Deutscher Ingenieure **(3405):**
3405. *Additive Fertigungsverfahren - Grundlagen, Begriffe, Verfahrensbeschreibung*. Berlin: Beuth Verlag GmbH, 2014-12

Verein Deutscher Ingenieure **(3404):**
3404. *Generative Fertigungsverfahren - Rapid-Technologien (Rapid Prototyping) - Grundlagen, Begriffe, Qualitätskenngrößen, Liefervereinbarungen*. Berlin: Beuth Verlag GmbH, 2014

Verein Deutscher Ingenieure **(2223):**
2223. *Methodisches Entwerfen technischer Produkte*. Berlin: Beuth Verlag GmbH, Januar 2004

Verein Deutscher Ingenieure **(2221):**
2221. *Methodik zum Entwickeln und Konstruieren technischer Systeme und Produkte*. Berlin: Beuth Verlag GmbH, 1993-05

Verein Deutscher Ingenieure **(2222, Blatt 2):**
2222, Blatt 2. *Konstruktionsmethodik - Erstellung und Anwendung von Konstruktionskatalogen*. Düsseldorf: Beuth Verlag GmbH, 1982-02

Verein Deutscher Ingenieure **(3405 Blatt 6.2):**
3405 Blatt 6.2. *Additive Fertigungsverfahren; Anwendersicherheit beim Betrieb der Fertigungsanlagen; Laser-Sintern von Polymerpulvern*. Berlin: Beuth Verlag GmbH

Verein Deutscher Ingenieure **(3405 Blatt 3.2):**
3405 Blatt 3.2. *Additive Fertigungsverfahren; Gestaltungsempfehlungen; Prüfkörper und Prüfmerkmale für limitierende Geometrieelemente*. Berlin: Beuth Verlag GmbH

Wang, P; Meng, P; Zhai, J.-Y; Zhu, Z.-Q. **(A hybrid method for multiple criteria decision making problems):**
A hybrid method using experiment design and grey relational analysis for multiple criteria decision making problems. In: Knowledge-Based Systems, Jg. 53, 2013, S. 100–107

Wang, X; Jiang, M; Zhou, Z; Gou, J; Hui, D. **(3D printing of polymer matrix composites):**
3D printing of polymer matrix composites. A review and prospective. In: Composites Part B: Engineering, Jg. 110, 2017, S. 442–458

Warnakula, A; Singamneni, S. **(Selective Laser Sintering of Infused Polyamide):**
Selective Laser Sintering of Nano Al_2O_3 Infused Polyamide. In: Materials (Basel, Switzerland), Jg. 10, 2017, Nr. 8

Weber, M. **(Entscheidungen bei Mehrfachzielen)**:
Entscheidungen bei Mehrfachzielen. Verfahren zur Unterstützung von Individual- und Gruppenentscheidungen (Bochumer Beiträge zur Unternehmungsführung und Unternehmensforschung, 26). Wiesbaden: Gabler Verlag, 1983

Wegner, A; Witt, G. **(Konstruktionsregeln für das Laser-Sintern):**
Konstruktionsregeln für das Laser-Sintern. In: Zeitschrift Kunststofftechnik 2012, Nr. 3, S. 253–277

Wei, X; Li, D; Jiang, W; Gu, Z; Wang, X; Zhang, Z; Sun, Z. **(3D Printable Graphene Composite):**
3D Printable Graphene Composite. In: Scientific reports, Jg. 5, 2015, S. 1–7

Weiss, F; Binz, H; Roth, D. **(Approach to Consider Rapid Manufacturing):**
Approach to Consider Rapid Manufacturing in the Early Phases of Product Development. In: Weber, C; Husung, S; Cantamessa, M; Cascini, G; Marjanovic, D; Graziosi, S. (Hrsg.): Design for X, design to X (Reihe: DS / Design Society, Bd. 80,4). Glasgow: Design Society, 2015, S. 1–11

Weller, C. **(Economic Perspectives on 3D printing)**:
Economic Perspectives on 3D Printing. Dissertation. RWTH Aachen University, 30.05.2015

Weller, C; Kleer, R; Piller, F. T. :
Economic implications of 3D printing. Market structure models in light of additive manufacturing revisited. In: International Journal of Production Economics, Jg. 164, 2015, S. 43–56

Weller, C; Kleer, R; Piller, F. T; Hinke, C. **(Economic Implications of 3D Printing):**
Economic Implications of 3D Printing. Market Structure Models Revisited. In: Academy of Management Proceedings, Jg. 2014, 2014, Nr. 1, S. 10947

Weng, Z; Wang, J; Senthil, T; Wu, L. **(Mechanical and thermal properties of ABS for FDM):**
Mechanical and thermal properties of ABS/montmorillonite nanocomposites for fused deposition modeling 3D printing. In: Materials & Design, Jg. 102, 2016, S. 276–283

Wiberg, A; Persson, J; Ölvander, J. :
Design for additive manufacturing – a review of available design methods and software. In: Rapid Prototyping Journal, Jg. 25, 2019, Nr. 6, S. 1080–1094

Wood, B. M. **(Multifunctionality in Additive Manufacturing):**
Multifunctionality in Additive Manufacturing. In: Goodship, V; Middleton, B; Cherrington, R. (Hrsg.): Design and Manufacture of Plastic Components for Multifunctionality s.l.: Elsevier, 2016, S. 171–204

Wu, Z; Liao, J; Song, W; Mao, H; Huang, Z; Li, X; Mao, H. **(Product lifecycle–oriented knowledge services):**

Product lifecycle–oriented knowledge services. Status review, framework, and technology trends. In: Concurrent Engineering, Jg. 25, 2016, Nr. 1, S. 81–92

XiaoHui, S; Wei, L; PingHui, S; QingYong, S; QingSong, W; YuSheng, S; Kai, L; WenGuang, L. **(Selective laser sintering of aliphatic-polycarbonate):**
Selective laser sintering of aliphatic-polycarbonate/hydroxyapatite composite scaffolds for medical applications. In: The International Journal of Advanced Manufacturing Technology, Jg. 81, 2015, Nr.1-4, S. 15–25

Yan, C; Hao, L; Xu, L; Shi, Y. **(Preparation, characterisation and processing of carbon fibre/polyamide-12 composites):**
Preparation, characterisation and processing of carbon fibre/polyamide-12 composites for selective laser sintering. In: Composites Science and Technology, Jg. 71, 2011, Nr. 16, S. 1834–1841

Yan, C; Shi, Y; Yang, J; Liu, J. **(Preparation and selective laser sintering of nylon-12 coated metal powders):**
Preparation and selective laser sintering of nylon-12 coated metal powders and post processing. In: Journal of Materials Processing Technology, Jg. 209, 2009, Nr. 17, S. 5785–5792

Yang, C; Tian, X; Liu, T; Cao, Y; Li, D. **(3D printing for continuous fiber reinforced thermoplastic composites):**
3D printing for continuous fiber reinforced thermoplastic composites. Mechanism and performance. In: Rapid Prototyping Journal, Jg. 23, 2017, Nr. 1, S. 209–215

Yang, J; Shi, Y; Yan, C. **(SLS of Polyamide composites):**
Selective laser sintering of polyamide 12/potassium titanium whisker composites. In: Journal of Applied Polymer Science, Jg. 117, 2010, Nr. 4, S. 2196–2204

Yang, L; Hsu, K; Baughman, B; Godfrey, D; Medina, F; Menon, M; Wiener, S. **(Additive Manufacturing of Metals)**:
Additive Manufacturing of Metals: The Technology, Materials, Design and Production (Springer Series in Advanced Manufacturing). Cham: Springer International Publishing, 2017

Yang, S; Tang, Y; Zhao, Y. F. **(Part consolidation method to embrace design freedom):**
A new part consolidation method to embrace the design freedom of additive manufacturing. In: Journal of Manufacturing Processes, Jg. 20, 2015, S. 444–449

Yu, C; Xu, X; Lu, Y. **(Computer-Integrated Manufacturing):**
Computer-Integrated Manufacturing, Cyber-Physical Systems and Cloud Manufacturing – Concepts and relationships. In: Manufacturing Letters, Jg. 6, 2015, S. 5–9

YuSheng, S; Zhichong, L; Haixiao, S; Shuhuai, H; Fandi, Z. **(Development of a polymer alloy of polystyrene (PS) and polyamide (PA)):**
Development of a polymer alloy of polystyrene (PS) and polyamide (PA) for building functional part based on selective laser sintering (SLS). In: Proceedings of the IMechE, Jg. 218, 2016, Nr. 4, S. 299–306

Zäh, M. F. **(Wirtschaftliche Fertigung mit Rapid-Technologien)**:
Wirtschaftliche Fertigung mit Rapid-Technologien. Anwender-Leitfaden zur Auswahl geeigneter Verfahren. unveränderter Nachdruck der 1. Aufl. 2006. München: Hanser, 2013

Zavadskas, E. K; Turskis, Z. **(Multiple criteria decision making (MCDM) methods in economics):**
Multiple criteria decision making (MCDM) methods in economics: An overview. In: Technological and Economic Development of Economy, Jg. 17, 2011, Nr. 2, S. 397–427

Zavadskas, E. K; Turskis, Z; Kildienė, S. **(State of art surveys of overviews on MCDM / MADM methods):**
State of art surveys of overviews on MCDM / MADM methods. In: Technological and Economic Development of Economy, Jg. 20, 2014, Nr. 1, S. 165–179

Zhang, M. E. **(Entwicklung eines integrierten multikriteriellen Entscheidungsunterstützungssystems)**:
Entwicklung eines integrierten multikriteriellen Entscheidungsunterstützungssystems für Gruppen. Disseration. Shaker Verlag, 2004

Zhang, Y; Bernard, A. **(An integrated decision-making model for multi-attributes decision-making (MADM) problems):**
An integrated decision-making model for multi-attributes decision-making (MADM) problems in additive manufacturing process planning. In: Rapid Prototyping Journal, Jg. 20, 2014, Nr. 5, S. 377–389

Zhu, D; Ren, Y; Liao, G; Jiang, S; Liu, F; Guo, J; Xu, G. **(Properties of PA 12 / graphene parts fabricated by FDM):**
Thermal and mechanical properties of polyamide 12/graphene nanoplatelets nanocomposites and parts fabricated by fused deposition modeling. In: Journal of Applied Polymer Science, Jg. 134, 2017, Nr. 39, S. 1–13

Ziegelmeier, S; Christou, P; Wöllecke, F; Tuck, C; Goodridge, R; Hague, R; Krampe, E; Wintermantel, E. **(Behaviour of laser sintering polymer powders):**
An experimental study into the effects of bulk and flow behaviour of laser sintering polymer powders on resulting part properties. In: Journal of Materials Processing Technology, Jg. 215, 2015, S. 239–250

Zimmermann, H.-J; Gutsche, L. **(Multi-Criteria Analyse)**:
Multi-Criteria Analyse. Einführung in die Theorie der Entscheidungen bei Mehrfachzielsetzungen (Heidelberger Lehrtexte Wirtschaftswissenschaften). Berlin, Heidelberg: Springer, 1991

In der Reihe **Ergebnisse aus der Elektromobilproduktion** zuletzt erschienen:

Kawollek, Sebastian:
Systematische Gestaltung additiv gefertigter Vorrichtungen für die Automobilmontage
ISBN 978-3-98555-101-9
Erscheinungsdatum: 22.08.2022

Hehl, Fabian:
Resiliente Baukastengestaltung durch Risikomanagement in der Automobilindustrie
ISBN 978-3-98555-085-2
Erscheinungsdatum: 23.06.2022

Schön, Christoph:
Gestaltung und Bewertung von skalierbaren Technologieketten für die Großserienproduktion von Brennstoffzellen
ISBN 978-3-98555-056-2
Erscheinungsdatum: 23.03.2022

Lutz, Nicolas Johannes:
Integration virtueller Methoden in das Anlaufmanagement skalierbarer Fertigungssysteme
ISBN 978-3-98555-035-7
Erscheinungsdatum: 31.01.2022

Edition Wissenschaft
Apprimus

Diekmann, Tobias:

Montagegerechte Standardisierung von Bauteilschnittstellen für die variantenreiche Automobilproduktion

ISBN 978-3-98555-016-6
Erscheinungsdatum: 25.11.2021

Ayvaz, Peter:

Methode zur merkmalbasierten Gesamtkostenermittlung für polymer-additiv gefertigte Spritzgießwerkzeuge

ISBN 978-3-86359-999-7
Erscheinungsdatum: 20.09.2021

Hehl, Martin:

Lösungsraum-Management für die Produktionsplanung im Disruptiven Umfeld

ISBN 978-3-86359-974-4
Erscheinungsdatum: 10.06.2021

Haunreiter, Andreas:

Unsicherheitsmanagement von Produktanforderungen in der Entwicklung von Hochvolt-Batteriesystemen

ISBN: 978-3-86359-955-3
Erscheinungsdatum: 07.05.2021

Edition Wissenschaft
Apprimus

FSC
www.fsc.org
MIX
Papier | Fördert gute Waldnutzung
FSC® C083411

Zeitfracht Medien GmbH
Ferdinand-Jühlke-Straße 7
99095 Erfurt, Deutschland
produktsicherheit@kolibri360.de